工程地质实践教程

主编　周德泉
主审　张可能　杨荣丰

中南大学出版社
www.csupress.com.cn

普通高校土木工程专业系列精品规划教材

编审委员会

内容提要

本书从工程地质课程的特点出发，突出工程地质知识与现场认知有机结合，着力培养工程实践能力，分5章编写。第1章为工程地质室内实验，介绍造岩矿物与岩石的认识；第2章为工程地质野外实习，重点介绍地质罗盘结构及岩层产状要素的野外量测、地质素描与摄影、地形图的结构及野外使用、褶皱构造的野外观察、断裂构造的野外观察、地质图的阅读分析、地貌图的阅读分析、水文地质图的阅读分析、工程地质图的阅读分析与地质剖面图的制作、工程地质实习报告的编写等；第3章为工程地质题解；第4章为典型地质实习点介绍，内容包括湖南省地质博物馆、中南大学地质博物馆、岳麓山公园、石燕湖公园、丁字湾镇、锡矿山、棋梓桥等实习点介绍；第5章为工程地质勘察实例，重点介绍了湘江长沙段的福元路大桥和南湖路隧道的地质情况和勘察方法。

本书体现了长期致力于工程地质教学、科研和生产一线的编者们开展教学研究与生产实践的成果，层次清晰，体系合理，图文并茂，可作为高等学校教材，也可供现场勘察、工程检测、管理及科研人员参考，还可作为注册土木工程师（岩土）执业资格考试相关内容的复习教程。

总　序

　　土木工程是促进我国国民经济发展的重要支柱产业。近30年来，我国公路、铁路、城市轨道交通等基础设施以及城市建筑进入了高速发展阶段，以高速、重载和超高层为特征的建设工程的安全性、经济性和耐久性等高标准要求向传统的土木工程设计、施工技术提出了严峻挑战。面对新挑战，国内、外土木工程行业的设计、施工、养护技术人员和科研工作者在工程实践和科学研究工作中，不断提出创新理念，积极开展基础理论和技术创新，研发了大量的新技术、新材料和新设备，形成了成套设计、施工和养护的新规范和技术手册，并在工程实践中大范围应用。

　　土木工程行业日新月异的发展，对现代土木工程专业技术人才培养提出了迫切需求。教材建设和教学内容是人才培养的重要环节。为面向普通高校本科生全面、系统和深入阐述公路、铁路、城市轨道交通以及建筑结构等土木工程领域的基础理论和工程技术成果，由中南大学出版社、中南大学土木工程学院组织国内土木工程领域一批专家学者组成"普通高校土木工程专业系列精品规划教材"编审委员会，共同编写这套系列教材。通过多次研讨，确定了这套土木工程专业系列教材的编写原则：

1. 系统性

　　本系列教材以《土木工程指导性专业规范》为指导，教材内容满足城乡建筑、公路、铁路以及城市轨道交通等领域的建筑工程、桥梁工程、道路工程、铁道工程、隧道与地下工程和土木工程管理等方向的需求。

2. 先进性

　　本系列教材与21世纪土木工程专业人才培养模式的研究成果密切结合，既突出土木工程专业理论知识的传承，又尽可能全面反映土木工程领域的新理论、新技术和新方法，注重各门内容的充实与更新。

3. 实用性

　　本系列教材针对90后学生的知识与素质特点，以应用性人才培养为目标，注重理论知识与案例分析相结合，传统教学方式与基于现代信息技术的教学手段相结合，重点培养学生的工程实践能力，提高学生的创新素质。这套教材不仅是面向普通高校土木工程专业本科生的课程教材，还可作为其他层次学历教育和短期培训的教材和广大土木工程技术人员的专业参考书。

4. 严谨性

本系列教材的编写出版要求严格按国家相关规范和标准执行，认真把好编写人员遴选关、教材大纲评审关、教材内容主审关和教材编辑出版关，尽最大努力提高教材编写质量，力求出精品教材。

根据本套系列教材的编写原则，我们邀请了一批长期从事土木工程专业教学的一线教师负责本系列教材的编写工作。但是，由于我们的水平和经验有限，这套教材的编写肯定有不尽人意的地方，敬请读者朋友们不吝赐教。编委会将根据读者意见、土木工程发展趋势和教学手段的提升，对教材进行认真修订，以期保持这套教材的时代性和实用性。

最后，衷心感谢全套教材的参编同仁，由于他们的辛勤劳动，编撰工作才能顺利完成。真诚感谢中南大学校领导、中南大学出版社领导的大力支持和编辑们的辛勤工作，本套教材才能够如期与读者见面。

2014 年 7 月

前　言

工程建设离不开地质环境。既要考虑地质条件对工程建设的制约，又要防止工程建设破坏地质环境，工程地质知识尤显重要。

工程地质知识非常抽象、枯燥，难记难学。多年来，工程地质课程在课堂教学之后安排了半周到一周的地质实习，但是，由于没有基于实习点编写的《工程地质实践教程》，实习随意性大，质量得不到保证，学生走马观花，没有将理论与实践有机结合，对工程地质知识掌握得很不牢固，理解得很不深刻，新教师无所适从，况且，学校将执行三学期制(夏季学期)，工程地质理论教学、实验与实习可能集中在一个月内完成。为使工程地质实习进一步规范化，促进学生动手能力的提高和创新精神的培养，强化实习与理论教学有机结合、吃透重点和难点，将工程地质教学与长沙地质、人文自然景观欣赏相结合，编者将二十多年的教学和科研积累加以总结、提炼，编著成此书。

本书立项为 2012 年度长沙理工大学规划教材，也是湖南省教育厅教学改革项目"岩土与隧道工程课程群建设与特色人才培养研究与实践(编号：湘教通[2010]243 号 –136)"和"科研项目与攻关过程引领专业课程教学和创新人才培养的研究与实践(编号：湘教通[2014]247 号 –148)"的部分成果。

本书由长沙理工大学周德泉教授担任主编，各部分编写分工如下：张新敏编写第 1 章，严聪编写第 2 章、校核了第 4 章第 1 节的第 3~6 部分，长沙市勘测设计研究院彭柏兴编写第 4 章第 1 节的第 1~2 部分、提供了勘察实例，周德泉编写第 3 章、第 2 章第 12 节、第 4 章第 1 节的第 3~6 部分、附录，湖南科技大学杨仙编写第 4 章第 2~3 节。最后由周德泉统稿，给每章设计"内容提要"，详列参考文献。

编写过程中，编者参考了相关教材、规范和网络资料等，也引用了集体完成的勘察实例。中南大学张可能教授、湖南科技大学杨荣丰教授从百忙之中抽出时间审阅书稿，中南大学出版社的同志为本书的出版付出了辛勤的劳动，也给编者很多鼓励，在此表示衷心的感谢。

虽然酝酿、修改历时较长，但编者的实践经验和理论水平有限，新的实践内容(点)可能增加，不当之处在所难免，恳请各位专家和读者批评指正。

周德泉

2014 年 7 月于长沙

目　录

第1章

工程地质室内实验

内容提要：工程地质室内实验是工程地质实践教学中的重要环节，与地质工程建设密切相关。包括4次(4个学时)，主要内容是观察主要造岩矿物和三大类岩石(岩浆岩、沉积岩、变质岩)的标本，观察矿物和岩石的薄片在显微镜下的光学特征，综合鉴定造岩矿物和三大类岩石。

1.1　造岩矿物的认识

一、实验内容

(1)观察矿物的形态：单体形态、集合体形态。

(2)认识矿物的物理性质：颜色、条痕色、光泽、透明度、解理、断口、硬度等。

(3)根据矿物特性鉴定矿物，并对常见的一些造岩矿物进行描述。

(4)学习对主要造岩矿物从宏观肉眼到微观偏光显微镜综合鉴定的方法。

二、实验要求

(1)掌握鉴定主要造岩矿物的方法，能利用主要造岩矿物所具有的各种特性，识别主要的造岩矿物。

(2)了解对主要造岩矿物从宏观到微观综合鉴定的方法；了解偏光显微镜原理与构造；掌握镜下鉴定主要造岩矿物的方法。

三、主要仪器

主要造岩矿物标本10套、小刀、放大镜、稀盐酸、偏光显微镜、主要造岩矿物薄片、条痕板及地质标本陈列室等。

四、实验内容指导

(一)观察矿物的形态和光学性质

1.观察矿物的形态

矿物的形态是指矿物的外部特征，是由矿物的化学成分与内部结构决定的，同时受生长环境的制约。不同的矿物其晶体形态各异，在相同条件下形成的同一矿物其形态一般相同，所以矿物的形态可作为鉴定矿物的依据之一。

矿物的形态包括单体形态和集合体形态。

(1)矿物单体形态的观察

矿物单体是指矿物的单个晶体，在一定外界条件下，它总是趋向于形成特定的晶体和形态特征，称为结晶习性，简称晶习。

根据晶体在空间上的三个方向发育程度不同，可将结晶习性分为三类：

①一向延长型(柱状)：晶体沿一个方向特别发育，其他两个方向发育较差，类似柱子一样。一般呈柱状、棒状、针状、纤维状。有六方柱、四方柱、三方柱、斜方柱。如电气石、角闪石、石英、石棉、石膏、辉铋矿等晶形属此类型。

②二向延长型(板状)：晶体沿两个方向特别发育，其他一个方向发育较差，呈片状、板状、鳞片状等。如板状石膏、片状云母及石墨等晶形。

③三向延长型(等轴状)：晶体在三个方向发育基本相等，包括等轴状、粒状。有立方体、八面体、菱形十二面体。如石盐、黄铁矿、石榴子石、黄金等。

(2)矿物集合体形态的观察

自然界的矿物呈单体出现的很少，往往是由同种矿物的若干单体或晶粒聚集成各种各样的形态，这种矿物的形体叫作矿物集合体形态。如晶簇状[石英晶簇，见图1-1(a)]，粒状、块状(橄榄石)，片状(云母)，鳞片状(绿泥石)，纤维状(纤维状石棉、纤维状石膏)，放射状[阳起石、红柱石、辉铋矿，见图1-1(b)]，鲕状(鲕状赤铁矿)，土状[高岭土、蒙脱土)，片状[云母，见图1-1(c)]。

(a)石英晶簇　　　　　　(b)放射状集合体　　　　　　(c)云母晶形

图1-1　几种矿物的集合体形态

(3)矿物的晶面条纹

晶面条纹是指晶体生长过程中，留在晶面上的条纹，它对鉴定矿物和分析矿物有一定的意义。如在黄铁矿立方体的晶面上有三组互相垂直的晶面条纹；石英柱面上常有垂直晶体延长方向的横纹；电气石柱面上常有平行晶体延长方向的纵纹。如图1-2所示。

(4)矿物的双晶

有些矿物晶体，常有两个或两个以上的晶体有规律地连生在一起，称为双晶。如正长石的卡氏双晶、斜长石的聚片双晶、石膏的燕尾双晶等。

2.观察矿物的光学性质

矿物的光学性质是指矿物对自然光线的反射、折射和吸收等所表现出来的各种性质，包括颜色、条痕、光泽和透明度等。

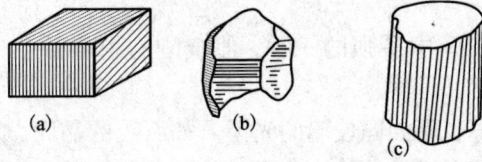

图 1-2 矿物晶面上的花纹
(a)黄铁矿;(b)石英;(c)电气石

(1)颜色

矿物对不同波长的光波吸收程度不同而表现出不同的颜色。根据矿物颜色产生的原因可分为自色、他色和假色。

①自色:矿物本身所固有的颜色,它主要决定于矿物组成中元素或化合物的某些色素离子,如孔雀石呈翠绿色,赤铁矿具铁红色;黄铜矿具铜黄色;方铅矿具铅灰色等。

②他色:矿物混入了某些杂质所引起的颜色,与矿物本身的成分和结构无关。石英由于不同杂质混入后可成为紫色(紫水晶)、粉红色(蔷薇石英)、烟灰色(烟水晶)、黑色(墨晶)等。

③假色:由于矿物内部有裂痕或因表面有氧化膜等原因,引起光线发生干涉而呈现的颜色。如方解石、石膏内部有细裂隙面时呈现的晕色。

矿物的自色一般较均匀、稳定,它是矿物固有的颜色,因而具有鉴定意义;而他色和假色常在一个矿物中分布不均一,导致矿物表面色彩不同或浓淡不均,因此在实际观察中对鉴定矿物意义不大。

常见矿物的颜色:白色(方解石、石英);深绿色(橄榄石);铜黄色(黄铁矿);褐色(褐铁矿);铁红色(赤铁矿)。

(2)条痕

条痕是指矿物粉末的颜色。是矿物在白色无釉瓷板上刻画后留下的粉末的颜色。条痕色可以消除假色、减弱他色、保存自色。矿物条痕要比矿物块体的颜色稳定得多,故它是肉眼鉴定矿物的重要标志之一。条痕的颜色与矿物颜色可以一致,也可以不一致。如斜长石块体为白色,其条痕亦为白色;黄铁矿的颜色为浅黄铜色,而条痕却为绿黑色;赤铁矿的颜色可以是铁黑色、红褐色,但条痕都是樱桃红色。条痕只限于鉴定深色矿物。

(3)光泽

光泽是指矿物表面对光线的反射能力。矿物按光泽强弱分为金属光泽、半金属光泽和非金属光泽3类。

①金属光泽:矿物表面反光极强,如同光亮的金属器皿表面所呈现的光泽,闪亮耀眼,一些金属矿物表面都具有此光泽,如方铅矿的光泽是金属光泽中最强的。所有金属矿物除闪锌矿外都属于金属光泽。

②半金属光泽:反射光的强度介于金属与非金属之间,光线暗淡,不刺眼。如赤铁闪锌矿的光泽。

③非金属光泽:是一种不具金属感的光泽。主要是透明或半透明矿物。其种类有以

下几种。

金刚光泽：非金属光泽中最强的一种，似金刚石那样灿烂的光泽。如金刚石、锡石等。

玻璃光泽：具有光滑表面如同玻璃的光泽。如石英的晶面、方解石、长石等。

油脂光泽：具有玻璃光泽的矿物如非晶质的石英等，因断口不平或表面有细微小孔而引起光线有一定程度的散射，使矿物表面呈动物脂肪似的光泽。

珍珠光泽：呈片状并具极完全解理的浅色透明矿物，因光的连续反射，常呈现一种类似珍珠一样的光泽。如云母等。

丝绢光泽：具有平行纤维状矿物，由于反射光互相干涉而产生像蚕丝状的光泽。如纤维石膏等。

蜡状光泽：某些隐晶质致密块状集合体或胶状矿物呈现蜡状光泽。如叶蜡石、蛇纹石等。

土状光泽：疏松土状集合体的矿物表面有许多细孔，光投射其上就会发生散射，使表面暗淡无光，像土块似的。如高岭土等。

观察光泽时要注意与矿物的颜色相区分，同时尽量选矿物新鲜的表面，转动标本，观察反光最强的矿物小平面（晶面或解理面），不要求整个标本同时反光都强。

（4）透明度

透明度是指矿物透过可见光波的能力。透明度与光泽是互为消长的，透光能力强则光泽弱。金属光泽的矿物都不透明，透明矿物都是非金属光泽。观察矿物透明度是以矿物边缘是否透过光线为标准。矿物按透明程度可分为透明、半透明和不透明三类。常见的透明矿物有水晶、石膏、方解石、云母、长石、辉石和角闪石等；半透明矿物有闪锌矿、辰砂等；不透明矿物有磁铁矿、黄铁矿、石墨、自然金等。

金属矿物对光吸收率高，一般不透明；非金属矿物吸收率低，一般都是透明的。

（二）观察矿物的力学性质

矿物的力学性质是指在外力作用下所表现的物理性质，具有鉴定意义的有硬度、解理、断口。此外还有脆性、延展性、弹性、挠性等。

1. 硬度

矿物的硬度是指其抵抗外来机械力作用（如刻画、压入、研磨等）的能力。一般通过两种矿物相互刻画比较而得出其相对硬度，通常以摩氏硬度计作标准。它是以 10 种矿物的硬度表示 10 个相对硬度的等级，由软到硬的顺序为：滑石（1 度）、石膏（2 度）、方解石（3 度）、萤石（4 度）、磷灰石（5 度）、正长石（6 度）、石英（7 度）、黄玉（8 度）、刚玉（9 度）、金刚石（10 度）。

在野外用肉眼鉴定硬度时，通常采用更简易的鉴定法大致确定其被刻画矿物近似的硬度级别。即用小刀、指甲来刻画，一般指甲可刻动的硬度在 2.5 以下。指甲刻不动，小刀能刻动的硬度在 2.5 ~ 5.5 之间。小刀刻不动的矿物硬度在 5.5 以上。

2. 解理和断口

矿物受力后沿其晶体内部一定的结晶方向（或结晶格架）裂开或分裂的性质，称解理。它是沿着矿物内部一定方向发生平行分离的特性，其裂开面称解理面。解理面可以平行晶面，也可以与晶面相交。

我们根据解理发育程度可将解理分为以下几级：

极完全解理：矿物可以剥成很薄的片，解理面完全光滑，如云母、绿泥石等矿物。

完全解理：矿物受打击后易裂成平滑的面，如方解石。

中等解理：破裂面大致平整，如辉石和角闪石。

不完全解理：解理面不平整，大致可见。

在实验过程中，观察解理组数时，应从不同方向去看标本，如在某一方向上观察到一系列相互平行的解理面，则可定为一组解理；再转动到另一方向又发现另一系列相互平行的解理面，就可定为二组解理；依此类推。确定解理组数后，还应注意不同组解理面间的交角（称解理夹角），因为同种矿物一般具有固定的解理组数和解理夹角。有无解理面、解理组数多少、解理夹角的大小等都是识别矿物的重要标志。要注意矿物晶面和解理面的区别。如石英的晶面不是解理面。

断口是矿物被打击后，不以一定结晶方向发生破裂而形成的断开面。具有不完全解理或不具解理的矿物以及隐晶质矿物，在外力打击下便出现断口。断口的形态往往有一定的特征，可以作为鉴定矿物的辅助依据，常见的有以下几种：

贝壳状断口：断口有圆滑的凹面或凸面，面上具有同心圆状波纹，形如蚌壳面。如石英就具明显的贝壳状断口。

锯齿状断口：断口有似锯齿状，其凸齿和凹齿均比较规整，同方向齿形长短、形状差异并不大。如纤维石膏断口。

参差状断口：断面粗糙不平，参差不齐。如磷灰石等。

平坦状断口：其断面平坦且粗糙，无一定方向。如块状高岭石等。

3. 脆性和延展性

矿物受外力作用时容易破碎的性质称为脆性。如镜铁矿的硬度虽大于小刀，但由于它具有明显的脆性，因此可被小刀压碎成小粒或粉末。

矿物在锤击或拉引下，容易形成薄片和细丝的性质称为延展性。如自然金、自然银、自然铜等均具良好的延展性。

4. 弹性和挠性

矿物受外力作用时发生弯曲形变，但当外力作用取消后，则能使弯曲形变恢复原状，此性质称为弹性。如云母、石棉等矿物。

如当外力取消后，弯曲了的形变不能恢复原状，则此性质称为挠性。如滑石、绿泥石、蛭石等。

（三）观察矿物的其他性质

矿物除上述物理性质外，还具有一些其他性质，主要有比重、磁性、发光性及通过人的触觉、味觉、嗅觉等感官所能感觉到矿物的某些性质。

1. 比重

矿物与同体积水（4℃）的重量比值，称比重。通常用手估量就能分出轻、重来，或者用体积相仿的不同矿物进行对比来确定，大致确定出所谓重矿物和轻矿物。

2.磁性

矿物能被磁铁吸引或本身能吸引铁屑的能力称为磁性。可用磁铁或磁铁矿粉末吸引进行测试。

3.发光性

矿物在外来能量的激发下，能发出某种可见光的性质，称发光性。如萤石、白钨矿在紫外线照射时均显荧光。

4.通过人的感官所能感觉到的某些性质

如滑石和石膏的滑感，食盐的咸味，燃烧硫磺、黄铁矿、雌黄和雄黄的臭味等。

此外还有如碳酸盐矿物与稀盐酸反应放出 CO_2 气泡，磷酸盐遇硝酸与钼酸铵使白色粉末变成黄色等就是我们鉴定碳酸盐类和含磷矿物的好办法。

（四）观察矿物在偏光显微镜下的特征

偏光显微镜是鉴定物质细微结构光学性质的一种显微镜。偏光显微镜的特点，就是将普通光改变为偏振光进行镜检的方法，以鉴别某一物质是单折射性（各向同性）还是双折射性（各向异性）。双折射性是晶体的基本特征。因此，偏光显微镜被广泛地应用在透明矿物的显微鉴定中。一般从三个方面进行观察：

（1）观察单偏光系统下矿物的形态、解理、颜色、多色性、吸收性、突起等级等。

（2）观察正交偏光系统下矿物的消光现象、消光类型、消光角、干涉色级序、延性符号等。

（3）观察光学显微镜下矿物的轴性、光性符号、光轴角、切面类型等。

常见的一些造岩矿物的镜下特征，见表1-1。

表1-1　常见造岩矿物的镜下特征

名称	晶形	颜色	突起	解理	干涉色	消光性质	双晶	延性符号
石英	六方柱状	无色透明	低正突起	无解理	Ⅰ级白	平行消光	极少见双晶	正延性
方解石	不规则的等轴粒状	无色或白色	显著的闪突起	菱形解理	高级白	沿解理方向对称消光	聚片双晶或接触双晶	负延性
正长石	板状或短柱状	肉红色	低负突起	完全解理	Ⅰ级灰至灰白	斜消光，消光角很小	卡斯巴双晶	负延性
白云母	假六方板片状	无色	低正突起	极完全解理	Ⅲ级	平行消光	有时可见贯穿三连晶	正延性
黑云母	假六方板片状	黑褐色，多色性显著	中正突起	极完全解理	Ⅱ级	平行消光	云母律双晶	正延性
普通辉石	短柱状	绿黑至黑色	高正突起	完全解理	Ⅰ级顶部到Ⅱ级	横断面上对称消光	简单双晶或聚片双晶	正延性
普通角闪石	长柱状	墨绿至黑色	中至高正突起	完全解理	Ⅱ级底部	斜消光	聚片双晶	正延性

五、实验报告及作业

(1)肉眼鉴定常见造岩矿物时主要依据哪些特性?

(2)写出下列各组造岩矿物的镜下鉴定特征及主要区别点。

正长石—斜长石;

普通角闪石—普通辉石;

方解石—白云石。

(3)按报告要求认真填写实验报告。

1.2　岩浆岩的认识

一、实验内容

(1)观察常见岩浆岩的颜色、结构与构造,分析常见岩浆岩的矿物组成,对典型岩浆岩进行鉴定和描述,掌握观察的方法、步骤。

(2)学习对常见岩浆岩从宏观肉眼到微观偏光显微镜综合鉴定的方法。

二、实验要求

(1)根据岩层产状及岩石的结构、构造区分深成岩、浅成岩和喷出岩。再根据矿物颜色、晶形及外表物理特征确定几个主要及次要矿物,视其百分比含量定出岩石的名称。

(2)了解对常见岩浆岩从宏观到微观综合鉴定的方法;了解偏光显微镜原理与构造;掌握镜下鉴定常见岩浆岩的方法。

三、主要仪器

常见岩浆岩标本 10 套、小刀、放大镜、偏光显微镜、常见岩浆岩薄片、地质标本陈列室等。

四、实验内容指导

岩浆岩是由地壳深处或上地幔中形成的高温熔融的岩浆侵入地壳或喷出地表冷凝而成的岩石。

(一)岩浆岩的矿物成分

组成岩浆岩的矿物以硅酸盐矿物为主,其中最多的是长石、石英、黑云母、角闪石、辉石、橄榄石等(以上石英属于氧化物),占岩浆岩矿物总含量的 99%,所以称之为岩浆岩的重要造岩矿物。其中颜色较浅的称浅色矿物,因以二氧化硅和钾、钠的铝硅酸盐类为主,又称硅铝矿物,如石英、长石等;其中颜色较深的称暗色矿物,因以含铁、镁的硅酸盐类为主,又称铁镁矿物,如黑云母、角闪石、辉石、橄榄石等。

岩浆岩中的矿物成分是岩浆岩分类的重要根据之一。岩石中含量较多且作为区分岩类依据的矿物，称为主要矿物。如花岗岩类中的石英和钾长石。岩石中含量较少且对区分岩类不起主要作用，但可作为进一步区分岩石种属的依据的矿物，称为次要矿物。例如，石英在花岗岩类中为主要矿物，而在闪长岩类中则为次要矿物，其有无并不影响闪长岩的命名问题，但如含有一定数量(5%~20%)，则可据此进一步分类称之为石英闪长岩。岩石中含量很少(一般不超过1%)且对岩石分类不起作用的矿物，称为副矿物。如磁铁矿、磷灰石等。

(二)岩浆岩的产状

岩浆岩的产状是指岩体的形态大小、形成环境及与围岩的相互关系。岩浆岩的产状在野外才能观察到，室内只能通过图片、挂图、录像、模型来初步了解。

岩浆在地表或地下不同深度冷凝时，因温度、压力等条件不同，即使是同样成分的岩浆所形成的岩石，也具有不同的岩石形貌特征。这种差异主要表现在两个方面，即岩石的结构和构造。

(三)岩浆岩的结构

岩浆岩的结构是指矿物的结晶程度，颗粒的形状、大小及矿物间的结合关系。不能全部用肉眼分辩，要借助于显微镜。常见的结构有以下几种：

1.按矿物的结晶程度分

(1)全晶质结构。组成岩石的矿物全部结晶，如花岗岩。

(2)半晶质结构。组成岩石的矿物部分结晶，部分为玻璃质，如流纹岩。

(3)玻璃质(非晶质)结构。组成岩石的成分全未结晶，即全部为玻璃质，如黑曜岩。

结晶程度主要决定于岩石的形成环境和岩浆成分。深成岩是岩浆在地下深处相对封闭的条件下冷凝而成的岩石，因围岩导热性不好、压力大、挥发成分不易逸散，岩浆冷凝缓慢，往往形成全晶质岩石。据研究，某些大岩体冷却时间常为数十万年至100万年以上。喷出岩形成于地表，冷却迅速，往往形成结晶程度较差的岩石。如果在相同冷凝条件下，基性岩浆温度高、黏性小、冷却相对较慢，其结晶程度往往比酸性岩浆要好一些。

2.按组成岩石的矿物颗粒大小分

(1)等粒结构。又称粒状结构。是岩石中同种主要矿物的粒径大致相等的结构。常见于深成岩中。

(2)斑状结构。岩石中同种矿物颗粒大小相差悬殊，较大的颗粒称为斑晶，斑晶与斑晶之间的物质称为基质，基质为隐晶质或玻璃质。一般是斑晶结晶较早，晶形较好，而基质部分结晶较晚，多是熔浆喷出地表或上升至浅处迅速冷凝而成。斑状结构常为喷出岩或一些浅成岩所具有。

(3)似斑状结构。类似斑状结构，但斑晶更为粗大(可超过1 cm)，而基质则多为中、粗粒显晶质结构。斑晶可以是与基质在相同或近似条件下，因某种成分过剩而形成的，也可以是在较晚时间经交代作用而形成的。似斑状结构常为某些深成岩所具有，如似斑状花岗岩。

(四)岩浆岩的构造

岩浆岩的构造，是指各种组分在岩石中的排列方式或充填方式所反映出来的外部特征。是用肉眼就可以分辨的。常见的构造有以下几种。

1. 块状构造

岩石中矿物排列无一定方向，不具任何特殊形象的均匀块体，是火成岩（如花岗岩）中最常见的一种构造。

2. 流纹构造

因熔浆流动由不同颜色、不同成分的隐晶质或玻璃质、或拉长气孔等定向排列所形成的流状构造，常见于中酸性喷出岩（如流纹岩）中。流纹表示熔岩当时的流动方向。

3. 流动构造

岩浆在流动过程中所形成的构造，包括流线构造和流面构造。岩石中长条状、柱状矿物（如角闪石）呈长轴定向排列，叫流线构造，它一般平行于岩浆流动方向；岩石中片状矿物、板状矿物（如云母、长石）呈层状及带状排列，叫流面构造，它一般平行于岩体的接触面。因此利用流线和流面可以测定岩浆的流动方向和岩体接触面的产状。

4. 气孔构造

熔浆喷出地表，压力骤减，大量气体从中迅速逸出而形成的圆形、椭圆形或管状孔洞，称气孔构造。这种构造往往为喷出岩所具有。

5. 杏仁构造

岩石中的气孔被以后的矿物质（方解石、石英、玛瑙、玉髓等）所填充，形似杏仁，称杏仁构造。

气孔构造和杏仁构造多分布于熔岩表层。在大规模熔岩流（如玄武岩）中常可见到多层气孔或杏仁构造，据此可以统计熔岩喷发次数。

上述岩石的结构和构造，不仅可以用来判断岩石形成的环境和条件，而且也是岩浆岩分类和命名的一种重要依据。

（五）常见岩浆岩的观察与描述

花岗岩：全晶质结构，块状构造。石英占30%左右，长石占60%左右，暗色矿物（黑云母、角闪石）成分少于10%，其中正长石多于斜长石的为红色，斜长石为主的为灰白色。没有风化时，花岗岩是良好的建筑物围岩和地基。野外观察花岗岩时，一定要注意是否有原生节理发育。因其沿着原生节理风化可形成深度超过百米的风化囊，给工程带来不利。可产生球状风化。花岗岩含云母太多时，风化后的土体不容易夯实，因为云母会滑动。花岗岩风化成土体时，先是成砂土，进一步风化则砂和泥（黏土）混在一起，呈土黄色，再进一步风化（在南方）呈红色的土体，因产生了红土化作用。

花岗斑岩：矿物成分相当于花岗岩的浅成岩。全晶质、斑状结构。斑晶主要是碱性长石和石英，有时也有黑云母、角闪石等。基质成分与斑晶相同，隐晶至微晶结构，致密块状构造。

粗面岩：斑状结构，斑晶以透长石为主，并有少量的黑云母、斜长石，基质为粗面结构（即大量碱性长石的柱状晶体成大致平行排列）或正斑结构（即石英或玻璃质基质中发生了许多正方形和长方形碱性长石微晶）。

闪长岩：主要由中斜长石和角闪石（或黑云母）组成，斜长石含量较角闪石含量多，并含有少量的黑云母、辉石、正长石和石英，暗色矿物占1/3左右。颜色浅灰至灰绿色。

自形或半自形粒状结构，有时具似斑状结构。

安山岩：主要由中性斜长石和角闪石组成。肉眼观察呈浅灰、深灰、红褐以至黑色。蚀变后色调变成绿色。常具斑状结构，斑晶为宽板状中长石（斜长石）、辉石、角闪石、黑云母等，基质为隐晶质或玻基交织结构。斜长石有环带结构，角闪石和黑云母有暗化边现象，块状或气孔状构造等。

辉长岩：主要矿物由斜长石和辉石组成。次要矿物有橄榄石、斜方辉石，有时有角闪石和黑云母，甚至钾长石和石英。副矿物有磁铁矿、磷灰石等。暗色矿物和浅色矿物含量大致相同。岩石颜色深，常呈黑色、灰色等，粗-中粒辉长结构，块状构造，有时呈条带状构造。

辉绿岩：为浅成侵入岩。矿物成分与辉长岩相似，即主要由基性斜长石和单斜辉石组成。未经蚀变的辉绿岩，颜色多为深灰或黑色，风化后呈浅绿或绿灰色。具辉绿结构（即白色的细长条斜长石搭成三角架，其间充填粒状的辉石）。辉绿岩易于蚀变，其蚀变情况大致与辉长岩相同。

橄榄岩：主要由橄榄石组成，其次为辉石。

玄武岩：分布广，为基性岩。主要成分与辉长岩相同。强度高。但当其发育有六方柱状原生节理时，要注意风化对其工程性质的影响。

五、作业

（1）简述深成岩、浅成岩、喷出岩的结构、构造特征。它们与成因有何关系？

（2）简述花岗岩镜下鉴定特征。

（3）按要求认真填写实验报告。

1.3　沉积岩的认识

一、实验内容

（1）观察常见沉积岩的结构和构造；区别一些典型沉积岩；对典型沉积岩进行鉴定和描述。

（2）学习对常见沉积岩从宏观肉眼到微观偏光显微镜综合鉴定的方法。

二、实验要求

（1）根据常见沉积岩的物质组成区分出碎屑岩类、黏土岩类和化学岩类，并以岩石的成分、结构、构造和胶结物等特征确定出各种岩石的名称。

（2）了解对常见沉积岩从宏观到微观综合鉴定的方法；了解偏光显微镜原理与构造；掌握镜下鉴定常见沉积岩的方法。

三、主要仪器

常见沉积岩标本10套、偏光显微镜、小刀、放大镜、稀盐酸、常见沉积岩薄片、地质标本陈列室等。

四、实验内容指导

沉积岩是指在地表或接近地表的岩石遭受风化剥蚀破坏的产物,经搬运、沉积和固结成岩作用而形成的岩石。沉积岩在地表分布极广,出露面积约占地表面积的75%。

(一)沉积岩的基本特征

1.沉积岩的形成

沉积岩的形成过程是一个长期而复杂的外力地质作用过程,一般可分为四个阶段。

(1)风化剥蚀阶段

地表或接近于地表的各种先成岩石,在温度变化、大气、水及生物长期的作用下,使原来坚硬完整的岩石逐步破碎成大小不同的碎屑,甚至改变了原来岩石的矿物成分和化学成分,形成新的风化产物。

(2)搬运作用阶段

岩石风化作用的产物,除少数部分残留原地堆积外,大部分被剥离原地经流水、风及重力作用等,搬运至低地。

(3)沉积作用阶段

当搬运力逐渐减弱时,被携带的物质便陆续沉积下来。最初沉积的物质呈松散状态,称松散沉积物。

(4)固结成岩阶段

固结成岩阶段即松散沉积物转变成坚硬沉积岩的阶段。固结成岩作用主要有三种:

①压实。即上覆沉积物的重力压固,导致下伏沉积物孔隙减少,水分挤出,从而变得紧密坚硬。

②胶结。其他物质充填到碎屑沉积物粒间孔隙中,使其胶结变硬。

③重结晶作用。新成长的矿物产生结晶质间的联结。

2.沉积岩的物质组成

沉积岩的矿物成分主要来源于先成的各种岩石的碎屑、造岩矿物和溶解物质。其中组成沉积岩的矿物,最常见的只有二十几种。主要由碎屑物质、黏土矿物、化学沉积物和有机质及生物残骸等组成。碎屑物质主要是原岩风化的产物,可以是原岩经破坏后的残留碎屑,也可以是原岩经物理风化后,残留下来的抗风化能力较强的矿物碎屑,如较稳定的石英,长石、云母、岩屑等。黏土矿物主要是一些原生矿物经化学风化作用分解后所产生的次生矿物。它们是在常温常压下,在富含二氧化碳和水的表生环境条件下形成的,如高岭石、蒙脱石、水云母等。当蒙脱石、水云母含量达到一定数量时可形成膨胀土。工程意义十分重要。化学沉积物是从真溶液或胶体溶液中沉淀出来或生物化学沉积作用形成的矿物,如方解石、白云石、石膏、铁和锰的氧化物等。有机质及生物残骸是由生物残骸或经有机化学变化而形成的矿物,如贝壳、石油、泥炭等。

3.沉积岩的颜色

影响沉积岩颜色的因素有碎屑成分、矿物成分、胶结物成分以及成岩或成岩后的环境变化。含碳质、沥青质和细粒黄铁矿时多呈灰色、灰黑色和黑色;含海绿石、孔雀石等多呈绿色；白色的岩石多由高岭石、石英、盐类等成分组成；胶结物是硅质、钙质、泥质时多色较浅，而铁质较深；深灰到黑色说明岩石中含有机质或锰、硫铁矿等杂质，是在还原环境中生成的岩石；肉红色及深红色是岩石中含较多的正长石或高价氧化铁，是在氧化环境下生成的；黄褐色与含褐铁矿有关；绿色常与含氧化亚铁有关，常生成于相对缺氧的还原环境。

4. 沉积岩的结构

沉积岩的结构是指沉积岩中各组成部分的形态、大小及结合方式。常见的结构有以机械沉积为主的碎屑结构；以化学沉积为主的化学结构；介于两者之间的泥质结构及以生物沉积为主的生物结构。

（1）碎屑结构

碎屑结构即岩石由粗粒的碎屑和细粒的胶结物胶结而成的一种结构。其特征有以下三点：

①按碎屑颗粒大小分为砾状结构（粒径大于 2 mm）、砂状结构（粒径为 0.05 ~ 2 mm）。其中粗砂结构，粒径为 0.5 ~ 2 mm；中砂结构，粒径为 0.25 ~ 0.5 mm；细砂结构，粒径为 0.05 ~ 0.25 mm；粉砂结构，粒径为 0.005 ~ 0.05 mm。

②按颗粒外形分为棱角状、次棱角状、次圆状和滚圆状结构。碎屑颗粒磨圆程度受颗粒硬度、相对密度大小及搬运距离等因素的影响。

③按胶结类型可分为三种：基底胶结、孔隙胶结和接触胶结。

（2）泥质结构

系颗粒直径小于 0.005 mm 的碎屑或黏土矿物组成的结构，这种结构肉眼无法分辨，岩石外表呈致密状，这种结构是黏土岩的主要特征。

（3）结晶结构

结晶结构是由岩石中的颗粒在水溶液中结晶（如方解石、白云石等）或呈胶体形态凝结沉淀（如燧石）而成的。可分为鲕状、结核状、纤维状、致密块状等形态。

（4）生物结构

生物结构几乎全部是由生物遗体或生物碎片所组成的，为生物化学岩所特有的结构。

5. 沉积岩的构造

（1）层理构造

沉积岩的构造是指其组成部分的空间分布及其相互间的排列关系。沉积岩最主要的构造是层理构造。也是沉积岩与岩浆岩的区别。层理是沉积岩成层的性质，指岩石沿垂直方向变化所产生的成层现象，它通过岩石的物质成分、结构及颜色的突变或渐变而显现。由于形成层理的条件不同，层理有各种不同的形态类型，常见的有水平层理、斜层理、交错层理等。

（2）层面构造

层与层之间的界面称为层面。在层面上有时可看到波痕、雨痕和泥面干裂的痕迹。

（3）结核

在岩石中呈不规则或圆球形，其成分与周围岩石成分有明显不同，如石灰岩中的燧石结核。

(4)生物成因构造

由于生物的生命活动和生态特征，而在沉积物中形成的构造称生物成因构造，如生物礁体、叠层构造、虫迹、虫孔等。

在沉积过程中，若有各种生物遗体或遗迹埋藏于沉积岩中，后经石化交代作用保留在岩石中，则称为化石，为沉积岩所特有，是确定地层时代和沉积物形成环境的重要标志。

6. 沉积岩的分类

沉积岩的分类是以成因、组成的物质成分和结构来划分的，一般分为以下几类。

(1)碎屑岩类

是在内外动力地质作用下形成的碎屑物以机械方式沉积下来，并通过胶结物胶结起来的一类岩石。除正常沉积碎屑岩外，也包括火山碎屑岩。

沉积碎屑岩按粒度及含量分为砾岩、砂岩等。砾岩为沉积的砾石经压固胶结而成，碎屑物中岩屑较多。砾石也多为岩块(这种岩块可以是多矿岩组成，也可以是单矿岩组成)，一般含量大于 50%。根据砾石形状又可以分为角砾岩(砾石棱角明显)和砾岩(砾石有一定磨圆度)。碎屑成分为石英的叫石英砾岩，碎屑成分为长石的叫长石砾岩。砂岩为沉积的砂粒经固结而成。它的颜色决定于成分，具有明显的层理构造和砂状碎屑结构。按砂状碎屑的粒度，可进一步划分为粗粒、中粒、细粒和粉粒结构，以此分别定名为粗砂岩、中粒砂岩、细砂岩和粉砂岩。砂岩主要成分是石英、长石的矿物碎屑和岩屑。

(2)黏土岩类

主要由小于 0.005 mm 的碎屑物组成。这类岩石具有泥质结构，层理构造，当层理很薄，风化后呈叶片状，称为页理，具有页理构造的黏土岩就叫页岩，否则叫泥岩。

(3)化学及生物化学岩类

这是一类由化学方式或生物参与作用下沉积而成的岩石。主要由盐类矿物和生物遗体组成，具有结晶结构、生物碎屑结构和层理构造。常见者多为碳酸盐，如结晶灰岩、鲕状灰岩、白云岩、生物灰岩等。

对碳酸盐类岩石(如白云岩和石灰岩)可用小刀刻画其硬度，用稀盐酸等物测试其化学成分，并观察其不同的结构、构造、表面特征及含化石情况。

(二)肉眼鉴定沉积岩的方法

其具体步骤如下：

首先按野外产状、物质成分、结构构造，将沉积岩所属三大类型区分开。

确定岩石的结构类型。如确定为碎屑结构，就要按粒度大小及矿物含量进一步区分。

确定颗粒大小的方法是同标准方格纸或与标准砂比较，定名时一般以含量 >50% 者作为定名的基本名称。含量在 25% ~50% 之间者以 X 质表示；含量在 25% 以下者则以"含 XX"表示。例如某岩石中的碎屑颗粒含量在 80% 以上，但砾级的只有 20%，其他则为砂级。根据上述原则，该岩石可命名为含砾砂岩。

确定碎屑的类型后，还要对胶结物的成分作鉴定。胶结物的成分可为泥质、钙质、硅质和铁质等单一类型，可以是钙－泥质或钙－铁质等复合类型。因多为化学沉积，颗粒细小，不易识别。肉眼鉴定时可用小刀刻画其硬度，观察其颜色，或用稀盐酸测试其化学成分中是否含碳酸钙等，并参考其固结程度来确定其胶结物成分。

对碎屑颗粒的形态（圆度和球度）也要鉴定描述。但除砾岩外，一般不参加命名。

鉴定岩石的物质成分及含量时，这里分两种情况：其一是对碎屑岩、黏土岩、化学岩及生物化学岩，主要是鉴定岩石的矿物成分和各自的含量，方法是用肉眼或简单的化学试剂来鉴定矿物的理化性质（如矿物的形态、颜色、硬度、解理、光泽及滴酸等），以确定所含矿物的种类。然后在一定范围内目估（如用线比法）各矿物的百分含量，从而确定岩石的名称，如长石砂岩、白云质灰岩等。其二是对含岩屑较多的岩石（如砾岩）就应鉴定出砾石的岩石种类，并注意各类岩石的砾石含量百分比。

鉴定岩石的构造。鉴定构造除少数标本上可观察到外，一般应到野外鉴定其层理构造和层面构造。

鉴定岩石的颜色。在描述岩石时要将岩石的新鲜面和风化面颜色予以分别描述。由于岩石往往是由多种不同颜色的矿物组成的，因此描述的颜色应是岩石的总体颜色，绝非某种矿物的颜色。在描述用词上，习惯是将次要颜色写于前，主要颜色写于后，如黄绿色、黄褐色等。

综合描述举例。岩石的名称是按颜色＋构造＋结构＋成分（或成分加结构）这个程序描述的。如石英砂岩：新鲜面为灰色，风化面为灰白色。具有厚层状（0.5～1 m）层理。粗粒碎屑结构（粒度 1 mm 左右），磨圆度尚好，多呈浑圆状，分选性也好。碎屑成分主要为石英，含量达 90% 左右；长石，含量达 10% 左右，多风化成高岭土。岩石坚硬，系硅质胶结。根据以上描述，岩石的全名应是：白色厚层状粗粒长石石英砂岩。对碳酸盐岩的命名，一般是结构加成分，如鲕状石灰岩。

（三）常见沉积岩的鉴定特征

1. 砾岩

具砾状结构，即 50% 以上的碎屑颗粒大于 2 mm。砾石滚圆者称砾岩，砾石棱角状称角砾岩。砾石主要由一种成分组成的称单质砾岩，如石砾为石英叫石英砾岩，砾石为长石叫长石砾岩；砾石成分复杂者称复杂砾岩。

薄片观察：进一步确定砾石成分，研究砾石本身特点。如为石英岩砾石，则应注意一下砾石中石英的大小，有无波状消光和镶嵌结构等；进一步确定胶结物的成分和特性；有无生物残体和次生变化。例如黏土胶结物变成绢云母；以及手标本所不能见到的现象。最后应根据胶结物和碎屑的比例关系来确定胶结类型。

2. 砂岩

具砂状结构，即 50% 以上的碎屑颗粒介于 0.06～2 mm 之间。根据砂粒大小又可分为粗砂岩、中粒砂岩和细砂岩。按成分又可分为单矿物砂岩和复矿物砂岩。粉砂岩不易分辨碎屑颗粒，但断面较黏土岩粗糙。它也可以有单矿物粉砂岩和复矿物粉砂岩之分。黄土则是未经固结的亚沙土，土黄色，松散状，层理不清，往往含碳酸钙结核，主要由长石、石英等粉砂组成。

上述碎屑岩如考虑胶结物的成分时，则命名前加胶结物作为形容词，如铁质石英砂岩(胶结物为铁质)。除泥质砂岩外，砂岩通常都有较高的强度。尤其是硅质砂岩，是良好的地基和围岩。

薄片观察：

(1)进一步鉴定碎屑成分和碎屑本身特点，如长石为哪种长石，风化情况如何，磨圆度如何等，又如石英有无波状消光，包裹体等。砂质岩中时常有少量重矿物，手标本中看不出，需在薄片中鉴定精确测定碎屑大小，精确判断分选性和液圆度(用对比法)。成岩后生矿物的判断时常需要在薄片下进行；成为粒状存在的成岩后生矿物时常有以下特点：无圆化而晶形完整，新鲜透亮有时有交代生物或碎屑颗粒的现象；还需估计各种成分含量。

(2)进一步鉴定胶结物的成分和结构特点(非晶质的、结晶质的、再生的、嵌晶的等)；精确确定胶结类型。

(3)次生变化，如次生加大现象、胶结物溶蚀碎屑现象、非晶质胶结物重结晶等。

3. 黏土岩

包括泥岩和岩岩。它们都是工程中很好的隔水层，但强度低，遇水易软化，容易由软弱类层变成泥化类层而产生滑动破坏。

薄片观察：

(1)进一步确定黏土的矿物成分。

(2)确定机械混入物或新生矿物的大小、形状和成分，并估计百分含量。

(3)鉴定生物化石。

(4)观察显微结构和构造(如鳞片状构造、纤维状结构等)。

(5)观察次生变化的痕迹。

4. 石灰岩

由碳酸钙组成的岩石，常为灰色，由于含有机质多少不等，颜色可由浅到黑色，一般比较致密，断口呈贝壳状，强度高，加盐酸起泡，常因结构不同而给予不同名称。如鲕状灰岩和竹叶状灰岩等。同时灰岩中含有黏土矿物、硅质等杂质，我们分别称它们为泥灰岩和硅质灰岩。石灰岩用作冶金熔剂、建筑材料。在实际工程中容易产生岩溶。

薄片观察：

(1)观察颗粒的种类(内碎屑、鲕粒、球粒、藻粒、生物颗粒等)、生物遗体的种类、大小、完整程度和含量；鲕粒或内碎屑的形状、大小、成分、结构。

(2)观察填隙物的成分、颗粒大小、结构及其与被胶结组分的相互关系。

(3)观察机械混入物的大小和成分，对沉积矿物混入物详细鉴定。

(4)观察整个岩石的结构和构造特征。

(5)观察次生变化，如方解石的重结晶、白云石化现象。方解石和白云石在很多光学性质上是相同的，故在很多情况下在薄片中就无法区分它们，这时就需要做薄片油浸法或染色来区别。但在有些情况下是可以区分的。白云岩化作用是石灰岩常见的一种现象，必须加以注意。由于白云岩化作用的结果可使岩石孔隙增加。次生白云岩有如下一些特点：菱形晶体完整，透明度较高，有交代现象，如交代生物遗体、鲕体、碎屑等，分布不均匀。

五、作业

(1)简述沉积岩与岩浆岩在成因、结构、构造及物质成分的差别。

(2)独立完成教师所给标本的定名描述,并填写在实验报告上。

1.4　变质岩的认识

一、实验内容

(1)观察常见变质岩的颜色、结构和构造;区别一些典型的变质岩;对典型的变质岩进行鉴定和描述。

(2)学习对常见变质岩从宏观肉眼到微观偏光显微镜综合鉴定的方法。

二、实验要求

(1)掌握常见变质岩的鉴定方法,能识别主要的变质岩,初步了解它们的地质特征。

(2)了解对常见变质岩从宏观到微观综合鉴定的方法;了解偏光显微镜原理与构造;掌握镜下鉴定常见变质岩的方法。

三、主要仪器

常见变质岩标本 10 套、稀盐酸、小刀、放大镜、偏光显微镜、常见变质岩薄片、地质标本陈列室等。

四、实验内容指导

变质岩是由原来的岩石(岩浆岩、沉积岩和变质岩)在地壳中受到高温、高压及化学成分加入的影响,在固体状态下发生矿物成分和结构变化后形成的新的岩石。

(一)变质岩的一般特征

1.变质岩的矿物成分

变质岩矿物成分的最大特征是变质矿物——变质作用中形成的矿物。它是鉴定变质岩的可靠依据。常见的变质矿物有滑石、石榴子石、十字石、蓝晶石、硅线石、红柱石等。除变质矿物外,变质岩的主要造岩矿物是长石、石英、云母、辉石和角闪石等。有时,绿泥石、绢云母、刚玉、蛇纹石和石墨等矿物能在变质岩中大量出现,这也是变质岩的一个鉴定特征。同时,这些矿物具有变质分带指示作用,如绿泥石、绢云母多出现在浅的变质带,蓝晶石代表中变质带,而硅线石则存在于深变质带中。

2.变质岩的结构

原岩的结构在变质作用过程中可以全部改变形成变质岩的结构,也可以部分残留。分别为变晶结构和变余结构,另外还有动力变质作用形成的碎裂结构和糜棱结构。

(1)变晶结构

变晶结构是指原岩在固态条件下,岩石中的各种矿物同时发生重结晶或变质结晶形成的结构。按变晶矿物的粒度可分为等粒变晶结构、不等粒变晶结构及斑状变晶结构；按变晶矿物颗粒的绝对大小可分为粗粒变晶结构、中粒变晶结构和细粒变晶结构；按变晶矿物颗粒的形状可分为粒状变晶结构、纤维状变晶结构和鳞片状变晶结构。

（2）变余结构

在变质作用过程中，由于变形和重结晶作用不强烈，原岩的矿物成分和结构特征没有得到彻底改造，使原岩的结构特征部分地被保留下来，形成变余结构，也称残留结构。变余结构的特点是：外貌上有原沉积岩或岩浆岩的结构特征，而矿物成分上则表现出一些（特征）变质矿物的特点，许多情况下也保留了一些原岩矿物的特点。一般规律：各种变余结构较易出现在低级变质岩中，通常是原岩组分的化学活动性越小，粒度越粗大时，原岩的结构就越容易被保存下来。在中高级变质岩中，原岩结构一般都遭到较为彻底的改造，但有时仍可找到变余结构。

（3）碎裂结构

若母岩碎裂或块状，称为碎裂结构。

（4）糜棱结构

若压力极大，母岩破碎成细微颗粒，称糜棱结构。

3.变质岩的构造

岩石经变质作用后常形成一些新的构造特征，它是区别岩浆岩和沉积岩的特有标志，是变质岩的最重要特征之一。

（1）片麻状构造。特点是岩石主要由长石、石英等粒状矿物组成，但又有一定数量的呈定向排列的片状或柱状矿物，后者在粒状矿物中呈不均匀的断续分布，致使岩石外表显示深浅色泽相同的断续状条带，是片麻岩特有的构造。

（2）片状构造。指岩石中由大量片状矿物平行排列所形成的薄层状构造，片理薄而清晰，沿片理面易剥开成不规则的薄片。具有这种构造的叫片岩。

（3）千枚状构造。特点是片理面呈较强的丝绢光泽，有小的皱纹，由极薄的片组成，易沿片理面劈成薄片状。千枚岩都具有这种构造。

（4）板状构造。指岩石中由显微片状矿物大致平行排列所成的具有平行板状劈理的构造。岩石一般变质程度较浅，呈厚板状，板面平整，沿板理极易劈成薄板状，板面微具光泽。具这种构造的岩石叫板岩。

（5）块状构造。当变质作用中没有定向、高压这一因素时，则形成的变质岩中，矿物排列无一定方向，结构均一，一般称块状构造。部分大理岩和石英具有此种构造。

4.变质岩的分类

变质岩的分类，首先是根据其构造特征，其次是根据其结构和矿物成分，将其分为片麻岩、片岩、千枚岩、板岩、石英岩、大理岩等。

（二）常见变质岩综合特征的观察

结合标本，对照教材和指导书，逐块进行观察，包括板岩、千枚岩、结晶片岩（云母片、滑石片岩、绿泥石片岩）、片麻岩、糜棱岩、大理岩和石英岩。

常见变质岩的肉眼鉴定和命名方法：

肉眼鉴定变质岩的主要依据是构造特征和矿物成分。在矿物成分中，应特别注意哪些为变质岩所特有的变质矿物,如绢云母、石榴子石、红柱石、硅灰石等。

根据变质岩所具有的构造特征,可将其分为两大类:一类是具有片理构造的岩石,包括板岩、千枚岩、各种结晶片岩和片麻岩;另一类是不具片理构造的块状岩石,主要包括大理岩、石英岩等。

最常用的对具有片理构造变质岩的命名是"附加名称 + 基本名称"。其中"基本名称"可以其片理构造类型表示,如具板状构造者,可定名为板岩;具片状构造者,可定名为片岩。附加名称可以特征变质矿物。主要矿物成分或典型构造特征表示,如对一块具明显片麻状构造的岩石,可初定为"片麻岩"(基本名称),若其矿物组成中含有特征变质矿物石榴子石,则在"片麻岩"前冠以"石榴子石"(附加名称),即将该标本定名为"石榴子石片麻岩"。同样,对含滑石和绿泥石较多的片岩,可分别命名为"滑石片岩"和"绿泥石片岩"。其他如眼球状片麻岩等的命名亦然。

对具有块状构造变质岩的命名,则应考虑其结构及成分特征,如粗粒大理岩、硅灰石大理岩等。

(三)实验方法

(1)参照指导书和教材,对常见变质岩标本,在教师指导下进行独立观察学习。

(2)在深入观察学习的基础上,总结具有不同构造的种类变质岩的鉴定特征。

(3)观察偏光显微镜下的角闪片麻岩、绿泥石化长石砂岩和糜棱岩等薄片,加深对变质岩结构的认识。

(四)常见变质岩的简要描述

板岩:常为灰黑色、黑色,少数为灰绿色、紫色或红色。主要由硅质及黏土矿物组成,肉眼难于辨识,偶尔可见少量云母,绿泥石细小鳞片。呈隐晶质结构,致密均匀,但具板状构造,板理面平整、光泽暗淡,且沿板理方向较易剥成薄板状。沿板理可产生渗漏。当板岩中发育有构造节理时也会加剧渗漏,甚至渗透性还会大于某些土体。在野外应注意区别板岩中的节理和板理。可根据化石排列方向,原岩层理方向来判别。

千枚岩:常为黄色、褐红色、灰黑色或绿色。主要成分为细粒和鳞片状的石英、绢云母、绿泥石,沿片理面定向排列,呈现特有的千枚状构造。片理面上具较强烈的丝绢光泽,垂直于理面的断面上片理面起伏成皱纹状。

片岩:片状构造明显。常见的组成矿物有云母、绿泥石、滑石、石英、角闪石等,且其中片状矿物呈定向平行排列。此外,尚可见少量的石榴子石等,不含或仅含微量的长石。按所含片状矿物种类的不同,可具体定名为云母片岩、绿泥石片岩、滑石片岩或石墨片岩等。

片麻岩:常为灰白色、灰黑色或灰绿色。全晶质显晶质变晶结构,片麻状构造。主要矿物成分石英和长石(二者含量之和大于矿物问题的50%,且长石含量大于25%),其次为黑云母、角闪石、辉石等(含量之和小于30%)。

大理岩:质纯者为白色,俗称汉白玉。含杂质时可为灰色、黄色、淡红色、淡绿色、紫褐色等。等粒(细粒至粗粒)结晶结构,块状构造。组成的矿物硬度较小,小刀易在其上留下刻痕。以方解石为主要组成矿物的大理岩遇稀盐酸时有明显的起泡现象。以白云石为主要组成矿物的大理岩则反应不显著,但其岩粉遇稀盐酸时可有微弱的起泡现象。

石英岩：质纯者为白色，杂质时为灰色、黄色、红褐色或紫色，致密状结构，块状构造，一般具有较强的油脂光泽，主要矿物成分为石英，偶有少量长石、云母、绿泥石、角闪石及辉石等，岩性坚硬、脆。

糜棱岩：具明显的糜棱结构，组成物质(矿物、矿物集合体及其他因碾磨而成的极细物质)定向排列成条带或不同颜色的条纹，在条带或条纹之间常杂有大小不等的呈眼球状、扁豆状或透镜状的刚性物质(石英、长石或它们的集合体)。含少量绢云母、绿泥石、绿帘石、蛇纹石等。在野外现场，此种岩石往往仅分布在较大规模的断裂带中。

五、实验报告及作业

(1)主要变质岩的综合鉴定实验报告。

(2)变质岩的片理构造与沉积岩的层理构造间的区别。

(3)说出下列岩石间的主要区别：

片麻岩与片岩；片麻岩与花岗岩；千枚岩、页岩与片岩；石英岩、石英砂岩与大理岩；板岩与薄板状石灰岩。

第 2 章

工程地质野外实习

内容提要：基于地质工程和岩土工程的需求，本章先明确工程地质野外实习的目的、要求和步骤，接着介绍地质罗盘仪结构及岩层产状要素的野外量测、地质素描与摄影、地形图的结构及野外使用、褶皱和断裂构造的野外观察、地质地貌图和水文地质图的阅读分析、工程地质图的阅读分析与地质剖面图的制作，结合最新规范介绍了岩土的野外鉴别及分类，最后介绍了工程地质实习报告的编写方法，直接指导专业技术工作。

2.1 工程地质野外实习的目的与要求

一、工程地质野外实习的目的

工程建设离不开地质环境。工程地质课程来源于实践、运用于实践。工程地质知识非常抽象、枯燥，难记难学。

工程地质野外实习目的，就是将所学的工程地质理论知识融入自然地质现象和土木工程、水利工程等工程实践中，抽象思维和形象思维相结合，用直观的形式诠释理论知识，使理论知识得以消化、巩固和升华，最终提升学生运用地质知识解决工程实际问题的能力。野外实习还有利于培养学生吃苦耐劳、团结协作的精神。

二、工程地质野外实习的要求

通过本次野外实习，要将所学理论知识加以升华和运用；培养学生野外工作技能；学会地质资料的室内整理。具体要求为：

(1)单独识别常见的与工程建设有关的矿物和岩石。

(2)单独识别简单的地质构造：水平岩层、单斜岩层、褶皱构造、断裂构造。

(3)初步认识地下水：潜水、承压水、上层滞水、裂隙水、孔隙水、岩溶水。

(4)认识常见的不良地质现象：崩塌、滑坡、岩溶等，并对这些问题具有初步的分析能力。

(5)认识风化作用：认识风化类型和风化分级，了解红土化作用。

(6)认识河流的地质作用。

(7)了解古生物。

（8）掌握罗盘的使用方法。

（9）掌握野外地质工作方法和野外记录的方法。

（10）掌握地质报告的编写方法，提交合格的地质实习报告。

（11）实习过程遵守实习纪律，听从老师的实习安排，配合同组同学的工作。

2.2　工程地质野外实习的步骤

一、准备工作

（1）搜集资料：搜集实习区相关的地质资料、图件等。

（2）组织准备：由负责实习的老师进行实习动员，交代注意事项。学生分组，每组选出组长、开出实习介绍信。

（3）物质准备：包括实习用品（罗盘、地质锤、喇叭、皮尺、图件等）；学习用品（教材、实习指导书、野外记录本、实习报告本、资料袋、笔、绘图工具、坐标纸等），生活用品（衣服、雨具、食品、水等）。

二、野外工作

（1）实习地点的选择：实习地点应该以满足实习内容要求为前提，再考虑费用和时间因素。每个实习地点应选择合适的线路，然后每条实习线路再选定若干实习点，对每个实习点进行详细的观察、量测，并做好相应的野外记录、素描或拍照。

（2）实习时间：原则上按照教学计划严格执行。在遇到极端天气或交通等不可预测因素时可做适当的调整。

三、室内整理

（1）整理野外记录：每天及时进一步完善野外记录，并查阅相应资料。

（2）绘制地质剖面图：根据平面图绘制剖面图或野外实测剖面图。

（3）编写地质报告：根据野外记录、素描和拍摄照片编写实习报告。实习报告的编写应按照报告编写大纲要求完成。形式可以自选，但必须包括所要求的内容。

2.3　地质罗盘结构及岩层产状要素的野外量测

罗盘是野外地质工作不可缺少的工具，掌握罗盘的使用方法是工程地质野外实习对学生基本技能的要求。利用罗盘可以对观测点进行定位以及对我们所在的方向定位，同时还能测定所有地质界面（岩层层面、褶皱轴面、断层面、节理面）的产状、地形坡角。

一、罗盘的结构

罗盘分地质罗盘和矿产罗盘两种。地质罗盘外形是圆形的，矿产罗盘外形是矩形的。两种罗盘结构和功能基本相同，使用方法也基本相同。下面以地质罗盘为例来进行介绍。

地质罗盘由磁针、刻度盘、测斜仪、瞄准觇板、水准器等几部分安装在一铜、铝或木制的圆盆内而组成，如图 2-1 所示。

(1)磁针。一般为中间宽两边尖的菱形钢针，安装在底盘中央的顶针上，可自由转动，不用时应旋紧制动螺丝，将磁针抬起压在盖玻璃上避免磁针帽与顶针尖的碰撞，以保护顶针尖，延长罗盘使用寿命。在进行测量时放松制动螺丝，使磁针自由摆动，最后静止时磁针的指向就是磁针子午线方向。由于我国位于北半球，磁针两端所受磁力不等，使磁针失去平衡。为了使磁针保持平衡，常在磁针南端绕上几圈铜丝，用此也便于区分磁针的南北两端。磁针是用来读走向和倾向的度数的。测

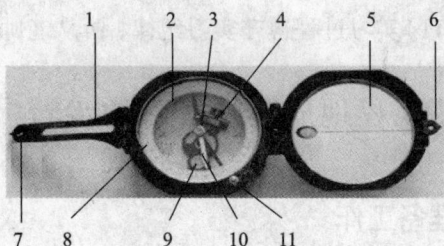

图 2-1　罗盘的结构

1—瞄准觇板(长照准合页)；2—垂直刻度盘；3—垂直水准器；4—垂直刻度指示器；5—反光镜；6—小照准合页；7—短照准合页；8—水平刻度盘；9—底盘水准器；10—磁针；11—磁针制动螺丝

倾向时如果量测的是岩层顶面，则罗盘的 S 端靠在岩层层面上，此时读北针；如果量测的是岩层底面，则罗盘的 S 端靠在岩层层面上就读南针，N 端靠在岩层层面上就读北针，即"靠南(端)读南(针)，靠北(端)读北(针)"。

(2)水平刻度盘。这个刻度盘是用来读走向和倾向的。水平刻度盘的刻度是采用这样的标示方式：从零度开始按逆时针方向每 10°一记，连续刻至 360°，0°和 180°分别为 N 和 S，90°和 270°分别为 E 和 W，利用它可以直接测得地面两点间直线的磁方位角。刻度盘上的东西方向和实际的地理方位是相反的，这是因为我们读数的时候是从镜子外面往刻度盘里读数的。

(3)垂直刻度盘。专用来读倾角和坡角度数，以 E 或 W 位置为 0°，以 S 或 N 为 90°，每隔 10°标记相应数字。

(4)垂直刻度指示器。它是罗盘的重要组成部分，悬挂在磁针的轴下方，通过底盘处的觇扳手可使其转动，它是用来测定岩层倾角和地形坡度的。中央的白色尖端所指刻度即为倾角或坡角的度数。

(5)水准器。通常有两个，分别装在圆形玻璃管中，圆形水准器(底盘水准器)固定在底盘上，长形水准器(垂直水准器)固定在垂直刻度指示器上。

(6)瞄准器。包括长照准合页，短照准合页、小照准合页、反光镜中间的细线、下部的透明小孔。使眼睛、细线、目的物三者成一线，作瞄准之用。

(7)磁针制动螺丝。按下制动螺丝，磁针不动，可以立刻读数。再按下制动螺丝，磁针恢复自由转动。

二、地质罗盘的使用方法

(一)在使用前必须进行磁偏角的校正

因为地磁的南、北两极与地理上的南北两极位置不完全相符，即磁子午线与地理子

午线不相重合,地球上任一点的磁北方向与该点的正北方向不一致,这两方向间的夹角叫磁偏角。

　　地球上某点磁针北端偏于正北方向的东边称作东偏,偏于正北方向的西边称作西偏。东偏为(+),西偏为(-)。

　　地球上各地的磁偏角都按期计算,公布以备查用。若某点的磁偏角已知,则一测线的磁方位角 A 磁和正北方位角 A 的关系为磁方位角 A 等于 A 磁加减磁偏角,即正北方位角 A = A 磁 ± 磁偏角。应用这一原理可进行磁偏角的校正,校正时可旋动罗盘的刻度螺旋,使水平刻度盘向左或向右转动(磁偏角东偏则向右,西偏则向左),使罗盘底盘南北刻度线与水平刻度盘 0° ~ 180° 连线间夹角等于磁偏角。经校正后测量时的读数就为真方位角。

　　(二) 地形草测(包括定方位、测坡角、定水平线)

　　1. 定方位

　　目标所处的方向和位置。定方位也叫交会定点。

　　(1)当目标在视线(水平线)上方时的测量方法。

　　右手握紧仪器,上盖背面向着观察者,手臂贴紧身体,以减少抖动。左手调整长照准合页和反光镜,转动身体,使目标、照准尖的像同时映入反光镜的椭圆孔中,并为镜线所平分,保持水平水准器水泡居中,则读磁针北极所指示的度数,即为该目标所处的方向。

　　按照同样的方法,在另一测点对该目标进行测量,这样两个测点对同一目标进行测量,得出两线沿着测出的度数相交于目标,就得出目标的位置。

　　(2)当目标在视线(水平线)下方时的测量方法。

　　右手紧握仪器,反光镜在观察者的对面,手臂同样贴紧身体,以减少抖动。左手调整长照准合页和上盖,转动身体,使目标、照准尖同时映入反光镜的椭圆孔中,并为镜线所平分,保持水平水准器水泡居中,则读磁针北极所指示的度数,即为该目标所处的方向。

　　按照同样的方法,在另一测点对同一目标进行测量。这样从两个测点对该目标进行测量,得出两线沿着测出的度数相交于目标,就得出目标的位置。

　　2. 测坡角

　　即测量目标到观察者与水平面的夹角。

　　右手握住仪器外壳和底盘,长照准器在观察者的一方,将仪器平面垂直于水平面,长水泡居下方。左手调整上盖和长照准器,使目标、照准尖的孔同时为反光镜椭圆孔刻线所平分。然后右手中指调整手把,从反光镜中观察长水泡居中,此时指示盘在方向盘上所指示的度数即为该目标的坡角。如果测某一坡面的坡角,则只需把上盖打到极限位置,将仪器侧边直接放在该坡面上,调整长水泡居中,读出角度,即为该坡面的坡角。(与测产状中的倾角相同。)

　　3. 定水平线

　　把长照准器扳至与盒面成一平面,上盖扳至 90°,而照准尖竖直,平行上盖,将指示器对准"0",则通过照准尖上的视孔和反光镜椭圆孔的视线,即为水平线。

(三)测物体的垂直角

把上盖扳到极限位置,用仪器侧面贴紧物体(如钻杆)具有代表性的平面,然后调长水泡居中,此时指示器的读数,即为该物体的垂直角。

(四)岩层产状要素的测量

岩层的空间位置决定于其产状要素,岩层产状要素包括岩层的走向、倾向和倾角。测量岩层产状是野外地质工作的最基本的工作方法之一,必须熟练掌握。

1. 岩层走向的测定

岩层走向是岩层层面与水平面交线的方向,它是岩层在水平方向的延伸方向。

测量时将罗盘长边与层面紧贴,然后转动罗盘,使底盘水准器的水泡居中,读出磁针所指水平刻度盘刻度即为岩层的走向。注意量测过程中罗盘长边始终不能离开岩层层面。

因为走向是代表一条直线的方向,它可以两边延伸,指南针或指北针所读数正是该直线的两端延伸方向,如 NE30° 与 SW210° 均可代表该岩层之走向。量测完毕后沿罗盘长边方向画一条直线即为走向线。

2. 岩层倾向的测定

岩层倾向是指岩层向下最大倾斜方向线在水平面上的投影,恒与岩层走向垂直。它是指岩层倾斜的方向。

测量时,将罗盘北端或瞄准觇板指向岩层倾斜方向,罗盘南端紧靠着层面(顶面)即走向线,并转动罗盘,使底盘水准器水泡居中,读磁针北针所指水平刻度盘刻度即为岩层的倾向。注意测量时罗盘的短边始终不能离开岩层层面。

假若在岩层顶面上进行测量有困难,也可以在岩层底面上测量。仍用瞄准觇板指向岩层倾斜方向,罗盘北端紧靠底面,读指北针即可。假若测量底面时读指北针受障碍时,则用罗盘南端紧靠岩层底面,读指南针亦可,即"靠南读南,靠北读北"。量测完毕后沿罗盘短边画一条直线即为倾向线,与之前所画走向线垂直。

3. 岩层倾角的测定

岩层倾角是岩层层面与假想水平面间的最大夹角,即真倾角。它是表示岩层倾斜的程度,是沿着岩层的真倾斜方向测量得到的,沿其他方向所测得的倾角是视倾角。视倾角恒小于真倾角,也就是说岩层层面上的真倾斜线与水平面的夹角为真倾角,岩层层面上的视倾斜线与水平面的夹角为视倾角。野外分辨层面的真倾斜方向甚为重要,其恒与走向垂直。此外可用小石子使之在层面上滚动或滴水使之在层面上流动,测量时将罗盘直立,并以长边靠着岩层的面上所画的倾向线,并用中指扳动罗盘底部的活动扳手,使垂直水准器水泡居中,读出垂直刻度指示器上白色线所指垂直刻度盘角度即为真倾角。

(五)岩层产状要素的记录与产状表达

如果测量出某一岩层走向为 310°,倾向为 220°,倾角 35°,走向可记录为:310°,N50°W、NW310°、130°、S50° 或者 SE130°;倾向可记录为:220°、S40°W 或者 SW220°。

岩层产状表达分方位角方法和象限角方法两大类,上述实测产状可表达为:

(1)象限角表达方法:N50° W/SW ∠35°,NW310°/SW ∠350°,S50° E/SW ∠35°,SE130°/SW ∠35°

在野外,我们还可以更简单地表达为:S40°W ∠35° 或者 SW220° ∠35°

（2）方位角表达方法：310°/220°∠35°或者 130°/220°∠35°

在野外，我们还可以更简单地表达为：220°∠35°。

野外测量岩层产状时需要在岩层露头测量，不能在转石（滚石）上测量，因此要区分露头和滚石。区别露头和滚石，主要是多观察和追索并要善于判断。

测量岩层面的产状时，如果岩层凹凸不平，可把记录本平放在岩层上当作层面以便进行测量。

（六）注意事项

（1）磁针、顶针、玛瑙轴承是仪器最主要的零件，应小心保护，保持干净，以免影响磁针的灵敏度。不用时，应将仪器关牢。仪器关上后，通过开关和拨杆的动作将磁针自动抬起，使顶针与玛瑙轴承脱离，以免磨坏顶针。

（2）所有合页不要轻易拆卸，以免松动而影响精度。

（3）仪器尽量避免高温暴晒，以免水泡漏气失灵。

（4）合页转动部分应经常点些钟表油以免干磨而折断。

（5）长时期不使用时，应放在通风、干燥地方，以免发霉。

2.4　地质素描与摄影

一、地质素描的概念

地质素描就是用单色线条在平面上勾画出地质体的立体形象。从地质观点出发，运用透视原理和绘画技巧来描述表达地质条件和地质现象的图画。

对于地质专业的学生，地质素描是一门独立开设的课程。在此，只做简单的介绍。要求学生或地质工作者在很短的时间内来完成地质素描，通常就画在野外记录本上，所以只能是草图，但必须抓住所要反应的地质条件和地质现象的特征。

二、素描基本知识

（1）素描作图工具多为铅笔，对于熟练者可使用钢笔。素描必须遵循基本的透视原理，即：近高远低，近大远小，近宽远窄，近前远后，近弯远直，近清远朦。

（2）素描基本线条有两大类：一类是轮廓线，这是主要线条。用于勾勒地质体的基本轮廓。勾勒轮廓时必须抓住景物的关键部位，按照透视法则来进行。二类是阴影线，在轮廓线的基础上运用阴影线对地质体进行进一步的描绘，使地质体具有立体感。阴影线是用来表达光线在地质体上的明暗差异。运用阴影线时要注意以下几个要点。

方向性：阴影线的起伏与地质体表面的起伏必须保持一致，即"线条随面走，面变线亦变"。

疏密性：线条的疏密的变化可以用来表示光线明暗。光线明亮则线条稀疏，光线阴暗则线条密集，甚至最暗的地方可以全部涂成黑色。但前提条件是必须符合地质体被光线照射的实际情况。

灵活性：在确保准确反映地质体特征的基础上，可以适当地运用阴影线美化画面。

如阴影线的疏密、长短、曲直、断续都会影响画面的美观。这必须要有一定的素描功底才能做到。

整体性：地质素描图除了表现出特定的地质条件和地质现象外，还应整体考虑画面，适当配合周围的景物来衬托，丰富画面。如生物、草木、房屋等都可以用来衬托画面，其目的有三个：第一，作为参照物，与景物进行对比，起到比例尺的作用，经常运用的有动物，人物；第二，丰富画面，如植物、道路、房屋等；第三，作为特殊背景之用，如泉水、茂盛的植被等。

三、地质素描的基本步骤

(1)构图：选定素描的地质体，确定主要地质体的位置，一般将最重要的地质体放在最中心的位置或其他合适的位置，画出相应的图框。

(2)确定位置和比例关系：确定主要对象和次要对象的相对大小和相对位置，在图框内画出其范围。

(3)勾勒地质体轮廓线：抓住地质体的外形轮廓线进行勾勒，如褶皱、断层、节理、岩层层面、滑坡、崩塌等。勾勒地质体时，要先近后远，近处的特征要细致、清晰、隆重。远处的特征画得粗略、清淡、隐约。远近景物交汇处在图纸上要留有空隙，使视线有开朗深沉的感觉。

(4)画阴影线：在轮廓线勾勒完毕的基础上，运用透视原理进一步画阴影线，使所描述的地质体具有立体感。

(5)美化画面：考虑图幅的整体性，结合地质体的特征，适当地画一些衬托物。

(6)为了清楚地表达素描图中的内容，可在地质体或景物的旁边适当地加文字标注，如村庄名称，地质年代符号或其他地质符号。

(7)写出图名、地名、方位、测量数据、比例尺等。

(8)素描图在野外一般是用铅笔完成了，如要保存，可在室内再加墨整理。

对于每种地质条件和地质现象都要抓住其特点进行素描，在此不再一一讲述，请同学们去参看其他相关的书籍。

2.5　地形图的结构及野外使用

一、地形图的结构

地形图是在一定的数学基础下绘制的、用符号表示地物和地貌(高低起伏等)，表示的内容是经过一定的取舍后的地物和地貌。具体来讲，将地面上的地物和地貌按水平投影的方法(沿铅垂线方向投影到水平面上)，并按一定的比例尺缩绘到图纸上，这种图称为地形图。如图上只有地物，不表示地面起伏的图称为平面图。

地形图是用一定的比例尺按照统一的规范和符号系统测(或编)制的，全面而详尽地表示各种地理事物，有较高的几何精度，能满足多方面用图的需要，是经济建设、国防建设和科学研究中不可缺少的工具；也是编制各种小比例尺普遍地图、专题地图和地图集的基础资料。

地形图是地质图的基础，用规定的符号将地质条件和地质现象绘制到地形图上形成地质图。

(一) 比例尺

比例尺包括数字比例尺、直线比例尺和自然比例尺。

(1)数字比例尺：用分数表示，分子为 1，分母表示在图上缩小的倍数。如五千分之一可以写成 1:5000，万分之一可以写成 1:10000。

(2)线段比例尺：画一个单位长度来表示实地距离。

(3)自然比例尺：把图上 1 cm 相当多少实地距离直接标出。如 1 cm = 50 m。

人们一般在图上能分辨出来的最小长度为 1 mm，所以，在图上 1 mm 长度按其比例尺相当于实地的水平距离称为比例尺的精度。例如，比例尺为 1:5000。1 mm 代表实地 5 m，故 1:5000 之地形图精度为 5 m。

不同比例尺的地形图，具体用途也不同。比例尺大反应的内容粗略，比例尺小反应的内容就越详细。国家几种基本比例尺包括 1:5 千，1:1 万，1:2.5 万，1:5 万，1:10 万，1:25 万，1:50 万，1:100 万。

(二) 地形的符号

地形是通过地形等高线反映出来的。

1. 等高线的含义及特征

等高线是地面高程相等的相邻点的连线，图 2-2 所示。具有如下特征：

(1)同一条等高线上高度相等。

(2)等高距全图一致。

(3)等高线一般不相交、不重叠，但在悬崖峭壁处，等高线可以重合。

(4)等高线自行封闭，各条等高线若因图幅所限不在本图幅闭合则必在邻幅闭合。

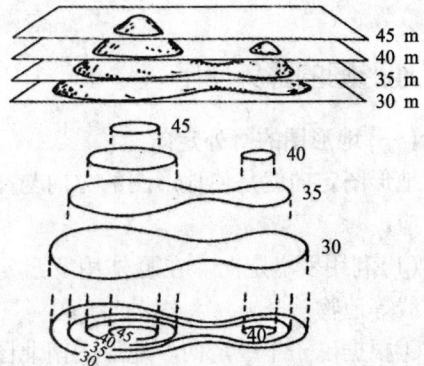

图 2-2　等高线与坡形

2. 各种地貌用等高线表示的特征

各种地貌的等高线如图 2-3 所示，其特征如下：

(1)等高线稀疏的地方表示缓坡，密集的地方表示陡坡，间隔相等的地方表示均匀坡，等高线上疏下密表示凸形坡，等高线上密下疏表示凹形坡。

(2)等高线的数值由中心向四周降低，表示为山地或丘陵。

(3)等高线的数值由中心向四周升高，表示为盆地。

(4)等高线的凸出部分指向低处表示山脊，其最大弯曲处的点的连线，表示为山脊线，也叫分水线。

(5)等高线凸出部分指向高处，表示为山谷，其最大弯曲处点的连线，表示为山谷线，也叫集水线。

(6)相邻两个小山顶之间呈马鞍形的低地部位为鞍部，也叫垭口。

(7)两组山脊等高线对垒，中间是一道比较狭窄而低平的河谷或谷地，表示为峡谷。

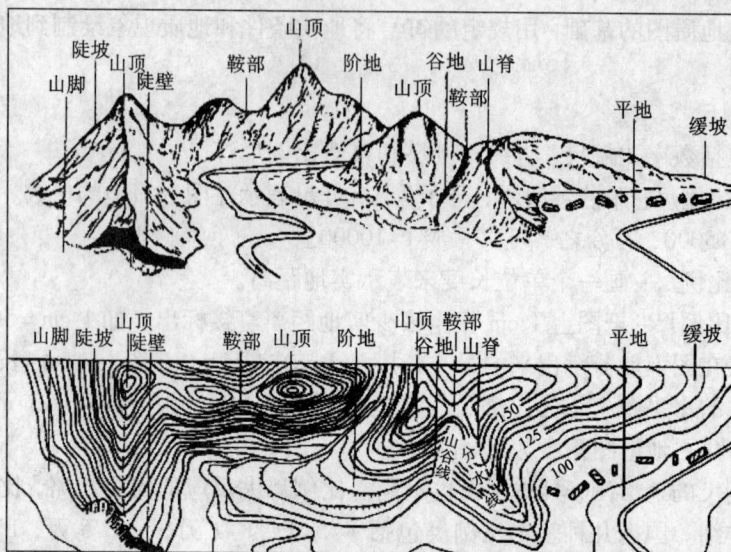

图 2 - 3　各种山地单元

二、地形图的野外使用

（一）地形图的野外定向

地形图定向就是使地形图的方向与实地一致，图上地物符号与地面上相应的物体方向对应。

（1）利用罗盘定向。在野外用罗盘定向是最方便而常用的方法，使用时远离铁轨、高压线等地物。

①根据磁子午线定向。地形图南北图廓线上注有磁南、磁北（或 p、p'），两点的连线即为磁子午线，定向时将罗盘的直尺边（或叫南北线）与磁子午线重合，然后转动地形图，使磁针北端对准度盘"0"分划线，即磁针与磁子午线平行即可，地形图方向就与实地一致了。

②按真子午线定向。首先使罗盘上的直尺边与地形图上的东西图廓线重合，从"三北"方向上查得磁偏角是多少，然后转动地图，使磁针偏角与磁偏角相等，则地形图标定好。

③根据坐标纵线定向。把罗盘直尺边与坐标纵线（方里网纵线）重合，从"三北"方向线上查得磁坐偏角值，然后转动地图，使磁针北端指向磁坐偏角相应的分割值，即完成地图定向。

（2）利用直长地物定向。利用直长地物（如直长的铁路、公路的路段、河渠等）标定地图，应在地图上找到这段地物，对照两侧地形使地形与实地的关系位置概略相符，再转动地物，使地图直长地物符号与实地直长地物的方向一致，地图即标定。

（3）利用明显地形标定。先确定站立点在图上的位置，再选定远方一个实地和地图上都有的明显地形点（如山顶、独立物等），将直尺边切于图上的站立点和该地形点上，转动地图,通过直尺边找准实地明显地形点,地图即已标定。

(二)在地形图上确定站立点的位置

实地使用地形图,在标定地图方位以后,为实现实地对照,应先确定自己的站立点在图上的位置,由于情况不同,采用的方法也不同。

(1)利用明显地形点确定。当站立点在明显地形点上或其近旁时,在图上找出该地形点符号,根据站立点与明显地形点的位置关系即可确定站立点在图上的位置。

(2)利用侧方交会法确定。在线状地物(道路、河渠、土堤)上用图时,可采用侧方交会法确定站立点。其步骤是:

①准确标定地图。

②选择图上和实地都有的两个或一个明显的地形点。

③将直尺分别切于图上两个明显地形符号的主点上(可插针),转动直尺向实地相应地形点瞄准,并向后画方向线,两个方向的交点就是站立点。

(3)利用后方交会法当站立点附近没有明显地形点时,可采用此法。其步骤是:

①标定地图。

②在远方找到两个以上实地和图上都有的明显地形点。

③用直尺分别切于两个以上明显地形符号的主点上。并转动直尺另一端,瞄准实地地物,不得破坏地形图定向,瞄准后沿直尺向后画方向线,两个或两个以上方向线的交点为站立点在图上位置。

(4)利用透明纸交会法确定。在无法精确标定地图时,可采用此法。其步骤是:

①选择图上和实地都有的三个以上明显的地形点。

②将透明纸固定在图板上,并在适当的位置插一细针,再用直尺紧靠细针,不动图板依次瞄准选定的地形点,并画方向线,并在各方向线的末端注明该地形点的名称。

③取下透明纸蒙在图上,移动透明纸使每条方向线都准确地对准相应的地形点,透明纸上各方向的交点就是站立点在图上的位置,刺到或画到图上即可。

(三)实地对照读图

实地对照读图,就是将地形图上各种地形、地物符号与实地相应地形、地物进行一一对照,把学到的东西,与实地结合起来。对照地形的原则,先特殊后一般,先大后小,由远及近,由点到面综合对照。在山地和丘陵地对照时,可先对照大而明显的山顶、山脊、谷地,然后再顺着山脊谷地的走向,根据方向、距离、高程、形状及位置关系对照山顶、鞍部、山脊、山谷等地形细部。在平原地形区对照时,可先对照主要的道路、居民地和突出独立物,再根据其关系和位置逐点、分片地进行对照。

(四)地形图上的制图综合

由于地图比例尺的限制,地形图不可能把全部地物毫无保留地表示出来。随着比例尺缩小,地图的内容必须进行取舍和概括,取舍是把各种各样的地面景物选取出大的、重要的物体或现象表现在地图上;对次要的、非本质的物体或现象就要舍掉。概括则是指对地图内容的形状、数量、质量等特征化简。对于大比例尺地形图,因其包括的实地面积小,地面景物少,可把地面景物详细表现出来。随着比例尺的缩小,图幅包括的面积大,地面景物多,地形图上就要舍掉和概括一些地物内容。例如居民地 1∶10 万图上能详细表示居民地主次街道、街区的平面图形特点，突出建筑物、经济文化设施等；可是在1:20万图上，街区就合并了，只概括显示平面图形的主要结构特征；在1:50万图上，街区大量合并，只表示一些主要街道；在1:100万图上，则只能显示其总轮廓；比例尺继续缩小，最后只能用一个点来表示。

（五）野外填图

在野外把调绘内容，用符号或文字标绘在图上，叫野外填图。填图的要求是：标绘内容要清晰易读，做到准确、简明。准确就是标绘内容位置要准确；简明就是图形正确，画线清晰、注记简练、字体端正、图面整洁、一目了然。

1. 填图的准备工作

(1)根据地形图了解调查填图地区的概况。

(2)熟悉填图内容及表示方法。

(3)明确填图的精度要求和最小图斑。

(4)将图贴在图板上。

(5)确定填图范围。

(6)选定填图路线。

(7)备好野外填图的仪器和工具。

2. 填图的方法和步骤

利用标绘地形点的各种方法，在站立点上，标点目标的位置，根据目标点的位置加绘符号，如标绘面状内容时，先标定面状轮廓的转折点的位置，勾绘轮廓图形，加绘符号。若目标较远，不易达到时，可在两个站立点上用前方交会法标绘。步骤是：

(1)根据交绘线的夹角大于30°、小于150°的原则，在实地选两个站立点。

(2)在第一点上标定地图，确定该点在地图上的位置，用直尺切于该点，向目标瞄准并沿尺边向前画方向线。

(3)在第二点用同样方法也画出方向线，两方向线的交点就是目标的图上位置，绘出相应的符号即可。

(4)图幅整饰。当野外填绘完成后，要对图幅在室内进行整饰，按规定的符号和颜色标绘内容和图例，注记图名，画出图廓及注记其文字说明资料。

（六）野外定向运动（定向越野）

1. 概念

定向运动是一种借助于地图和罗盘按规定方向行进的体育活动，也是当前国际竞赛项目之一。它既有利于增强体质、锻炼意志，又是普及地图应用，传授识图用图知识的一种有效方法。定向越野是定向运动的主要比赛项目之一，参赛者要依靠标有若干检查点和方向线的地图并借助指北针，自己选择行进路线，依次寻找各个检查点，用最短时间完成比赛者为优胜。

2. 竞赛器材

(1)1:1万或1:2.5万竞赛场地地形图。

(2)指北针。

(3)检查卡。

（4）检查点标志。

3. 定向越野选手的技能

（1）在野外能迅速地辨别方向。

（2）能熟练地使用地图和指北针。

（3）善于进行长距离的越野跑。

（4）既果断又细心，能迅速选择最佳的行进路线。在任何情况下，运动员具有辨别方向和使用地图的能力始终都是最基本的要求。

4. 怎样选择比赛行进路线

（1）选择路线的标准，简单地说应该是：省体力，省时间，最安全，便于发挥自己的技能或体能优势。

（2）选择路线遵循以下原则：

①有路不越野。

②走高不走低。若不得不越野，应尽量在高处（如山脊、山背）行进，避免在低处（如谷地）。这是因为地势高，易辨别方向确定站立点，高处通风干燥少荆棘、杂草，其他危险少，人们习惯在高处行走，多有踏出的小路，利用它便于提高运动速度。

5. 重要内容提示

（1）点的坐标的求算方法。

（2）曲线、面积、坡度的量算方法。

（3）剖面图的绘制方法。

（4）标定地图、确定站立点和野外填图的方法。

（5）野外读图的原则和方法。

2.6　褶皱构造的野外观察

一、概念

褶皱是岩层在长期地应力作用下所发生的连续完整的弯曲变形。它是一种常见的地质构造，与工程建设的关系十分密切。它直接关系到工程的选址、安全和造价。因此在野外识别褶皱是十分重要的。

褶皱的基本类型有背斜和向斜。其规模从几米到上万米不等。有的褶皱有完整的剖面形态，我们可以直接观察到。有的褶皱没有剖面形态出现，需要我们根据地层的新老关系来进行分析判断。背斜：核部地层老，两翼地层依次对称变新；向斜为核部地层新，两翼地层依次对称变老。

褶皱的形态类型按照产状可分为直立褶皱、倾斜褶皱、倒转褶皱和平卧褶皱。按转折端形态可分为圆弧褶皱、尖棱褶皱、箱状褶皱、扇形褶皱和挠曲。另外在褶皱的翼部还有复背斜和复向斜。

1. 复背斜

由若干次级褶皱组合而成的大型背斜构造，它规模大，需经过较大范围的地质制图才能了解其全貌。复背斜中由于次级褶皱发育,新老岩层重复出露,但从整体看,仍有核部岩层时代老、翼部岩层时代新的特征。横剖面上其次级褶皱的轴面往往是呈正扇形展布。复背斜多见于褶皱造山带并与复向斜伴生。认识复背斜主要根据区域性新老地层的分布特征,如图2-4所示。

2. 复向斜

又称复式向斜(图2-5),是由若干次一级的背斜、向斜组合而成的一个大型向斜构造。复向斜的规模较大,需要经过较大范围的地质测量才能了解其全貌。组成这种形式的褶曲大都是紧密相邻、同等发育的线形褶曲,褶曲轴大体平行延伸,轴面向上收敛。

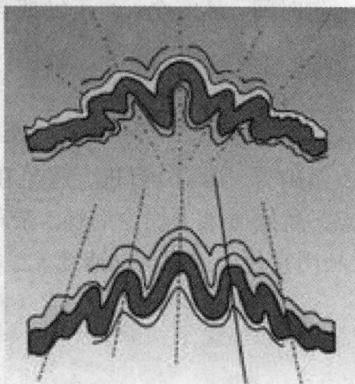

图2-4　复背斜

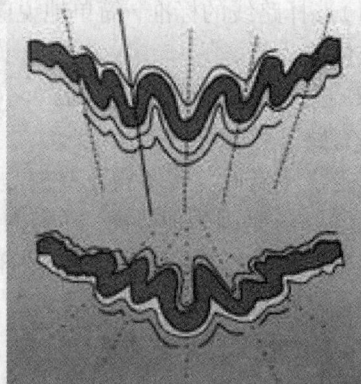

图2-5　复向斜

3. 穹隆构造

在地质上是指平面上呈卵圆形或不规则的等轴状圈闭的背斜型构造,形态近浑圆形,核部出露较老的地层,向外依次变新,岩层由中央向四周外倾斜,无一定走向。像倒扣过来的锅子(图2-6)。平面上地层呈近同心圆状分布,岩层从顶部向四周倾斜,其直径长可达数千米至数十千米,大型穹隆一般发育在稳定的克拉通地区或造山带的前陆地区。也见有规模较小的穹隆,只有数米。除构造变形成因外,穹隆有多种成因,如沉积埋丘构造、盐丘、岩浆底辟和火山穹隆等。穹隆发育地区变形一般比较微弱,地层产状平缓,常伴有放射状或环状高角度断层。穹隆有多种成因。如火山穹隆,它是岩浆侵入沉积岩中,沉积岩上拱而成。在结构上外部为沉积岩,核部为岩浆岩。穹隆山发育初期,

图2-6　穹窿

即沉积岩层尚未遭受严重破坏时,呈孤立的山地,水系呈放射状发育。当外部沉积岩层被剥蚀后,核部的岩浆岩就会暴露,发展成为山丛。但是。外围原有的河流仍然保持放

射状，沉积岩层则出现多重的环形单面山或猪背山以及环状水系。构造穹隆，由于构造运动，使局部沉积岩层上拱而成。穹隆构造是重要的圈闭构造，是确定油气勘探靶区的重要途径。

4. 构造盆地

由地质构造作用形成的盆地。包括由岩层倾向中心而形成的近似圆形或椭圆形的盆地，和地壳构造运动，例如凹陷或断陷作用形成的盆地。这里主要指向斜盆地，它是河流沿向斜侵蚀扩展而成，两边常有多级阶地，如云南的思茅盆地。向斜盆地一般是良好的储水构造。

一、褶皱的工程性质

1. 背斜

背斜核部往往张节理发育，岩石较破碎，所以强度比翼部低，渗透性更强，工程地质性质变差。在工程选址时特别要加以注意。在背斜中开挖隧洞时背斜顶部结构体往往上宽下窄，这有利于稳定。但通常我们都以垂直于褶皱的轴向来选择工程的路线，这样穿过褶皱的部位最短，也有利于工程的稳定。在褶皱的翼部开挖地下洞室要注意偏压的问题。岩层倾向方向的洞顶位置是压力最大的部位。在背斜两翼开挖时应注意防止岩层的顺层滑动。故一般采取反倾向开挖较为稳定。在背斜中开挖地下洞室时洞内往往会比较干燥，有利于施工。

2. 向斜

向斜往往是一个较好的储水构造，是寻找地下水的一个方向。在开挖地下洞室时应先查明地下水的埋藏和分布情况，以免突然涌水而造成工程事故。选择工程线路时也最好是与向斜的轴线垂直。在向斜两翼开挖时应注意防止岩层的顺层滑动。一般来说反倾向开挖有利于岩层的稳定。水库大坝选址应选在倾向上游的一翼。

三、褶皱的野外识别

对于在剖面上出现的褶皱，我们可以直接观察到背斜和向斜，对于没有剖面出露的褶皱，我们要根据地层的出露特征来判断。如果地层中心对称重复出现，则可判断有褶皱。研究方法分穿越法和追索法，穿越法用于判断是否有褶皱存在，追索法用于分析褶皱形态类型。

用穿越法观察褶皱的具体步骤如下。

1. 垂直于岩层走向观察岩层，确定其地质年代，并测量记录岩层产状

查明地层层序是研究褶皱和区域构造的基础。首先要注意区别层理和其他次生面状构造，要系统地进行地层研究，根据古生物和岩石沉积特征查明地层层序、时代，划分地层单位。在化石缺乏的地区，要注意利用岩石各种原生构造或伴生小构造（如层间小褶皱、劈理等）来查明岩层的产状是正常还是倒转以及岩层的相对顺序。

褶皱的产状也可根据标志层予以确定。所谓标志层是指层位稳定、分布广泛、岩石成分和结构构造或所含化石具有明显特征，且厚度不太大而稳定的岩层。这些产状，主要是测定褶皱枢纽和轴面的产状，这是正确判断褶皱形态的前提。

2. 判断是否有褶皱存在

分析是否有地层的中心对称重复，有地层中心对称重复则表示有褶皱存在，有几个重复对称中心就有几个褶皱。在观察地层层序及其排列关系时，必须抓住某个标准岩层作为了解褶皱的标志层。

3. 判断褶皱的基本类型

如果核部地层是老地层，两翼地层依次变新，则该褶皱为背斜(图2-7)。如果核部地层是新地层，两翼地层依次变老，则该褶皱为向斜(图2-8)。

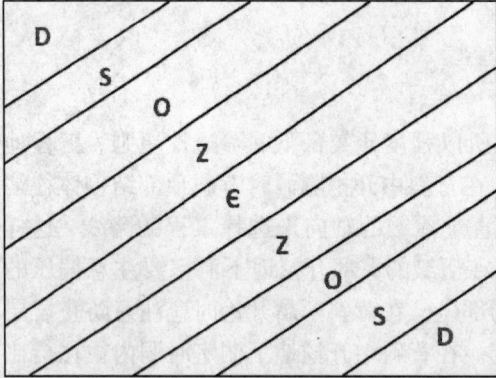

图2-7　背斜地层分布平面图　　　　　　　图2-8　向斜地层分布平面图

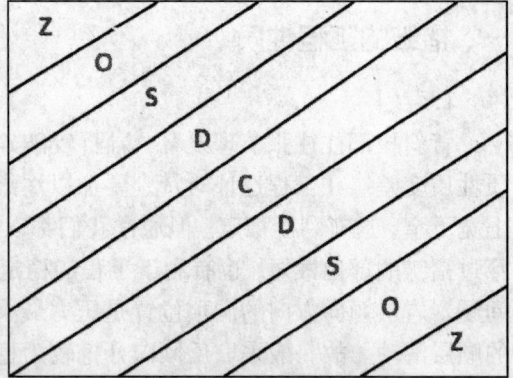

4. 判断褶皱的形态类型

根据所测量的岩层产状，判断褶皱是直立的，倾斜的，倒转的还是平卧的。

褶皱的出露形态不仅与褶皱本身形态、产状和规模大小有关，而且还受到地面切割的影响。由于风化剥蚀，地面这个天然切面起伏不平，可以从任意方向切割褶皱。一个简单的圆柱状褶皱，在不同方向的切面上所出露的形态就各不相同，地面可以是其中任一个面，因此褶皱在地面上的出露形态只是褶皱在这个方向的面上的地形效应，是褶皱不完整的，甚至是被歪曲了的形象。因此，必须通过详细观测，对褶皱在不同位置、不同方向的出露形态进行综合分析，并结合赤平投影的解析和几何作图揭示褶皱的真实形态和产状。

对褶皱内部的小构造研究也应注意。所谓小构造，指小褶皱、小断裂面、线理等。它们分布于主褶皱的不同部位，各自从一个侧面反映出主褶皱的某些特征，这些内部构造，由于规模较小，易于观察，因此，以小比大，通过对褶皱内部小构造的研究能进一步了解和阐明主褶皱的某些特征。

用追索法来判别褶皱是倾覆的还是水平的。枢纽水平就是水平褶皱，枢纽倾覆就是倾覆褶皱。观察的时候是平行岩层走向方向观察的。判断的方法是看两翼的岩层走向是否平行，平行则是水平褶皱，不平行则是倾覆褶皱。

四、褶皱形成机制分析

沉积岩层的褶皱作用主要包括两种，即纵弯褶皱作用和横弯褶皱作用。前者指岩层受到顺层挤压力作用而发生褶皱，后者指岩层受到与层面垂直的外力作用而发生褶皱。两种作用形成的褶皱在其形态、组合关系、层间滑动方向、层间小褶皱以及与断裂的组合关系等方面都存在明显差别。

1. 平面形态及组合

纵弯褶皱作用形成的褶皱通常为长轴状和线状，而且一系列褶皱同时发育，背斜、向斜相间排列。横弯褶皱作用形成的背斜通常为短轴背斜和穹隆构造，常单个背斜孤立存在。

2. 剖面形态

纵弯褶皱作用常形成顶厚褶皱，而横弯褶皱作用常形成顶薄背斜。

3. 层间滑动方向

纵弯褶皱作用引起的层间滑动规律是各相邻上层相对向背斜转折端滑动，各相邻下层则相对向向斜转折端滑动。横弯褶皱作用引起的层间滑动规律刚好相反，即各相邻上层相对向背斜离背转折端滑动，各相邻下层则相对向背斜转折端滑动。

4. 层间小褶皱

在褶皱作用过程中，夹持在强硬厚岩层之间的薄岩层或塑形岩层，由于弯滑作用和弯流作用，常形成层间小褶皱。这些层间小褶皱多为不对称褶皱，其轴面与上下邻层的锐夹角指示该相邻层相对滑动方向。若小褶皱轴面与上部相邻岩层面的锐夹角指向背斜转折端，则为纵弯褶皱作用所致；若小褶皱轴面与下部相邻岩层面的锐夹角指向背斜转折端，则是横弯褶皱作用的结果。

5. 与断裂的组合关系

在同一应力作用下不仅形成褶皱，还可形成断裂构造，有时两者之间存在派生关系。利用断裂与褶皱的组合关系可以推断褶皱的成因机制。伴随纵弯褶皱作用常形成纵向逆断层和横向正断层，在背斜转折端常派生纵向张节理和纵向正断层，在背斜枢纽倾伏部位常派生横向张节理和横向正断层。横弯褶皱作用常派生放射状和同心环状张节理和正断层。

2.7　断裂构造的野外观察

一、概念

1. 断裂构造

又称断裂。断裂构造是岩石破裂的总称，主要包括断层和节理。包括劈理、节理、断层、深大断裂和超壳断裂等断裂构造是岩体受到地球内力作用后，首先是在岩体中积蓄能量，当所受的力超过岩体本身强度后，岩体开始产生机械破裂，失去其连续性和整体性。这种构造就叫断裂。断裂的面叫断裂面，沿断裂面有明显位移的叫断层，没有明显位移的叫节理。

2. 断层类型

断层按两盘相对位移分为正断层、逆断层和平移断层；按两盘相对位移方向分为走向断层和倾向断层。

3. 节理类型

节理按力学性质分为剪节理和张节理；按延伸方向分为纵节理、横节理和斜节理。

二、断裂构造的工程性质

1. 断层的工程性质

断层对工程的影响非常大，它直接关系到工程的选线、安全稳定和造价。断层形成后，岩石发生破碎，岩体强度和稳定性降低，同时为风化提供通道，进一步降低岩体强度和稳定性。且往往在断层带地下水发育。所以在实际工程建设中选择线路、地基和围岩时都应特别加以重视。如果选择线路时不能避开断层，那就尽量与断层走向线垂直，尽可能地少通过断层地段。特别是地下洞室的顶部，断层可能导致其塌方和渗漏。在选择桥梁桥位和水库大坝坝址时，应该远离断层，尤其是在桥位和坝址的下游不应该有大的断层破碎带。因为大的断层破碎带可因为压缩变形或者断层带也可因为冲刷而形成冲刷坑而起到临空面的作用，这样可能因为滑移而造成失稳破坏。在可溶岩地区，选择线路、地基和围岩时应尽量远离断层破碎带，因为断层破碎带更容易发育岩溶。

2. 节理的工程性质

对岩体而已，节理的存在会加速风化，为地下水的渗漏提供通道。对于一般的建筑物地基，节理只是降低地基承载力，增加建筑物小量的变形，加大建筑成本，对建筑物安全没有本质的威胁。对于斜坡，节理的大量存在且产状向临空面倾斜，与其他结构面组合在一起将会加剧滑坡、崩塌的形成，对建筑物的安全造成严重的威胁。对于地下洞室，顶部大量的断层破碎带或密集贯通的节理可能导致顶部坍塌或渗漏。桥墩、大坝下游的节理密集带也有可能因为压缩变形而起到临空面的作用。岩浆岩中的原生节理更是会破坏岩浆岩的完整性，降低岩体强度，加速岩浆岩的风化。

三、断裂构造的野外观察

(一) 断层的野外观察

断层的野外观察，是工程地质实习的一个重点内容，对于断层的野外观察首先要确定断层的几何要素。

1. 断层面

构造应力作用所产生的破裂面称为断层面。它代表断层倾斜的方向。在野外观察时要认真量测和记录。断层面的空间位置也像地层的层面一样，也有产状，在观察断层时，必须测量其产状。但断层面并非一个平整的面，往往是一个曲面，特别是向地下延伸的那一部分，其产状也可以有较大的变化。此外，断层面不是单独存在的，往往是有好几个平行地排列着，构成所谓断层带。又由于断层带上两壁岩层的位移错动，使岩石发生破碎，因此又称为断层破碎带。其宽度达几米甚至几十米。一般情况下，断层的规模愈大，断层带的宽度也愈大。对于平移断层，其断层面往往是比较平整光滑的，且有水平方向的擦痕。

2. 断盘

断层面两侧相对移动的岩体称为断盘。根据它们沿断层面发生相对位移的方向有上升盘和下降盘之分。但对于初学者特别需要注意的是：上升盘不等于上盘，下降盘不等于下盘。在野外识别时，断层面倾向那边的一盘叫上盘，另外一盘叫下盘。当断层面垂直时，就无上盘或下盘之分，只有左盘和右盘之分，如一般的平移断层。

3. 断层线

断层面与地面相交之线称为断层线。它表示断层延伸的方向。在野外观察时要认真地加以量测和记录。而且断层线的方向有时候是变化的。它并不是一条直线。岩层走向线、褶皱轴线和断层走向线都称为区域构造线。在选择工程线路时一般要求与区域构造线垂直，不能垂直的要以大角度相交，这样有利于工程的稳定。

4. 断层带

以分为破碎带和影响带。紧挨断层面，岩石特别破碎的为破碎带。破碎带两侧为影响带，往往有伴生节理发育。

5. 位移

位移是断层两盘岩体相对移动的总称。包括垂直位移和水平位移。它反映了断层运动的规模。在野外观察断层时，位移的方向是必须当场解决的问题之一。判断的办法是运用两侧岩层的层序关系来判断；抚摸断层面上的擦痕来确定，擦痕感觉光滑的方向为对盘的运动方向；有牵引构造时，牵引弯曲的尖端指示本盘的运动方向。

（二）断层野外识别的标志

1. 地层标志

地层突然中断，或者新地层突然与老地层接触；地层的重复或缺失。这是很重要的断层证据。虽然褶皱构造也有地层的重复现象，但它是对称性的重复；而断层的地层重复是不对称的，没有对称中心。地层的不整合接触也可以造成地层缺失，但那种缺失是区域性的，而断层造成的地层缺失是局部的。

2. 构造标志

断层带往往岩石破碎，岩层产状紊乱，发生急变和变陡；在断层面上有擦痕或者断层面为镜面；在断层面两侧的断盘中往往有伴生节理产生和牵引弯曲现象产生。伴生节理往往呈羽状排列，也称雁行节理。

3. 地形地貌标志

由于断层两盘的相对运动，上升的一盘往往形成悬崖，称断层崖；断层面受到与其垂直方向的水流侵蚀切割，形成一系列与断层走向方向平行的三角形陡崖，即断面山；或者形成沟谷，"缝沟必断"。

4. 水文植被标志

往往在断层带植被比较茂盛，或者断层的某一盘植被生长比另一盘好；泉水沿断层带成带状的分布，断层错断含水层而使地下水出露地表成泉；或湖泊洼地成串珠状分布，这往往是大断层的标志，由断层引起的断陷所形成；河流突然改向。

2.8　地质图的阅读分析

一、基本概念

将各种地质条件或地质现象用规定的符号和颜色统一表示在地形图上，就是地质图。地质图包括平面图、剖面图和柱状图。

一般所说的地质图是指平面图，根据平面图可以作出剖面图(剖面图也可以实测)，以便更清楚地反映地下地质情况。柱状图是根据野外钻探资料将一个地区的全部地层按其时代顺序、接触关系及各层位的厚度大小编制的图件。

根据生产或研究的需要，还可以制成专题的地质图，如水文地质图、工程地质图、第四系地质图、岩相－古地理图、矿产分布图、构造纲要图、大地构造图等。

二、阅读地质图

通过阅读地质图，来了解区域的地形地貌、地层岩性、地质构造，为工程设计提供保障。具体读图步骤如下所述。

1. 阅读图名和比例尺

阅读图名可以了解图所反映的内容。阅读比例尺可以了解图的精度。比例尺越大，反映的内容越详细，比例尺越小，反映的内容越粗略。对于可行性评价阶段、初步设计阶段和施工阶段，应分别采用不同比例尺的地质图。可行性评价阶段选用小比例尺的地质图，施工阶段选用大比例尺的地质图。

2. 分析地形地貌

分析图幅所在区域的地形地貌是为了正确地进行工程选线、选址。同时要选取有利的地形来布置施工场地。选择线路时尽可能短，选择桥梁和坝址时河道要尽可能窄。施工场地布置场所尽可能平坦开阔。阅读时注意地形等高线穿过山脊时 V 字形尖端是指向下坡的，穿过河谷时 V 字形尖端是指向河谷上游的。

3. 地层岩性的分析阅读

了解图幅范围内所有地层，包括它们的分布位置、时代、岩性、产状。只有详细掌握地层岩性特征、地层产状，才能为设计提供安全保障。必须选择岩性坚硬、强度高的地层来作为建筑物的地基和围岩。在桥梁和大坝的设计中，应该选择在岩层倾向上游的位置。地下洞室进口地段都应考虑地层的岩性和产状，以确保洞口开挖的成功。当然还要结合构造的发育情况和野外观察到的岩石风化情况。对于岩浆岩，一般是良好的地基和围岩，但应结合野外的观察，是否原生节理发育，是否风化严重。通过地层分布的分析，我们还可以确定图幅范围内是否有褶皱发育，为下一步地质构造的分析奠定基础。

4. 地质构造分析阅读

地质构造包括岩层产状、褶皱、节理和断层。

岩层产状在分析阅读地层时已加以分析。

褶皱是很重要的地质构造，对工程的选线和选址有直接的影响。平面图上褶皱是通过地层的中心对称重复来体现的。如果有地层的中心对称重复则有褶皱。对称中心即为褶皱核部地层，其他为翼部。最后要根据岩层产状来分析褶皱的形态类型。褶皱形成时间的确定：晚于被褶皱的最新地层，而先于未被褶皱的最老地层。

节理在平面地质图上不能反映出来，只有通过野外踏勘来提供资料。

断层在平面地质图上可以通过地层的重复和缺失来体现。如果不是褶皱，造成地层的重复就是断层。地层的缺失也可能是不整合接触造成的，但那是区域性的。如果地层的缺失是局部的，再根据区域构造应力进行综合分析可以确定是断层。并且进一步结合地层缺失和位移的特点来判断断层的性质。断层形成时间的确定：晚于被错断的最新地层，早于未被错断的最老地层。如果两条断层相互交错，那被错断的断层是先形成的。如果有多条断层，还要进一步分析断层的组合类型。

5. 地层接触关系

地层连续，产状一致，为整合接触关系。地层不连续，产状一致，为平行不整合接触关系。地层不连续，产状不一，为角度不整合接触关系。岩浆岩界线被沉积岩界线截断为沉积接触关系，且往往在沉积岩中可以看到岩浆岩的捕虏体。沉积岩的界线被岩浆岩截断为侵入接触关系，沉积岩往往有被烘烤的现象。

6. 地壳运动发展史

通过地层的分析来分析地壳运动发展。当地壳稳定或下降时，则接受沉积，那么就会形成那个时期的地层，如果地壳上升，则地层会接受风化剥蚀，往往会缺失那个时期的地层。造成不整合接触；如果是均匀上升，那就是平行不整合接触，如果是不均匀上升，则会形成角度不整合。如果区域内发育有岩浆岩，那么通过岩浆岩与沉积岩的沉积接触关系或侵入接触关系，我们可以确定岩浆活动的时间。沉积接触关系是先形成岩浆岩，后形成沉积岩；侵入接触关系是先形成沉积岩，后形成岩浆岩。

2.9 地貌图的阅读分析

一、概念

地貌图是采用等高线和地貌符号表示各种地貌的特征、分布、成因、类型及其演变规律的专门地图。它不仅是表达地貌研究成果的一种常用手段，同时又是研究地貌的重要方法之一，且便于量测和实际应用。地貌图的主要表现形式是等高线法、分层设色法、晕渲法及三者组合。能清晰显示山川大势，区分高山、中山、低山、丘陵、平原、盆地等地貌单元，反映黄土、岩溶、沙漠、火山等地貌形态的特点。强调表现地面的高低起伏、倾斜程度及其区域对比关系，以及与地势密切相关的海岸河流与湖泊等水系物体的分布和形态特征，清楚显示出制图区域山河分布的脉络体系、结构形式、各种地貌类型的形态特征，并适当表示其表面覆盖的土质与植被。此外还表示一些重要的居民地、交通线与境界线等社会经济要素。地貌图上的等高线一般要密于同比例尺的其他普通地图，反映地形特征常采用不同的辅助等高线，且经常采用适当的地貌符号加强某些重要的微地貌形态和特种地貌形态的表示。

我国编制了大量大中比例尺实用地貌图，结合各种区划和地图集编纂工作，编制了区域性或全国性中小比例尺地貌图。近年来结合全国性规划等任务的需要，开展了国家地貌图的编制工作。中国已在农业生产、水利和道路等工程建设、灾害性地貌现象的防止和预测、地质找矿、找水等实践中广泛地应用地貌图。

二、地貌图特征

从地貌图发展趋势看，现代地貌图有以下主要特征：

（1）采用形态成因的分类原则。

（2）强调以地貌实体为基础的定性、定量、定位表达和图形轮廓特征的图像化。

（3）逐步向规范化和图例标准化方向发展。

三、地貌图种类

地貌图有许多不同的划分方法。按性质划分，有地貌类型图和地貌区划图；按内容和用途划分，有普通地貌图、部门地貌图、实用地貌图等。

四、读图目的

读地貌图是为了了解工作区域的地形高低、各种地貌单元的分布，认识各种地形地物各要素之间的相互关系。要认识地貌图中所表示的村庄、房屋、道路、山、河流、植被等，要会分析地貌图。利用图例将整个区域的各种地貌形态连成一个立体的整体。为工程建设施工、选址、寻找矿床、地下水等服务。

五、地貌图的读图步骤

以周口店区地貌图为例，如图 2-9 所示。

（1）读图名。读图名可以知道地貌图所在的行政区域范围，以及知道所描述的主要内容。

（2）确定地貌图的方向。如果没有特殊标注，则图幅的正上方是正北方向，下方是南，左西右东。有特殊标注的则根据所标注的方向来确定。

（3）确定地貌图的位置。根据图中所标注的经纬度来确定图幅所在的具体位置。

（4）读比例尺。根据比例尺可以确定地貌图的精度。根据不同需要来选择不同比例尺的地貌图。

（5）读图例。根据等高线和图例可以知道图幅范围内分布有哪些地貌单元和地物。

（6）读图幅内的地貌单元。了解每个地貌单元各部位形态特征，如山脉、丘陵、平原、洼地。了解它们分布的位置，分析它们之间的相互关系。并对某些微地貌和特殊地貌做详细阅读和分析。

（7）读图幅内的地貌。根据图例认真阅读地貌图内所表示的地物，如河流、湖泊、水库、道路、房屋建筑等。了解图幅范围内的自然地理环境以及社会、人文、经济环境。

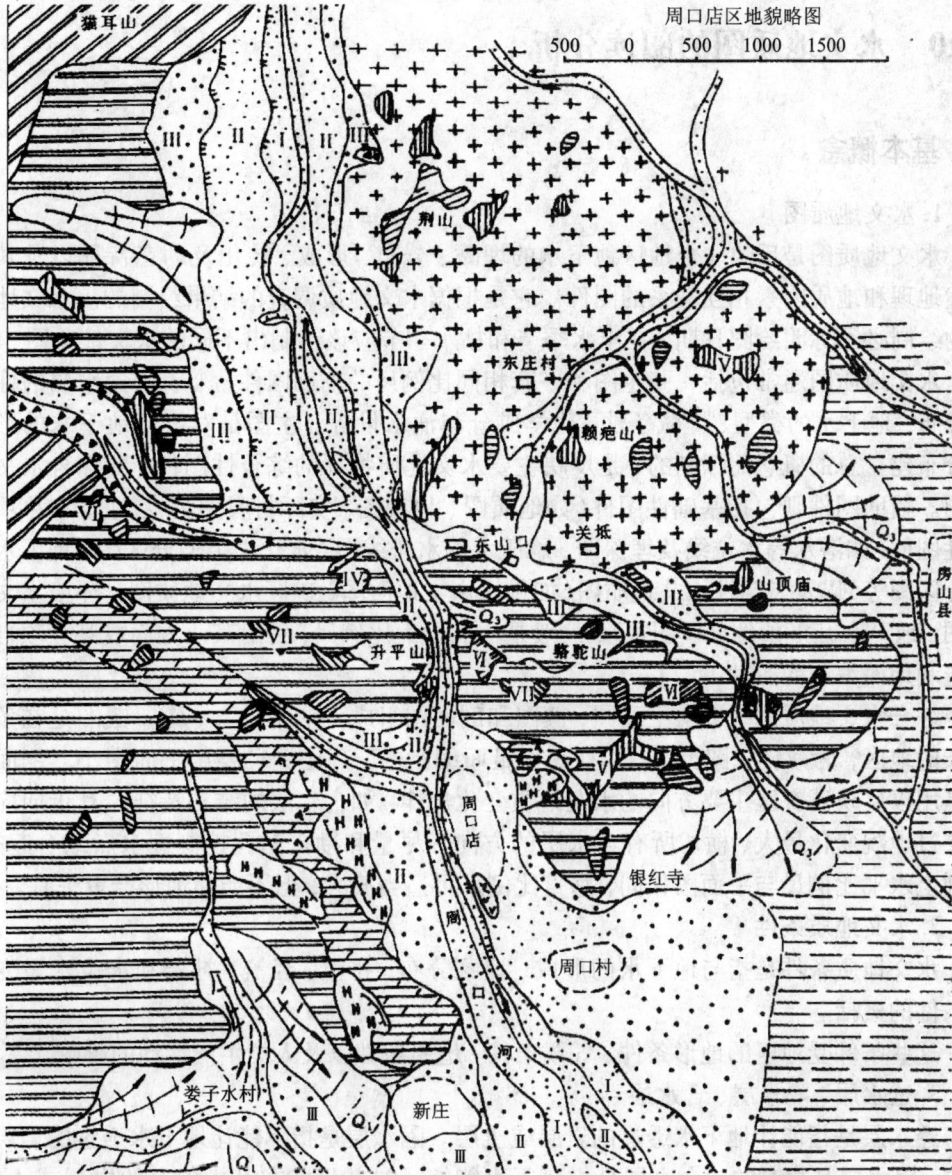

图 2-9　周口店区地貌图

2.10　水文地质图的阅读分析

一、基本概念

1. 水文地质图

水文地质图是反映一个地区地下水的埋藏、分布、形成、转化及动态特征以及其与自然地理和地质因素相互关系的图件。它是根据水文地质调查的结果绘制的。水文地质图的绘制必须标明绘图日期，在丰水季节和枯水季节应该绘制出不同的水文地质图。

水文地质图通常包括一张主图和一套相同比例尺的辅助图件，来表示含水层的性质和分布、地下水的类型、埋藏条件、化学成分与涌水量等。主图是对区域地下水的形成与分布建立总的概念而编制的，是反映主要水文地质特征的综合性图件，即综合水文地质图。辅助图件则包括基础性图件(如地质图、地貌图、实际材料图等)、地下水单项特征性图件(如潜水等水位线及埋深图、承压水等水压线图、水化学类型分区图、地下水储量分区图等)以及专门性水文地质图(如供水水文地质图、矿区水文地质图、环境水文地质图、地下水开采条件分区图等)，一般是小面积大比例尺，针对某一方面或某一项自然改造利用而编制的图件。

综合水文地质图一般由平面图、镶图和剖面图组成。平面图为主图。镶图是在条件复杂的地区，为减轻主图负担、弥补其不足而编制的，其比例尺要比平面图小。剖面图则是用以反映调查区主要方向的水文地质变化规律，如含水层的结构特征。其走向应选在穿过地貌变化最大、横切所有含水层的方向。尽量和勘探钻孔控制性水点结合起来。原则上水平比例尺与平面图相同，垂直比例尺可适当放大，但不能使地形严重失真。

2. 水文地质条件

水文地质条件是指与地下水的形成、埋藏分布、排泄、径流、补给和水位水量变化等条件的概括。

这些条件受地区的地形条件、气候条件、地质条件以及人类生产活动的影响。

3. 透水层、隔水层、含水层

透水层是指能让地下水透过的岩层或土层。隔水层是指不能让地下水透过的岩层或土层，隔水层是相对的。含水层是指地下水能够通过并且能在其中保存的岩层或土层。一般用渗透系数 k 来衡量。一般情况下，渗透系数 $k > 1$ m/d 的岩层或土层可认为透水，呈层状称透水层，呈带状称透水带；渗透系数 $k < 0.001$ m/d 的岩层，称为相对隔水层；渗透系数 k 介于 $0.001 \sim 1$ m/d 的岩层为弱透水层。疏松的砂卵石层；半固结而富空隙的砂砾岩；富有裂隙的基岩；喀斯特发育的碳酸岩，既能容水，又能透过和排出重力水，都具备成为含水层的条件。透水层要成为含水层，必须在透水层下部有不透水层或弱透水层存在的储水构造，才能保证渗入透水层中的水聚集和储存起来。黏性土和其他裂隙不发育的岩层通常被视为隔水层。

二、阅读分析水文地质图的意义

（1）了解水文地质图的基本内容，初步熟悉阅读水文地质图的方法。

（2）初步学会综合运用所学理论去分析一个地区的水文地质条件。

（3）为工程建设或寻找地下水提供资料。

三、阅读综合水文地质图

综合水文地质图主要是了解整个区域综合的水文地质条件。具体读图步骤如下：

（1）分析区域的自然地质条件：包括与形成地下水有关的地形、气候和水文条件。

（2）分析区域地质条件：包括地层岩性和地质构造。

（3）分析区域的水文地质条件：包括各地层含水性，褶皱和断层的含水性以及各含水部位的水文地质特征，初步估算含水量。

四、阅读潜水等水位线图

（1）根据潜水等水位线图，我们可以获得以下信息：

①潜水水面的起伏情况：地形高则潜水位高，地形低则相对潜水位低。

②潜水的流向：垂直于等水位线，从水位高处流向水位低处。

③潜水与河水之间的相互补给关系：画出潜水流向，然后确定潜水与河水（即地下水与地表水）的补给关系。

④含水层的厚度：从潜水水位到隔水底板的距离。

⑤潜水位的埋深：从地表到潜水面的距离。

⑥潜水的水力坡度：两点间的水位差除以两点间的实际距离。

（2）举例：阅读潜水等水位线图（图2 – 10）。

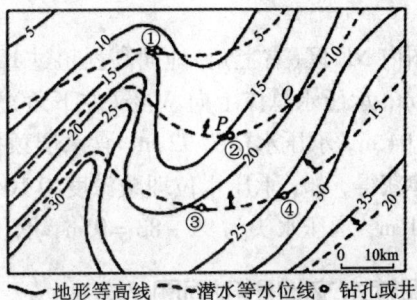

　地形等高线　- - -潜水等水位线　○钻孔或井

图 2 – 10　潜水等水位线图

图内 SE 区（右下角）地面高程超过 35 m，潜水位超过 20 m，潜水总体上向 NW 区（左上角）流动。以②号钻孔为例，从图 2 – 10 读得：地面高程为 15 m，潜水位为 10 m，则其他信息可根据相关概念和规律获得，如：潜水面的埋深为 15 – 10 = 5 m。

五、阅读承压水等水压线图

（1）在承压水等水压线图上，可以获得以下信息：

①承压水流向：垂直于等水压线，从水压高处流向水压低处。

②承压水位：从等水压线上读取。即承压水面到大地水准面的距离。

③承压水含水层埋藏深度：地形标高 – 承压水隔水顶板标高。

④承压水位埋藏深度：地形标高－承压水位标高。

⑤承压水头：承压水位－隔水顶板标高，水位高出地表为正水头，低于地表为负水头。

⑥水力梯度：两点间的水压差除以两点间的实际距离。

（2）举例：阅读承压水等水压线图（图2－11）。

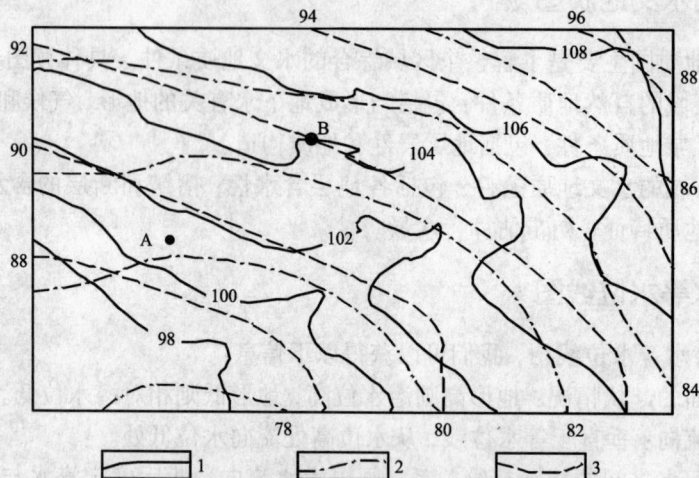

图2－11 承压水等水压线图
1—地形等高线；2—含水层顶板等高线；3—等水压线

图内NE区（右上角）地面高程超过108 m，承压水位超过96 m，含水层顶板高程超过88 m，承压水总体上向W区（左下角）流动。以B点为例，从图2－11读得：地面高程为104 m，承压水位为92 m，含水层顶板高程约为83 m，则其他信息可根据相关概念和规律获得，如：承压水位埋藏深度为104－92＝12 m，承压水含水层埋藏深度为104－83＝21 m，承压水头为92－83＝9 m，承压水位低于地表为负水头。

六、阅读水文地质剖面图

（1）水文地质剖面图是在工程地质剖面图的基础上根据抽水井、抽水孔和观测孔的测试资料进行绘制的，具体说，将指定剖面上的钻孔获得的地层信息在坐标系中形成工程地质剖面图，再将水位观测信息标注，从而形成水文地质剖面图。读图时，可以获得以下信息：

①地下水的类型。

②水面的形态：与地表形态一致，但起伏程度比地表小。

③地下水埋深：地面标高－水位标高。

④含水层分布。

⑤含水层厚度。

⑥地下水与地表水的补给关系。

(2)举例:阅读水文地质剖面图(图 2 - 12)。

以 6 号钻孔为例,孔深 30 m,地面高程 27 m,地下水埋藏深度 0.4 m,钻孔从上到下先后穿过砂层、黏土层、卵石层、黏土层、卵石层、黏土层、卵石层、砂岩,进入灰岩 3 m。砂层和卵石层是含水层,黏土层、砂岩和灰岩是隔水层,所以,地下水既有顶部砂层中的潜水,也有黏土层下卵石层中的承压水。其他信息可根据各层的顶面深度和底面深度及相关概念获得。

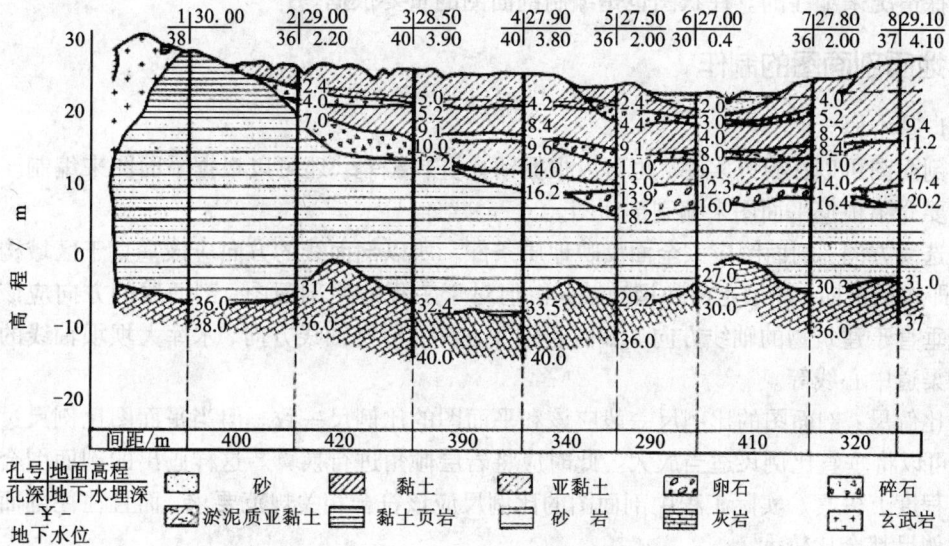

图 2 - 12 水文地质剖面图

2.11 工程地质图的阅读分析与地质剖面图的制作

一、工程地质图的阅读分析

工程地质图是专门为某一项工程建设服务的,是在普通地质图的基础上针对某一工程的具体要求而细化某些地质条件,为工程的设计、施工和运行提供更为详细的地质资料,包括工程布线和钻孔布置等。如水库大坝工程地质图、隧道工程地质图、桥梁工程地质图。

工程地质图包括平面图、剖面图和柱状图。

(1)平面图(图 2 - 13 上部)是主要的图件,剖面图(图 2 - 13 下部)和柱状图是对平面图更好的补充。平面图的阅读和普通地质图的阅读步骤是一样的,只是针对工程的具体要求对某些地质条件和地质现象要作专门的阅读分析。如水库大坝工程地质图,既要了解坝基和坝肩地层的强度,同时还要考虑渗漏问题。阅读地质图时要特别注意岩层的产状和裂隙发育程度。对于拱坝还要特别注意两岸岩体的完整性和对称性,河道的宽窄。对于隧道工程地质图要特别注意裂隙的发育程度，围岩的完整级别。对于桥梁工程地质图，要特别注意桥基下是否有岩溶等。

（2）剖面图（图2-13）可以根据平面图来做，也可以在野外实测。一般是反映建筑物轴线方向地表以下的地质条件。给施工、设计提供更可靠的地质资料和保障。反映内容主要是地层岩性和断层。

（3）综合地层柱状图是对一个地区或一个工程范围内所出现的地层的一个宏观上的综合，包括各地层的岩性、厚度和接触关系等。还有钻孔柱状图，是根据每一钻孔的实际钻探情况来编注的。柱状图也是编制剖面图的重要依据。

二、地质剖面图的制作

1. 基本概念

剖面图可以在野外实测，也可以根据钻孔资料编制，还可以根据平面图来编制。这里主要介绍根据平面图来编制剖面图。

选线方向：剖面图应该全面反映地质条件。所以剖面线的方向应该垂直于区域构造线：即岩层走向、断层走向和褶皱轴向。但对于工程地质剖面图，剖面线的方向应该平行或垂直于建筑物的轴线方向。如隧道轴线方向、桥梁轴线方向、水库大坝坝轴线的方向和渠道中心线等。

比例尺：剖面图的比例尺一般应该和平面图的比例尺一致。但当平面图比例尺过小时，可以将垂直比例尺适当放大。此时应将岩层倾角进行换算。这样画出的剖面图会在一定程度上失真。实际工程中剖面图的比例尺应该符合相关规范要求，而且往往剖面图的比例尺都会比较大。

2. 剖面图的制作

下面以图2-13为例，来说明剖面图的制作方法。

（1）绘制剖面线和高程线，相当于建立一个坐标系。作平行于Ⅰ-Ⅱ的线段Ⅰ'-Ⅱ'。线段Ⅰ'-Ⅱ'的长度完全和Ⅰ-Ⅱ线段一样长，且两线段的端点要完全对齐。再垂直于Ⅰ'-Ⅱ'线段做高程线。并按比例标注高程从0 m到40 m。

（2）绘制地形线。平面图中Ⅰ-Ⅱ线与地形等高线的交点分别为1，2，3，4，5。将各点向下投影到相应的高程上，得到点1'，2'，3'，4'，5'。并将这五个点用光滑的曲线连接起来，即得到地形线。

（3）绘制地层线。平面图中Ⅰ-

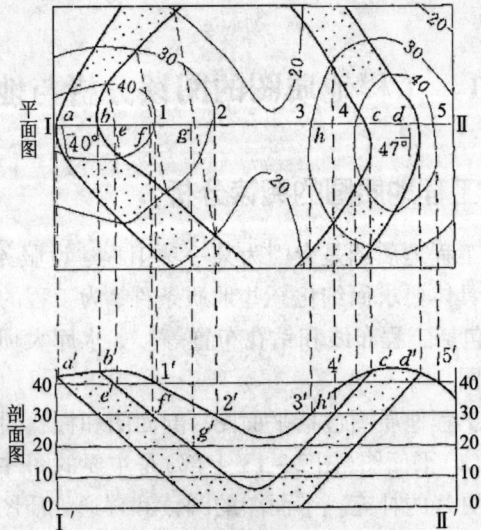

图2-13　绘制地质剖面图

Ⅱ线与地层界线的交点分别为 a, b, c, d。将这四点分别投影到地形线上,得到相应的点 a', b', c', d'。

在地形线(地表)上标记了地层出露界线,地表以下深部的地质情况如何表达呢?这是难点。剖面图中地表以下深部的地质情况需要根据平面图进行推理。根据平面图中岩层界线画剖面图中岩层界线时,有以下两种情况。

①平面图中已经标出岩层产状。若岩层走向与剖面线方向垂直,则直接按所标倾向和倾角直接画出岩层。例如,该图的右侧岩层走向与剖面线垂直、倾向向西、倾角47°,剖面图中的岩层界线应朝左下方画线,斜线与水平线夹角为47°。若岩层走向与剖面线方向斜交,交角为 θ,则应将倾角 α 换算成视倾角 β(图2 – 14),按照公式(2 – 1)计算。例如,该图的左侧岩层走向与剖面线斜交、倾向 NE、倾角40°,剖面图中的岩层界线应朝右下方画线,斜线与水平线夹角小于40°。实际上,从平面图中这两个产状标记可以推测和判断向斜构造。

$$\tan\beta = \tan\alpha\sin\theta \qquad\qquad (2 - 1)$$

②平面图中未标出岩层产状。根据地形等高线与地层界线的交点,绘制出岩层不同高度的走向线,即剖面线两侧相同高度的交点的连线。图2 – 13中岩层顶部与剖面线的交点为 e、f、g、h,将各点分别投影到剖面图中相应的高程线上,得到 e'、f'、g'、h',并连接,就得到剖面图中的地层界线。

(4)用规定符号(见附录Ⅰ和附录Ⅱ)画出地层岩性,有断层要画出断层线。加注代号。

(5)标出剖面线方向,写上图名、图例、比例尺等。

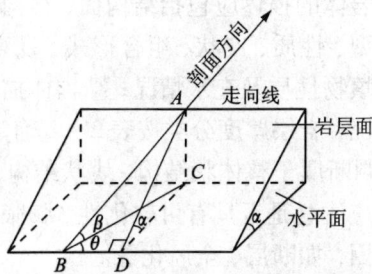

图 2 – 14 真倾角和视倾角换算图

2.12 岩石、土的野外鉴别及分类

岩石、土的野外鉴别与分类是岩土工程勘察的基础,其目的在于把不同的岩石、土分别安排到具有相近性质的组合中去,使人们有可能依据同类岩石、土的已知性质去评价其性能或为岩土工程师提供一个比较确切的描述方法。其准确程度往往是理论水平和实践能力的综合体现,需要完成从理论到实践、从实践到理论、最后指导实践的多次循环往复。本节结合《公路桥涵地基与基础设计规范》(JTG D63—2007)和《建筑地基与基础设计规范》(GB 50007—2011)介绍。

一、岩石、土的野外鉴别与描述

(一)岩石的鉴别与描述

岩石分为岩浆岩、沉积岩和变质岩三类,它们的成因、矿物成分、结构和构造互不相同,经受长期的物理风化、化学风化和生物风化的综合作用,岩石的颜色、矿物成分、强度和完整性发生变化。在进行岩土工程勘察时，应鉴定岩石的名称和风化程度，并进行岩石坚硬程度、岩体完整程度和岩体基本质量等级的划分。

本书第 1 章的工程地质室内实验介绍了三大类岩石的特征。

在进行岩土工程勘察时，岩石的描述应包括地质年代、地层名称、风化程度、颜色、主要矿物、结构、构造、岩石质量指标 RQD（表 2-1）。岩石质量指标 RQD 系指当采用 N 型（$\phi75$ mm）双层管金刚石钻头获取的长度大于 10 cm 的岩芯段长度总和与岩芯总长度之比。对沉积岩，着重描述沉积物的颗粒大小、形状、颗粒排列、胶结物成分和胶结方式；对岩浆岩和变质岩，着重描述矿物结晶大小和结晶程度。

表 2-1　根据岩石质量指标 RQD 描述岩石

岩石描述	好	较好	较差	差	极差
$RQD/\%$	>90	75~90	50~75	25~50	<25

岩体的描述应包括结构面、结构体、岩层厚度和结构类型。其中，结构面的描述包括类型、性质、产状、组合形式、发育程度、延展情况、闭合程度、粗糙程度、充填情况和充填物性质及充水情况；结构体描述应包括类型、形状、大小和结构体在围岩中的受力情况；岩层厚度分类按表 2-2 确定。对地下洞室和边坡工程尚应确定岩体的结构类型，判断属于整体状结构、块状结构、层状结构、碎裂状结构或散体状结构；对软岩和极软岩应注意是否具有可软化性、膨胀性和崩解性等特殊性质；对极破碎岩体，应说明破碎原因，如断层、全风化等。

表 2-2　岩层厚度分类

层厚分类	巨厚层	厚层	中厚层	薄层
单层厚度 h/m	$h>1.0$	$1.0\geqslant h>0.5$	$0.5\geqslant h>0.1$	$h\leqslant0.1$

（二）土的鉴别与描述

土是由岩石风化形成的。

1. 目测的基本方法

简单地，可将土分为粗粒土和细粒土两个大类，前者包括碎石土和砂土，可据颗粒形状、大小及其所占质量百分比来鉴别；后者又分为黏性土和粉土两类，二者物理力学性质有较大的差别。关于黏性土和粉土的分类界限，存在着不同的分类定名标准，不同分类系统之间常常不能相互对应，特别是在两种土类的界限区域，有经验的工程师往往采用目力鉴别这一有效手段来加以弥补。光泽反应、摇震反应、干强度和韧性是目力鉴别的四个基本项目，其依据是黏性土和粉土在矿物学和土胶体化学上的本质差异。

（1）光泽反应（塑性）：由于黏性土含有大量的活动性黏土矿物，颗粒非常细，在潮湿状态下切口有油脂光泽，颗粒越细光泽越明显。粉土的矿物成分主要是云母，颗粒呈片状，含黏粒很少，土颗粒与水的吸附能力比较弱。掺水使粉土成为膏状，并将薄饼状的土膏在手掌中摇晃，土膏的表面变湿而且有光泽；用手挤压土膏时，表面立即变干且失去光泽。对黏土采用同样方法则不会有任何变化。光泽反应可采用手捻试验，将稍湿或硬塑状的小土块在手中揉捏，然后用拇指和食指将土块捻成片状，根据手捏和土片光滑度来区分土的塑性高低(表2-3)。

表2-3　手捻试验

塑性等级	手捻特征
塑性高	手感滑腻，无砂，捻面光滑者
塑性中等	稍有滑腻感，有砂粒，捻面稍有光滑者
塑性低	稍有黏性，砂感强，捻面粗糙者

(2)摇震反应(剪胀性)：制备很软但不黏手的小土膏，做成饼状，放在手掌上反复地作水平状摇动，并以另一手掌有力地震击此手掌，土中自由水将渗出，球面呈现光泽；用两手指捏土球，放松后渗出的表面水又被吸入，光泽消失。根据上述渗水和吸水反应快慢，可区分摇震反应的快慢(表2-4)。

表2-4　摇震反应试验

摇震反应等级	观察到的反应
反应迅速	摇动时水立即在表面渗出(表面发亮)，挤压时很快消失(表面变暗)
反应缓慢	需要用力敲打才能使水从表面渗出，挤压时外表改变甚少
无反应	看不出土样有什么变化

(3)干强度：塑制一个立方体或球形的土样，在太阳下或空气中风干，也可以在不超过110℃的烘箱中烘干，有经验时，可直接用土中的干团块，用手指捻压的方法试验土的干强度。评价标准如表2-5所示。

表2-5　干强度试验

干强度等级	手感特征
极高干强度	不能在大拇指和坚硬表面压碎
高干强度	用手指虽然能压碎，但不能呈粉末状
中等干强度	要用相当大的压力才能将土样压碎
低干强度	用手指能压成粉末
无干强度或干强度很低	仅用手压就碎

（4）韧性：将含水量略大于塑限的土块在手中揉捏均匀，然后在手中搓成直径为 $\phi 3$ mm 土条，再揉成土团后滚搓，至 $\phi 3$ mm 时如不断裂，则继续折叠成团再滚搓，直到土团碎裂，记下土条压力的大小和土条软硬的手感。韧性评价标准如表 2 – 6 所示。

表 2 – 6 塑性搓条——韧性试验

韧性等级	土条滚搓的成型特征
弱和软	在接近塑性含水量时，只能用很轻的压力滚搓，土条极易碎裂，碎裂后土条不能再重塑成土团
中等	在接近塑性含水量时，需要用中等压力滚搓，几英寸的土条能支撑其自身的重量，并在碎裂以后可以捏拢重塑成土团，但轻搓又碎裂
很硬	在接近塑性含水量时，需要用相当大的压力滚搓，几英寸的土条能支撑其自身的重量，在碎裂之后土条可以重塑成土团

2. 土的鉴别

（1）粗粒土

①野外特征。粗粒土包括碎石土和砂土。碎石土是指粒径大于 $\phi 2$ mm 的颗粒质量超过总质量 50% 的土；砂土是指粒径大于 2 mm 的颗粒质量不超过总质量 50% 、粒径大于 0.075 mm 的颗粒质量超过总质量 50% 的土。砂土的野外特征如表 2 – 7 所示。

表 2 – 7 砂土的野外特征

鉴别特征		砾砂	粗砂	中砂	细砂	粉砂
颗粒粗细		约有 1/4 以上的颗粒比荞麦或高粱粒大（2 mm）	约有 1/2 以上的颗粒比小米粒大（0.5 mm）	约有 1/2 以上的颗粒比砂糖或白菜籽近似（>0.25 mm）	大部分颗粒比粗玉米粉近似（>0.1 mm）	大部分颗粒与小米粉近似
干燥时的状态		颗粒完全分散	颗粒完全分散，个别胶结	颗粒基本分散，部分胶结，胶结部分一碰即散	颗粒大部分分散，少量胶结，胶结部分稍加碰撞即散	颗粒少部分分散，大部分胶结（稍加压即能分散）
湿润时用手拍后的状态		表面无变化	表面无变化	表面偶有水印	表面有水印（翻浆）	表面有显著翻浆现象
黏着程度		无黏着感	无黏着感	无黏着感	偶有轻微黏着感	有轻微黏着感
湿度鉴别	稍湿	呈松散状，用手握时感到湿、凉，放在纸上不会浸湿，加水时吸收很快				
	很湿	可以勉强握成团，放在手上有湿感、水印，放在纸上浸湿很快，加水时吸收很慢				
	饱和	钻头上有水，放在手掌上水自由渗出				

②密实度鉴别。碎石土的密实度的现场鉴别可根据野外天然陡坎或坑壁情况、骨架及充填物、挖掘或钻探时的反映确定(表2-8);当有条件进行触探试验时,可依据动力触探试验击数经杆长修正后按表2-9评价。砂土则按标准贯入试验的实测击数参照表2-10确定。

表2-8 碎石土密实度的野外鉴别

密实度	骨架颗粒含量和排列	可挖性	可钻性
松散	骨架颗粒质量小于总质量的60%,排列混乱,大部分不接触	锹可以挖掘,井壁易坍塌,从井壁取出大颗粒后,立即塌落	钻进较易,钻杆稍有跳动,孔壁易坍塌
中密	骨架颗粒质量等于总质量的60%~70%,呈交错排列,大部分接触	锹镐可挖掘,井壁有掉块现象,从井壁取出大颗粒处,能保持凹面形状	钻进较困难,钻杆、吊锤跳动不剧烈,孔壁有坍塌现象
密实	骨架颗粒质量大于总质量的70%,呈交错排列,连续接触	锹镐挖掘困难,用撬棍方能松动,井壁较稳定	钻进困难,钻杆、吊锤跳动剧烈,孔壁较稳定

注:密实度应按表列各项特征综合确定。

表2-9 碎石土的密实度分类(JTG D63—2007、GB 50007—2011)

密实度	重型动力触探锤击数 $N_{63.5}$
松散	$N_{63.5} \leqslant 5$
稍密	$5 < N_{63.5} \leqslant 10$
中密	$10 < N_{63.5} \leqslant 20$
密实	$20 < N_{63.5}$

注:重型动力触探适用于平均粒径等于或少于50 mm,且最大粒径小于100 mm的碎石土。对于平均粒径大于50 mm,或最大粒径大于100 mm的碎石土,用野外观察鉴别。$N_{63.5}$为综合修正后的平均值。

表2-10 砂土密实度分类(JTG D63—2007、GB 50007—2011)

密 实 度	松散	稍密	中密	密实
标准贯入锤击数 N(不修正)	$N \leqslant 10$	$10 < N \leqslant 15$	$15 < N \leqslant 30$	$30 < N$

(2)细粒土

细粒土的现场鉴别特征见表2-11,黏性土的状态分类见表2-12,粉土的湿度及密实度鉴别如表2-13、表2-14所示。

表 2-11 细粒土的现场鉴别特征

方法	黏土	粉质黏土	粉土
湿润时用刀切	切面非常光滑,刀刃有黏腻感	稍有光滑面,切面规则	无光滑面,切面比较粗糙
用手捻摸的感觉	捻摸湿土有滑腻感,当水分较大时极易黏手,感觉不到颗粒的存在	仔细捻摸感觉到有少量细颗粒,稍有滑腻感,有黏滞感	感觉有细颗粒的存在或感觉粗糙,有轻微黏滞感或无黏滞感
黏着程度	湿土极易黏着物体(包括金属和玻璃),干燥后不易剥去,用水反复洗才能去掉	能黏着物体,干燥后容易剥掉	一般不黏着物体,干后一碰就掉
湿土搓条情况	能搓成小于 0.5 mm 土条(长度不短于手掌),手持一端不致断裂	能搓成 0.5~2 mm 的土条	能搓成 2~3 mm 的土条
干土的性质	坚硬,类似陶瓷碎片,用锤击才能打碎,不易击成粉末	用锤击易碎,用手难捏碎	用手很易捏碎

表 2-12 黏性土的状态分类(JTG D63—2007、GB 50007—2011)

稠度状态	坚硬	硬塑	可塑	软塑	流塑
黏土	干而坚硬,很难掰成块	用力捏先裂成块后显柔性;手捏感觉干,不易变形;手按无指印	手捏似橡皮有柔性,手按有指印	手捏很软,易变形,土掰时似橡皮;用力不大就能按成坑	土柱不能自立,自行变形
粉质黏土	干硬,能掰开或捏成块,有棱角	手捏感觉硬,不易变形;土成用力可打散成碎块;手按无指印	手按土易变形,有柔性,掰时似橡皮;能按成浅坑	手捏很软,易变形,掰时似橡皮;用力不大就能按成坑	土柱不能自立,自行变形
液性指数 I_L	$I_L \leqslant 0$	$0 < I_L \leqslant 0.25$	$0.25 < I_L \leqslant 0.75$	$0.75 < I_L \leqslant 1$	$I_L > 1$

表 2-13 粉土的湿度鉴别(JTG D63—2007)

湿度	稍湿	湿	很湿
鉴别特征	土扰动后不易捏成团,一摇即散	土扰动后能捏成团,摇动时土表面稍出水,手中有湿印,用手捏水即吸回	用手摇动时有水流出,土体塌流成扁圆形
含水量特征 W	$W < 20\%$	$20\% \leqslant W \leqslant 30\%$	$30\% < W$

表 2-14 粉土的密实度分类(JTG D63—2007)

密实度	稍密	中密	密实
孔隙比	$e > 0.90$	$0.75 \leqslant e \leqslant 0.90$	$e < 0.75$

3. 土的描述内容

土的鉴定应在现场描述的基础上，结合室内试验的开土记录和试验结果综合确定。土的描述应符合以下规定：碎石土应描述颗粒级配、颗粒形状、颗粒排列、母岩成分、风化程度、充填物的性质和充填程度、密实度等；砂土应描述颜色、矿物组成、颗粒级配、形状、黏粒含量、湿度、密实度等；粉土应描述颜色、包含物、湿度、密实度、摇震反应、干强度、韧性、土层结构等；黏性土应描述颜色、状态、包含物、光泽反应、摇震反应、干强度、韧性、土层结构等；特殊性土除应描述上述土类规定的内容外，尚应描述其特殊成分和特殊性质，如淤泥尚需描述嗅味，填土尚需描述物质成分、堆积年代、密实度和厚度的均匀程度等，对有互层、夹层、夹薄层特征的土尚需描述各层的厚度和层理特征。

二、岩石、土的工程分类

《公路桥涵地基与基础设计规范》(JTG D63—2007)将地基岩土分为岩石、碎石土、砂土、粉土、黏性土和特殊性岩土，《建筑地基与基础设计规范》(GB 50007—2011)将地基岩土分为岩石、碎石土、砂土、粉土、黏性土和人工填土。

1. 岩石分类

岩石(rock)是天然形成的具有一定结构构造的、由一种或多种矿物组成的集合体。岩体(rock mass)是指包括各种结构面(structural plane)和结构体(structural block)的原位岩石的综合体。岩石的分类是岩体质量评价的基础，而岩石的成因、强度、风化程度和软化系数是岩石分类的基本要素。

(1)按岩石强度分类

按强度，岩石可根据表 2-15 定性分类，或者依据饱和单轴抗压强度标准值来定量分类(表 2-16)。当岩体完整性为极破碎时可不进行坚硬程度分类；当无法取得饱和单轴抗压强度数据时，可按点载荷强度 $I_{S(50)}$ 计算岩石饱和单轴抗压强度 R_c：

$$R_c = 22.82 I_{S(50)}^{0.75} \qquad (2-2)$$

(2)按岩体结构分类

评价岩体离不开对岩石和结构两方面的描述，不同的岩体结构类型反映了不同的地质成因和结构面的发育情况，具有不同的工程特性。典型的岩体结构有五大类：整体状结构、块状结构、层状结构、碎裂状结构和散体状结构。这五种类型以定性描述为主，不同类型之间的区别比较明显，在野外易于判别。在勘察时，常根据表 2-17 定性判断岩体的完整程度，或者采用完整性指数来定量判别岩体的完整性(表 2-18)。完整性指数为岩体纵波波速与岩块纵波波速之比的平方，选定岩体和岩块测定波速时，应注意其代表性。

(3)按岩石风化程度分类

在风化营力作用下，岩石的组织结构、成分和性质已产生不同程度的变异，强度变低、工程性质变差，直接影响岩石的质量，因此对岩石进行风化分带是十分必要的。岩石风化程度可根据当地经验、野外特征和参数指标综合确定。

表2-15 岩石坚硬程度的定性划分

坚硬程度等级		定性鉴定	代表性岩石
硬质岩	坚硬岩	锤击声清脆,有回弹,震手,难击碎,基本无吸水反应	未风化-微风化的花岗岩、闪长岩、辉绿岩、玄武岩、安山岩、片麻岩、石英岩、石英砂岩、硅质砾岩、硅质石灰岩等
	较硬岩	锤击声较清脆,有轻微回弹,稍震手,较难击碎,有轻微吸水反应	1.微风化的坚硬岩; 2.未风化-微风化的大理岩、板岩、石灰岩、白云岩、钙质砂岩等
软质岩	较软岩	锤击声不清脆,无回弹,较易击碎,浸水后指甲可刻出印痕	①中等风化-强风化的坚硬岩或较硬岩; ②未风化-微风化的凝灰岩、千枚岩、泥灰岩、砂质泥岩等
	软岩	锤击声哑,无回弹,有凹痕,易击碎,浸水后手可掰开	①强风化的坚硬岩或较硬岩; ②中等风化-强风化的较软岩; ③未风化-微风化的岩岩、泥岩、泥质砂岩
极软岩		锤击声哑,无回弹,有较深凹痕,手可捏碎,浸水后可捏成团	①全风化的各种岩石; ②各种半成岩

表2-16 岩石坚硬程度分级(JTG D63—2007、GB 50007—2011)

坚硬程度类别	坚硬岩	较硬岩	较软岩	软岩	极软岩
饱和单轴抗压强度标准值f_r/MPa	$f_r>60$	$60\geq f_r>30$	$30\geq f_r>15$	$15\geq f_r>5$	$f_r\leq5$

表2-17 岩体完整程度的定性判断

完整程度	结构面发育程度		主要结构面的结合程度	主要结构面类型	相应结构类型
	组数	平均间距/m			
完整	1~2	>1.0	结合好或结合一般	裂隙、层面	整体状或巨厚层状结构
较完整	1~2	>1.0	结合差	裂隙、层面	块状或厚层状结构
	2~3	1.0~0.4	结合好或结合一般		块状结构
较破碎	2~3	1.0~0.4	结合差	裂隙、层面、小断层	裂隙块状或中厚层状结构
	≥3	0.4~0.2	结合好		镶嵌碎裂状结构
			结合一般		中、薄层状结构
破碎	≥3	0.4~0.2	结合差	各种类型结构面	裂隙块状结构
		≤0.2	结合一般或结合差		碎裂状结构
极破碎	无序		结合很差		散体状结构

注:平均间距指主要结构面(1~2组)间距的平均值。

表 2-18　岩体完整程度划分（JTG D63—2007、GB 50007—2011）

完整程度等级	完整	较完整	较破碎	破碎	极破碎
完整性指数	>0.75	0.75~0.55	0.55~0.35	0.35~0.15	<0.15

　　岩体风化分带方法有三分法、四分法和五分法，目前基本认同于五分法。但采用的参数指标不同，各有侧重，《岩土工程勘察规范》（GB 50021—2001）采用风化系数和波速比两个参数（表 2-19）。风化系数为风化岩石与新鲜岩石饱和单轴抗压强度之比，波速比为风化岩石与新鲜岩石压缩波速度之比。泥岩和半成岩可不进行风化程度划分；花岗岩类岩石，可采用标准贯入试验划分，$N \geqslant 50$ 为强风化、$50 > N \geqslant 30$ 为全风化、$N < 30$ 为残积土。

表 2-19　按岩石风化程度分类（GB 50021—2001）

风化程度	野外特征	风化程度参数指标	
		波速比 K_v	风化系数 K_f
未风化	岩质新鲜，偶见风化痕迹	0.9~1.0	0.9~1.0
微风化	结构基本未变，仅节理面有渲染或略有变色，有少量风化裂隙	0.8~0.9	0.8~0.9
中等风化	结构部分破坏，沿节理面有次生矿物，风化裂隙发育，岩体被切割成岩块，用镐难挖，岩芯钻方可钻进	0.6~0.8	0.4~0.8
强风化	结构大部分破坏，矿物成分显著变化，风化裂隙很发育，岩体破碎，用镐可挖，干钻不易钻进	0.4~0.6	<0.4
全风化	结构基本破坏，但尚可辨认，有残余结构强度，用镐可挖，干钻可钻进	0.2~0.4	—
残积土	组织结构全部破坏，已风化成土状，锹镐易挖掘，干钻易钻进，具可塑性	<0.2	—

　　（4）按岩体节理发育程度分类（表 2-20）

表 2-20　按岩体节理发育程度分类（JTG D63—2007）

程度	节理不发育	节理发育	节理很发育
节理间距/mm	>400	200~400	20~200

　　（5）按岩体基本质量等级分类

　　岩体基本质量分级应根据岩体基本质量的定性特征和岩体基本质量指标（BQ）结合起来确定（表 2-21）。前者由岩石坚硬程度和岩体完整程度组合确定，后者由分级因素的定量指标 R_c 的兆帕数值和 K_v 计算：

$$BQ = 90 + 3R_c + 250K_v \qquad (2-3)$$

使用式(2-3)时应遵循以下条件:

①当 $R_c > 90K_V + 30$ 时, 应以 $R_c = 90K_V + 30$ 和 K_V 代入计算 BQ 值;

②当 $K_V > 0.04R_c + 0.4$ 时, 应以 $K_V = 0.04R_c + 0.4$ 和 R_c 代入计算 BQ 值。

表 2-21　岩体基本质量等级分类

坚硬程度＼完整程度	完整	较完整	较破碎	破碎	极破碎
坚硬岩	I	II	III	IV	V
较硬岩	II	III	IV	IV	V
较软岩	III	IV	IV	IV	V
软岩	IV	IV	V	V	V
极软岩	V	V	V	V	V

2. 土的分类

土分类的起源可以上溯到 20 世纪初期。瑞典土壤学家 A. Atterberg 提出的土的粒组划分和液、塑限测定方法为近代土分类系统的奠基石,到 20 世纪 40 年代末 50 年代初,土的工程分类已逐步成熟,形成了不同的分类体系,不同国家、不同地区、不同部门可能有不同的标准,在工程中应予注意。一般地,土可以根据沉积年代、地质成因、有机质含量、颗粒级配、塑性指数、工程特性等进行分类。以下主要根据《建筑地基与基础设计规范》(GB 50007—2011)和《公路桥涵地基与基础设计规范》(JTG D63—2007)介绍。

(1)黏性土按沉积年代分为三类:

①老黏性土:第四纪晚更新世 Q_3 及其以前沉积的土,一般呈超固结状态;

②一般黏性土:第四纪全新世 Q_4 中近期(文化期)至第四纪晚更新世 Q_3 之间沉积的土;

③新近沉积黏性土:第四纪全新世中近期沉积的土,一般呈欠固结状态。

(2)根据地质成因可分为残积土(residual soil)、坡积土(slope wash)、洪积土(diluvial soil)、冲积土(alluvial soil)、冰积土(glacial deposit)、淤积土(mucky soil)和风积土(aeolian deposit)等。

(3)根据有机质含量可分为无机土(inorganic soil)、有机土(organic soil)、泥炭质土(peaty soil)和泥炭(peat)(表 2-22)等。有机质含量 Wu 按灼失量试验确定。

-(4)根据颗粒级配或塑性指数可分为碎石土(broken stone)、砂土(sand)、粉土(silt)、黏性土(clayey soil)。粒径大于 2 mm 的颗粒质量超过总质量 50% 的土,应定名为碎石土,并按表 2-23 进一步分类。粒径大于 2 mm 的颗粒质量不超过总质量的 50%,粒径大于 0.075 mm 的颗粒质量超过总质量 50% 的土,应定名为砂土,并按表 2-24 进一步分类。粉土是指粒径大于 0.075 mm 的颗粒质量不超过全部质量的 50%,且塑性指数等于或小于 10 的土;粒径大于 0.075 mm 的颗粒质量不超过全部质量的 50%、塑性指数大于 10 的土应定名为黏性土,此两类土并按表 2-25 进一步分类。塑性指数应由相应于 76 g 圆锥仪沉入土中深度为 10 mm 时测定的液限计算而得。定名时应根据颗粒级配由大到小以最先符合者确定。

表 2 – 22　土按有机质含量分类

分类名称	有机质含量 $Wu/\%$	现场鉴别特征	说明
无机土	$Wu < 5\%$		
有机质土	$5\% \leqslant Wu \leqslant 10\%$	深灰色,有光泽,味臭,除腐殖质外,尚含少量未完全分解的动植物体,浸水后水面出现气泡,干燥后体积收缩	①如能现场鉴别或有地区经验时,可不做有机质含量测定; ②当 $\omega > \omega_L$,$1.0 \leqslant e < 1.5$ 时称为淤泥质土; ③当 $\omega > \omega_L$,$e \geqslant 1.5$ 时称为淤泥
泥炭质土	$10\% < Wu \leqslant 60\%$	深灰或黑色,有腥臭味,能看到未完全分解的植物结构,浸水体胀,易崩解,有植物残渣浮于水中,干缩现象明显	可据地区特点和需要按 Wu 细分: 弱泥炭质土($10\% < Wu \leqslant 25\%$) 中泥炭质土($25\% < Wu \leqslant 40\%$) 强泥炭质土($40\% < Wu \leqslant 60\%$)
泥炭	$Wu > 60\%$	除有泥炭质土特征外,结构松散,土质很轻,暗无光泽,干缩现象极为明显	

表 2 – 23　碎石土分类(JTG D63—2007、GB 50007—2011)

土的名称	颗粒形状	颗粒级配
漂石	圆形及亚圆形为主	粒径大于 200 mm 的颗粒超过总质量的 50%
块石	棱角形为主	
卵石	圆形及亚圆形为主	粒径大于 20 mm 的颗粒超过总质量的 50%
碎石	棱角形为主	
圆砾	圆形及亚圆形为主	粒径大于 2 mm 的颗粒超过总质量的 50%
角砾	棱角形为主	

表 2 – 24　砂土分类(JTG D63—2007、GB 50007—2011)

土的名称	颗粒级配
砾砂	粒径大于 2 mm 的颗粒质量占总质量 25% ~ 50%
粗砂	粒径大于 0.5 mm 的颗粒质量超过总质量的 50%
中砂	粒径大于 0.25 mm 的颗粒质量超过总质量 50%
细砂	粒径大于 0.075 mm 的颗粒质量超过总质量 85%
粉砂	粒径大于 0.075 mm 的颗粒质量超过总质量 50%

表 2 – 25　粉土和黏性土分类（JTG D63—2007、GB 50007—2011）

土名	塑性指数 I_p
粉土	$I_p \leqslant 10$
粉质黏土	$10 < I_p \leqslant 17$
黏土	$17 < I_p$

（5）特殊性岩土（JTG D63—2007）

特殊性岩土是指具有一些特殊成分、结构、性质的区域性地基土，包括软土、膨胀土、湿陷性土、红黏土、多年冻土、盐渍土和填土等。

①软土：包括淤泥、淤泥质土、泥炭、泥炭质土等。其特性为孔隙比大（一般大于1.0）、含水量高、压缩性大、渗透系数小、强度低，多数还具有高灵敏度。天然含水量大于液限、天然孔隙比 $e \geqslant 1.5$ 的黏性土，称为淤泥；天然孔隙比 $1.5 > e \geqslant 1.0$ 的黏性土或者粉土称为淤泥质土；当土的有机质含量 >5% 时称为有机质土；有机质含量 >60% 时称为泥炭。

②膨胀土：一般是指黏粒成分主要由亲水性黏土矿物（以蒙脱石和伊利石为主）所组成的、自由膨胀率 ≥40% 的黏性土，当环境温度和湿度变化时，可产生强烈胀缩变形，具有吸水膨胀、失水收缩的特性。

③湿陷性土：是指土体在一定压力下受水浸湿时，产生湿陷变形量达到一定数值的土。湿陷变形量按野外浸水载荷试验在 200 kPa 压力下的附加变形量确定。当附加变形量与载荷板宽度之比大于 0.015 时为湿陷性土。

④红黏土：是我国红土的一个亚类，棕红或褐黄，覆盖于碳酸盐岩之上。垂直方向状态变化大，水平方向厚度变化大。主要特征为上硬下软、表面收缩、裂隙发育。其状态划分可采用一般黏性土的液性指数划分法，也可采用其特有的含水比划分法。具胀缩性，主要表现为收缩。原生红黏土其液限大于或等于 50%；次生红黏土为原生红黏土经搬运、沉积后仍保留其基本特征，且其液限大于 45%。勘察中应通过第四纪地质、地貌的研究，根据红黏土特征保留的程度确定。红黏土以贵州、云南、广西等省区最为典型，且分布较广。

⑤多年冻土：是指土的温度等于或低于摄氏零度、含有固态水且这种状态在自然界连续保持三年以上的土。当自然条件改变时，产生冻胀、融陷、热融滑塌等特殊不良地质现象及发生物理力学上质的改变。

⑥盐渍土：土中易溶盐含量大于 0.3%，并具有溶陷、盐胀、腐蚀等工程特性的土。

⑦填土：是指由人类活动而堆填的土，其物质成分比较复杂，均匀性较差。根据组成和成因，填土可分为素填土、压实填土、杂填土、冲填土。

素填土：是由碎石、砂、粉土、黏性土等一种或几种材料组成的填土，其中不含杂质或含杂质很少。

杂填土：由大量建筑垃圾、工业废料或生活垃圾等杂物组成。按其组成物质成分和特征分为建筑垃圾土、工业废料土及生活垃圾土。

冲填土：是由水力冲填泥沙形成的填土。冲填土以砂土或黏土为主，其性质差异较大。黏粒含量较高的冲填土，往往是欠固结的。

压实填土：它是指按一定标准控制材料成分、密度、含水量，分层压实或夯实而成。

⑧混合土和污染土。

混合土：由细粒土和粗粒土混杂且缺乏中间粒径的土。粗粒混合土中，碎石土中粒径小于 0.075 mm 的细粒土质量超过总质量的 25%，宜采用动力触探检验；细粒混合土中，粉土或黏性土中粒径大于 2 mm 的粗粒土质量超过总质量的 25%。混合土的勘察应有一定数量的探井。其承载力应采用载荷试验和动力触探试验结合地区经验确定。承压板和现场直剪试验的剪切面直径都应大于土层最大粒径的 5 倍，承压板面积不应小于 0.5 m²，直剪面面积不应小于 0.25 m²。

污染土：由于致污物质侵入改变了物理力学性状的土。常进行化学分析、矿物分析、物相分析、显微结构鉴定、污染物含量分析，承载力宜用载荷试验和其他原位测试确定。

2.13　工程地质实习报告的编写

对于地质实习的成果，我们要通过实习报告来反映。实习报告是根据地质实习的野外记录来编写的，但不是摘抄野外记录，而是对野外实习内容进行系统的概括和总结，是对野外实习内容的提炼和升华。

野外实习结束时，每位同学都必须编写一份实习报告，编写地质报告是地质工作的重要内容，也是地质工作者必备的一项基本功。地质认识实习报告是对整个实习过程、地质工作方法和地质认识的总结，是野外实践和课堂理论的结合，是评价学生野外实习成绩的主要依据，也是培养学生分析问题和解决问题能力的重要手段。

实习报告总的要求是，在充分掌握前人资料的基础上，以自己的野外观察和记录为主，立论正确，依据可靠，叙述简练，图文并茂，主次分明，逻辑性强，富有创造性，内容真实、丰富、简明、扼要。要求文字工整，图件美观，要有封面、题目、报告编写人专业、班级、姓名、野外实习负责人、实习指导教师、报告审核人及报告编写日期等。

编写实习报告首先要整理所有的野外原始资料，包括野外记录、路线剖面图、素描图、采集的矿物、岩石和化石标本及野外照片和录像等，这些是编写报告的基础和素材。把各种野外资料分门别类地加以总结、概括，编制和清绘必要的图件，然后着手编写文字报告。

根据工作的目的和重点不同，报告的内容也有所侧重。实习报告属于室内资料整理部分，它可以分以下几部分来写。

第一章　前言

1. 实习时间

2. 实习地点

3 实习指导老师

4. 实习组员

5.实习任务和目的

(1)识别野外常见的与工程建设有关的岩石和矿物。

(2)能在野外单独识别简单的地质构造。

(3)能单独在野外识别常见的不良地质现象,并初步了解其相应的处治措施。

(4)认识地下水。

(5)认识岩石的风化作用。

(6)掌握罗盘的使用方法。

(7)学会野外的记录和观察方法,以及观测资料的室内整理工作即地质实习报告的编写。

6.实习线路

第二章 实习区概况

(1)实习区的范围、地理位置、交通概况等,最好附上"工区位置图"。

(2)实习区的区域地质概况。

(3)实习区自然地理概况,如地形、地貌、河流、气候等概况。

(4)实习区社会经济概况。

第三章 地层岩石

实习区的地层层序、时代、接触关系、厚度及分布状况。按照地层的新老关系,由新至老叙述各个时代地层的岩石组合特征、古生物特征、沉积特征、分布和出露情况、接触关系、厚度、地貌特征、风化程度及特殊的识别标志。

对岩浆岩,要特别注意观察是否有原生节理发育,并初步分析其对工程的影响。

对于沉积岩,要重点描述其层理构造。当有泥化夹层时,要对泥化夹层的长度、厚度、充填物质成分、颗粒大小、胶结情况、连续性、产状进行详细的描述。

对于变质岩,如果有板岩,要特别注意区别板理和层理。要准确测量其产状。

第四章 地质构造

1.褶皱

对褶皱构造进行详细描述,并应附有素描图或照片、构造剖面图等。褶皱构造要描述构造的位置、范围、规模、长轴方向,核部的地层时代、岩性,两翼的地层时代、岩性、层序,两翼岩层的产状,轴面和枢纽的产状,核部裂隙发育情况,风化情况等。最后确定褶皱的基本类型、形态类型,褶皱的形成时期及形成机制。

2.断裂构造

对断裂构造要描述断层的位置、方向、规模,断层面产状及形态变化,断层面、断层带的特征如擦痕方向、阶步陡坎的方向、断层泥、断层角砾、断层崖等,断层两盘的地层时代、岩性,两盘岩层的产状,地层的牵引现象,伴生节理及构造岩等都要进行描述。

对节理要注意描述其密集程度,必要时可编制节理玫瑰花图。

第五章 常见的不良地质现象

(1)滑坡。描述其野外标志、规模、类型、形成原因。对顺层滑动面为直线形的滑坡要测量滑动面产状、滑动面深度,并附有照片。

(2)崩塌。描述崩塌的标志、规模,分析崩塌的原因,并附有照片。

（3）地下水。描述地下水特征、类型、埋深、分布等。

（4）岩溶。重点描述其发育程度，包括对岩溶水的描述，具体分析实习地所具备的岩溶发育条件。

（5）泥石流。描述泥石流的特征，分析泥石流的规模、形成的具体原因，并分析是否还有继续发生的可能。

（6）风化。描述岩石分化的程度，包括颜色、成分、强度、结构构造。可重点描述红土化作用，分析其原因。

第六章　绘制剖面图

根据以下地质平面图（图 2 - 15）来绘制 A - A 剖面图。

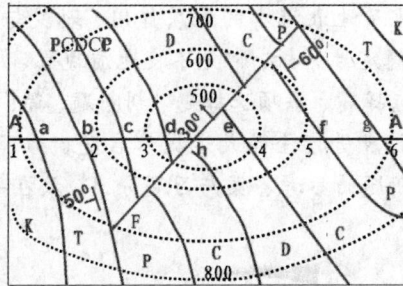

图 2 - 15　地质平面图

注：图中，虚线为地形等高线，实线为地层界线，F 为断层。

第七章　结束语

概括性地总结野外实习的主要成果、自己的收获和体会，哪一部分实习收获最大，野外实习对课堂知识的理解和对将来工作的指导意义，实习中存在的问题和不足，对今后工作的意见和建议等。

第 3 章

工程地质题解

　　内容提要：采用提出问题再解决问题的方式对学习工程地质知识非常重要。本章从绪论与岩石、地质构造、风化及地表流水的地质作用、地貌与第四纪松散沉积物、地下水的地质作用、岩体结构与稳定性分析、常见不良地质现象、工程地质勘察等几个方面，以名词解释、填空题、单项选择题、多项选择题、判断题、简(问)答题、识图题、作图题和计算题等形式，对重要知识点进行诠释或者提示启发。为了便于自测，将填空题、单项选择题、多项选择题、判断题的参考答案与习题分离，放在书后面附录Ⅲ。

3.1　绪论与岩石

　　1. 名词解释

　　(1)工程地质条件：是指工程建筑物所在地区地质环境各项因素的综合，这些因素包括：地层岩性、地质构造、水文地质条件、地表地质作用、地形地貌等。

　　(2)工程地质学：研究工程活动与地质环境相互作用的学科。

　　(3)工程地质问题：指已有的工程地质条件在工程建筑和运行期间会产生一些新的变化和发展，构成威胁、影响工程建筑安全的地质问题。

　　(4)地质作用：在地质历史的发展过程中，促使地壳的组成物质、构造和地表形态不断变化的作用。

　　(5)外力地质作用：能量来自于地球的外部(太阳辐射能、日月引力能、生物能)促使地壳的物质组成、构造、地表形态不断变化的作用，称外力地质作用。

　　(6)内力地质作用：能量来自于地球的内部(地球的转动、放射性元素的蜕变产生的热能等)，促使地壳的物质组成、构造、地表形态不断变化的作用，称内力地质作用。

　　(7)矿物：具有一定化学成分和物理性质的自然元素或者化合物。

　　(8)解理：矿物受外力作用时，能沿一定的方向破裂成平面的性质，它通常平行于晶体结构中相邻质点间联结力弱的方向发生。

　　(9)岩石：在地质作用下产生的，由一种或多种矿物以一定的规律组成的自然集合体。

　　(10)岩石结构：是指岩石中矿物集合体之间或矿物集合体与岩石其他组成部分之间的排列和充填方式。

（11）岩浆作用：指岩浆形成后，在沿着构造软弱带上升到地壳上部或溢出地表的过程中，物理化学条件改变，成分不断变化，并最后冷凝成岩石的复杂过程。

（12）喷出岩：由喷出地面的熔岩凝固形成的岩石。

（13）沉积岩：松散堆积物经过压密、胶结和重结晶作用逐渐形成的新岩石。或者说沉积作用形成的岩石。

（14）层理：沉积岩在形成过程中，由于沉积环境的改变，使先后沉积的岩石在颗粒组成、形状、颜色和成分上发生变化，从而显示出来的成层现象。

（15）片理：岩石中片状矿物平行排列，沿片理面易剥开成不规则的薄片。

（16）软化系数：饱水时的极限抗压强度与风干时的极限抗压强度之比。

（17）变质作用：由地球内力作用促使岩石发生矿物成分及结构构造变化的作用。

（18）变质岩：地壳内部原有的岩石，由于受到高温、高压及化学成分加入的影响，改变了原来的矿物成分、结构和构造，形成的新岩石。

（19）岩石的干密度：岩石孔隙中完全没有水存在时的密度。

（20）软弱夹层：在上下坚硬岩层中夹有力学强度低、厚度薄、延伸远、泥质碳质含量高、遇水易软化的岩层。

（21）沉积岩的结构：是指沉积岩的组成物质、颗粒大小、形状及结晶程度。

（22）沉积岩的构造：是指沉积岩各个组成部分的空间分布和排列方式。

（23）岩浆岩的结构：是指组成岩石的矿物的结晶程度、晶粒大小、晶体形状及其相互结合的方式。

2. 填空题

（1）内力地质作用主要包括有_____、_____、_____和_____等。

（2）外力地质作用包括_____、_____、_____、_____和_____五个方面。

（3）矿物抵抗外力刻划与研磨的能力，称为矿物的_____。其对比的标准是以从软到硬依次用 10 种矿物组成，称为_____。

（4）条痕是_____，通常将矿物在_____刻划后进行观察。

（5）根据解理的完全程度，可将其分为_____、_____、_____和_____。

（6）野外工作中，常用_____（硬度 2～2.5）、_____（硬度 3～3.5）、_____（硬度 5.5～6）和_____（硬度 6～6.5）鉴别矿物的硬度。

（7）自然界的岩石，按其成因可分为_____、_____、_____等三大类。

（8）常见的岩浆岩构造有_____、_____、_____和_____。

（9）根据 SiO_2 的含量不同，岩浆岩可以分为_____、_____、_____和_____四类。

（10）沉积岩的构造主要有_____、_____、_____等。

（11）沉积岩主要由_____、_____和_____等物质组成。

（12）变质岩的结构具有_____和_____两大类。

（13）岩石的强度指标主要有_____、_____和_____。

（14）按成因分类，石灰岩属于_____，花岗岩属于_____，石英岩属于____

_____。

(15)岩石变形模量是_____与_____的比值。

(16)影响岩石工程性质的主要因素有_____、_____和_____。

(17)沉积岩中的胶结物质主要有_____、_____、_____和_____。

(18)岩石的_____强度最高，_____强度居中，_____强度最小。

(19)花岗岩的强度_____，工程地质性质_____；泥岩的强度_____，工程地质性质_____。

3. 单项选择题

(1)( )属于外力地质作用。

A. 侧蚀　　　　　　B. 火山　　　　　　C. 构造运动　　　　D. 地震

(2)方解石具有( )。

A. 片理　　　　　　B. 层理　　　　　　C. 解理　　　　　　D. 节理

(3)条痕是指矿物的( )。

A. 有颜色　　　　　B. 粉末的颜色　　　C. 杂质的颜色　　　D. 面氧化物的颜色

(4)解理是指( )。

A. 岩石受力后形成的平行破裂面　　　　　B. 岩石中不规则的裂隙

C. 矿物受力后沿不规则方向裂开的性质　　D. 矿物受力后沿一定方向平行裂开的性质

(5)在下列矿物中,硬度最高的是( )。

A. 石英　　　　　　B. 长石　　　　　　C. 辉石　　　　　　D. 橄榄石

(6)在下列矿物中,硬度最高的是( )。

A. 石英　　　　　　B. 方解石　　　　　C. 石膏　　　　　　D. 莹石

(7)岩浆岩具有( )。

A. 流纹构造　　　　B. 层理构造　　　　C. 片理构造　　　　D. 层面构造

(8)下面属于岩浆岩构造的是( )。

A. 气孔构造　　　　B. 层理构造　　　　C. 板状构造　　　　D. 片麻状构造

(9)白云岩具有( )。

A. 流纹构造　　　　B. 层理构造　　　　C. 片理构造　　　　D. 杏仁构造

(10)沉积岩的特征构造为( )。

A. 流纹构造　　　　B. 层理构造　　　　C. 片理构造　　　　D. 块状构造

(11)变质岩的特征构造为( )。

A. 流纹构造　　　　B. 层理构造　　　　C. 片理构造　　　　D. 水平构造

(12)板岩具有( )。

A. 流纹构造　　　　B. 层理构造　　　　C. 片理构造　　　　D. 杏仁构造

(13)在变质作用过程中,既有原矿物的消失,又有新矿物的形成,但岩石的总体化学成分基本不变,这种变质作用的方式是( )。

A. 重结晶作用　　　B. 交代作用　　　　C. 碎裂作用　　　　D. 变质结晶作用

(14)花岗岩矿物成分最常见的是( )。

A. 石英、正长石、角闪石和黑云母　　　　B. 石英、正长石、斜长石和黑云母

C. 石英、斜长石、角闪石和黑云母　　　　D. 斜长、正长石、白云母和黑云母

(15) 基性岩浆的黏度比酸性岩浆的黏度(　　　)。

A. 高　　　　　　　　　　　　　　　　B. 低

C. 有时低, 有时高　　　　　　　　　　D. 大致相等

(16) 下列矿物中, 硬度最大的是(　　　)。

A. 石英　　　　　B. 方解石　　　　　C. 正长石　　　　　D. 金刚石

(17) 岩浆岩划分为酸性、中性、基性等类型是按(　　　)含量多少来划分的。

A. $CaCO_3$　　　　B. Al_2O_3　　　　C. Fe_2O_3　　　　D. SiO_2

(18) 下列岩石中, 不属于变质岩的是(　　　)。

A. 白云岩　　　　B. 板岩　　　　　C. 大理岩　　　　　D. 片岩

(19) 下列哪个是引起岩石物理风化的因素? (　　　)

A. 接触二氧化碳　　B. 生物分解　　　C. 温度变化　　　　D. 接触氧气

(20) 下列岩类中, 颜色最深的是(　　　)。

A. 酸性岩类　　　　B. 中性岩类　　　C. 基性岩类　　　　D. 超基性岩类

(21) 一般而言, 相同条件下, 下列岩石密度中最大的是(　　　)。

A. 天然密度　　　　B. 干密度　　　　C. 颗粒密度　　　　D. 饱和密度

4. 多项选择题

(1) 影响岩石工程地质性质的因素包括(　　　)。

A. 矿物成分　　　　B. 结构　　　　　C. 形成原因　　　　D. 构造

(2) 下列选项中, 属于岩石工程地质性质指标的是(　　　)。

A. 密度　　　　　　B. 吸水率　　　　C. 弹性模量　　　　D. 渗透系数

(3) 下列选项中, 属于岩石水理性质的指标是(　　　)。

A. 软化系数　　　　B. 吸水率　　　　C. 抗冻系数　　　　D. 渗透系数

(4) 下列属于深色矿物的有(　　　)。

A. 石英　　　　　　B. 角闪石　　　　C. 正长石　　　　　D. 黑云母

(5) 沉积岩在构造上区别于其他岩类的重要特征是(　　　)。

A. 层理构造　　　　B. 层面特征　　　C. 含有化石　　　　D. 结晶

(6) 下列岩石中不属于沉积岩的有(　　　)。

A. 石灰岩　　　　　B. 板岩　　　　　C. 白云岩　　　　　D. 大理岩

(7) 下列岩石结构属沉积岩结构的有(　　　)。

A. 等粒结构　　　　B. 泥质结构　　　C. 碎屑结构　　　　D. 碎裂结构

5. 判断题(对的填"T", 错的填"F")

(1) 黏土矿物是由含铝硅酸盐类矿物的岩石经化学风化作用后形成的次生矿物。

(　　　)

(2) 按岩石中矿物晶粒的相对大小, 变质岩的结构可分为等粒结构与不等粒结构。

(　　　)

(3) 花岗岩、闪长岩、片麻岩都是岩浆岩。(　　　)

(4) 常见的岩浆岩包括花岗岩、安山岩、凝灰岩、片麻岩、玄武岩等。(　　　)

(5)常温常压条件下,岩石的抗压强度总是小于抗剪强度。 (　　)

(6)片麻理、板理都是变质作用过程中矿物定向排列形成的结构面。 (　　)

(7)大理岩、石英砂岩、千枚岩均属于变质岩。 (　　)

(8)沉积岩在构造上区别于岩浆岩的重要特征是层理构造、层面特征和含有化石。

(　　)

(9)常温常压条件下,岩石的抗张强度总是小于抗剪强度和抗压强度。 (　　)

6.简答题

(1)什么是外力地质作用? 它包括哪些作用? 其总趋势是什么?

参考答案:能量来自于地球的外部(太阳辐射能、日月引力能、生物能),促使地壳的物质组成、构造、地表形态不断变化的作用,称外力地质作用。包括风化作用、剥蚀作用、搬运作用、沉积作用、硬结成岩作用。总趋势是削高填低,使地壳表层趋于平缓化。

(2)用两种方法鉴别石英和方解石。

参考答案:①稀盐酸滴定方解石冒气泡。②玻璃可以刻划方解石,不能刻划石英。

(3)如何区分斜长岩、石灰岩和石英岩?

参考答案:稀盐酸滴定石灰岩冒气泡,斜长石颜色较深。

(4)试分析岩浆岩、沉积岩、变质岩的异同点。

参考答案(提示):从岩浆岩、沉积岩、变质岩的形成原因、矿物组成、结构、构造及常见岩石等方面进行比较。其中,岩石的结构是指岩石中矿物的结晶程度、颗粒大小、形状及彼此间的组合形式。

(5)试述岩石工程地质性质的影响因素。

参考答案:①矿物成分;②结构;③构造;④形成原因;⑤水;⑥风化。

(6)列举工程性质好的岩浆岩、沉积岩和变质岩各一种,简单评价石灰岩的工程性质。

参考答案:花岗岩属于岩浆岩,石灰岩属于沉积岩,石英岩属于变质岩。石灰岩强度高,容易发育裂隙,溶于水,容易产生渗漏。

3.2　地质构造

1.名词解释

(1)地层层序律:未经构造变动影响的沉积岩原始产状应当是水平的或近似水平的,并且先形成的岩层在下面,后形成的岩层在上面。

(2)侵入接触:当岩浆侵入沉积岩中,使围岩发生变质现象,说明岩浆侵入体的地质年代,晚于变质的沉积岩层的地质年代。

(3)沉积接触:岩浆岩形成之后,经长期风化剥蚀,后来在侵蚀面上又有新的沉积。

(4)平行不整合:基本上相互平行的岩层之间有起伏不平的埋藏侵蚀面。

(5)非整合:岩浆岩与沉积岩的沉积接触关系。

(6)岩层产状:岩层在空间的位置。

(7)节理：岩石受力后，发生破裂，沿破裂面没有明显位移时称为节理。

(8)卸荷裂隙：岩体由于冲刷侵蚀或人工开挖，使岩体失去约束，应力重新分布，从而使岩体发生向临空面方向的回弹变形及产生近平行于边坡的拉张裂隙，一般称作卸荷裂隙。

(9)剪裂隙：岩石受剪应力作用形成的破裂面称为剪裂隙。

(10)断层：岩石受力后，发生破裂，沿破裂面两侧岩块有明显位移时的断裂构造。

(11)断裂构造：岩体的连续性和完整性遭到破坏，产生各种大小不一的断裂。

(12)褶皱构造：组成地壳的岩层，受构造应力的强烈作用，使岩层形成一系列波状弯曲而未丧失其连续性的构造。

(13)路线法：是指在工程地质测绘工作中，沿选定的路线，穿越测绘场地，将沿线所测绘或调查的地层、构造、地质现象、水文地质、地质界线和地貌界线等填绘在地形图上。

(14)地震震级：地震本身大小的尺度。

(15)地震场地烈度：指根据场地条件如岩石性质、地形地貌、地质构造和水文地质调整后的烈度，称场地烈度。

(16)地震基本烈度：在今后一定时期内，某一地区在一般场地条件下可能遭遇的最大地震烈度。

(17)设计烈度：在场地烈度的基础上，根据建筑物的重要性，针对不同建筑物，将基本烈度予以调整，作为抗震设防的根据，这种烈度称为设计烈度。

(18)岩层：指由两个界面所限制的同一岩性的层状岩石。

(19)地层：一定地质历史时期所形成的具有一定层位的一层或一组岩层。

(20)枢纽：岩层褶皱面上最大弯曲点连线，或者说，轴面与岩层面的交线。

2.填空题

(1)岩石地层单位的地质年代有两种，分别是_____和_____。

(2)中生代包括_____、_____和三叠纪 T。

(3)古生代包括_____、_____、_____、_____、_____和_____。

(4)沉积岩不整合接触包括_____和_____两种形式。

(5)产状的三个要素是指走向、_____和_____。

(6)岩层产状 N65°W/25°表示走向为_____；倾向为_____，倾角为_____。

(7)组成地壳的岩层受到构造应力的强烈作用，使岩层形成一系列波状弯曲而未丧失其连续性的构造，称为_____。其中的一个弯曲称为_____。

(8)根据轴面产状，褶皱可以分为_____、_____、_____和_____。

(9)褶皱的要素包括_____、_____、_____、_____、_____和_____。

(10)褶皱的基本类型有_____和_____。

(11)就地质年代而言，背斜核部地层_____，两翼地层依次对称变_____。

(12)褶曲的基本形态是_____和_____；而根据断层两盘相对位移的情况可以分为_____、_____和_____三种类型。

(13)向斜核部地层时代_____，两翼地层时代_____；背斜核部地层时代_____，两翼地层时代_____。

(14)逆断层按断层面陡倾程度分为_____、_____和碾掩断层。

(15)断层线是_____与_____的交线。

(16)断层的三种类型有_____、_____、_____。

(17)根据断层两盘相对位移的情况可以分为_____、_____和_____三种类型。

(18)正断层的上盘相对_____，下盘相对_____。

(19)正断层的组合类型有_____、_____和_____。

(20)地壳或地幔中发生地震的地方称为_____，其在地面的垂直投影称为_____。

(21)沉积岩的相对地质年代通常可以根据_____、_____、_____和_____确定。

(22)按地震成因类型，有_____、_____、_____和_____。

(23)根据枢纽产状，褶皱可以分为_____和_____。

3.单项选择题

(1)晚古生代可以划分为(　　　)。

A.寒武纪、奥陶纪、志留纪　　　　　　B.三叠纪、侏罗纪和白垩纪

C.包括A和B共六个纪　　　　　　　　D.泥盆纪、石炭纪和二叠纪

(2)与"纪"相对应的时间地层单位是(　　　)。

A.界　　　　　　　B.系　　　　　　C.统　　　　　　D.阶

(3)与"统"相对应的地质年代单位是(　　　)。

A.代　　　　　　　B.纪　　　　　　C.世　　　　　　D.期

(4)地层产状符号35°∠27°中的35°代表(　　　)。

A.地层的走向　　　B.地层的倾向　　C.地层的倾角　　D.不确定

(5)N65°W/25°S表示(　　　)。

A.倾向北偏西65°，倾角25°

B.走向北偏西65°，倾角25°，大致向南倾斜

C.倾向北偏西65°，倾角25°，大致向南倾斜

D.走向北偏西65°，倾角25°

(6)某一岩层产状为N50°E∠18°，下列产状与其相同的是(　　　)。

A.SE150°/240°∠18°　　　　　　　　B.140°/N50°E∠18°

C.S30°E∠18°/SW　　　　　　　　　D.330°/240°∠18°

(7)某一岩层产状为N60°E∠11°，下列产状与其相同的是(　　　)。

A.SE150°/240°∠11°　　　　　　　　B.150°/N60°E∠11°

C.S30°E∠11°/SW　　　　　　　　　D.330°/240°∠11°

(8)某一岩层产状为N30°E∠45°，下列产状与其相同的是(　　　)。

A.SE150°/240°∠45　　　　　　　　B.150°/N60°E∠45°

C. S30°E∠45°/SW   D. 300°/30°∠45°

(9)某一岩层产状为 N60°E∠12°,下列产状与其相同的是(　　)。

A. SE150°/240°∠12°   B. 150°/N60°E∠12°

C. S30°E∠12°/SW   D. 330°/240°∠12°

(10)某一岩层产状为 S60°E∠33°,下列产状与其相同的是(　　)。

A. SE120°/240°∠33°   B. 30°/N60°E∠33°

C. S30°E∠33°/SW   D. 210°/120°∠33°

(11)某一岩层产状为 N10°W∠30°,下列产状与其相同的是(　　)。

A. S80°E/250°∠30°   B. 350°/N80°E∠30°

C. 350°∠30°/170°   D. 260°/350°∠30°

(12)某一岩层产状为 N10°W∠66°,下列产状与其相同的是(　　)。

A. S80°E/250°∠66°   B. 350°/N80°E∠66°

C. 350°∠66°/170°   D. 260°/350°∠66°

(13)倾角为零的地质构造为(　　)。

A. 向斜构造　　　　B. 单斜构造　　　　C. 背斜构造　　　　D. 水平构造

(14)褶曲的轴是(　　)。

A. 轴面与任一平面的交线　　　　　　　B. 水平面与轴面的交线

C. 褶曲同一岩层与轴面的交线　　　　　D. 褶曲的翼与水平面交线

(15)地质平面图中,地层中间年轻、两侧变老、对称分布的地质构造为(　　)。

A. 向斜构造　　　　B. 单斜构造　　　　C. 背斜构造　　　　D. 水平构造

(16)断层线是(　　)。

A. 断层面与任一平面的交线　　　　　　B. 水平面与断层面的交线

C. 断层面与地面的交线　　　　　　　　D. 断层面与上升盘的交线

(17)水平岩层出露线与地形等高线(　　)。

A. 同向弯曲　　　　B. 反向弯曲　　　　C. 垂直　　　　　　D. 重合

(18)当岩层倾向与地面倾向相反时,岩层出露线与地形等高线(　　)。

A. 同向弯曲　　　　B. 反向弯曲　　　　C. 垂直　　　　　　D. 重合

(19)岩石受力断裂后,两侧岩块无明显位移的小型断裂构造称为(　　)。

A. 片理　　　　　　B. 层理　　　　　　C. 解理　　　　　　D. 节理

(20)褶曲的枢纽是指(　　)。

A. 褶曲轴面与同一岩层层面的交线　　　B. 褶曲轴面与地面的交线

C. 地面与层面的交线　　　　　　　　　D. 褶曲轴面与水平面的交线

(21)如图 3 - 1 所示地质构造为(　　)。

A. 正断层　　　　　B. 逆断层　　　　　C. 平推断层　　　　D. 冲断层

(22)地层中间老、两侧年轻、对称分布,该地质构造为(　　)。

A. 向斜构造　　　　B. 单斜构造　　　　C. 背斜构造　　　　D. 水平构造

(23)在今后一定时期内,某一地区在一般场地条件下,可能遭遇到的最大地震烈度,称为(　　)。

图3-1　地质构造示意图

A. 基本烈度　　　　B. 设计烈度　　　　C. 场地烈度　　　　D. 设防烈度

(24)历史上世界范围内约占90%以上的天然地震属于(　　)。

A. 火山地震　　　　B. 陷落地震　　　　C. 构造地震　　　　D. 激发地震

(25)关于地震的震级与烈度(　　)。

A. 总体说来,离开震中越远,地震震级越来越小

B. 大致说来,离开震中越远,地震烈度越来越小,但震级是不变化的

C. 离开震中越远,震级和烈度越来越小

D. 二者关系说不清楚

(26)我国地震分布主要集中在下列(　　)地区。

A. 贵州　　　　　　B. 台湾　　　　　　C. 滇东　　　　　　D. 山东

4. 多项选择题

(1)下列各项中表述同一岩层空间位置的是(　　)。

A. NE45°∠26°/SE　　　　　　　　B. SW225°∠26°/SE

C. SE135°∠26°　　　　　　　　　D. NE45°∠26°

(2)图3-2中,A、B分别是(　　)。

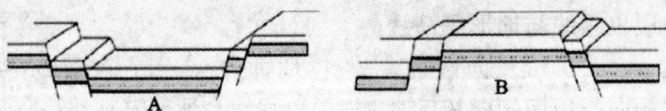

图3-2　断层的组合形式示意图

A. 地堑,地垒　　　B. 沉陷,隆升　　　C. 盆地,穹隆　　　D. 向斜,背斜

(3)下列关于震级和烈度的组合哪一个是正确的?(　　)

A. 每次地震震级只有1个,设计烈度有多个

B. 每次地震震级可有多个,烈度只有1个

C. 每次地震震级只有1个,但烈度可有多个

D. 每次地震震级可有多个,烈度也可有多个

(4)断裂构造可分为(　　)两大类。

A. 断层　　　　　　B. 裂隙　　　　　　C. 张裂隙　　　　　D. 剪裂隙

5. 判断题(对的填"T",错的填"F")

(1)产状可用于表明一切地质界面,如节理面、侵入接触面等的空间位置。(　　)

（2）褶曲形态按轴面产状可分为水平褶曲和倾伏褶曲。 （　　）

（3）张节理指岩层受张应力作用产生的常呈锯齿形的破裂面，延伸不远，且多被岩脉和黏土充填。 （　　）

（4）褶曲类型按其轴面性质可分为水平褶曲和倾伏褶曲。 （　　）

（5）地震烈度与震源深度、震中距、建筑物的动力特性等有关。 （　　）

（6）岩层倾角中真倾角最小且唯一。 （　　）

（7）岩层的走向有两个方位，知道了走向便可换算出倾向。 （　　）

（8）放在地质图右侧的地层图例，应严格按照自上而下，由新到老的顺序排列。 （　　）

（9）地震震级与震源深度、震中距、建筑物的动力特性等有关。 （　　）

（10）上盘沿岩层面相对上升，下盘相对下降的断层是逆断层。 （　　）

（11）根据岩层的接触关系有可能确定沉积岩的相对地质年代。 （　　）

（12）代、纪、世、期均为年代单位。 （　　）

（13）上盘沿岩层面相对下降，下盘相对上升的断层是逆断层。 （　　）

（14）野外工作中测得的岩层倾角是指其视倾角。 （　　）

（15）褶曲的枢纽可反映褶曲在延伸方向产状的变化情况。 （　　）

（16）当断层平行于岩层走向时，岩层出现中断或错位。 （　　）

（17）褶皱形成的初期，背斜总是形成高地，而向斜总是形成谷地。 （　　）

（18）野外工作中测得的岩层倾角总是小于真倾角。 （　　）

（19）不整合面以下的一套地层发生了褶皱，而其上覆地层未褶皱，则褶皱形成于不整合面下伏地层中最新地层之后，上覆地层中最老地层之前。 （　　）

（20）野外工作中测得的岩层倾角是指其真倾角。 （　　）

（21）区分地层的相对年代可以根据地层中发现的古生物化石来确定。 （　　）

（22）岩浆岩与沉积岩之间的接触关系为侵入接触，则岩浆岩形成时间早于沉积岩。 （　　）

（23）上盘沿岩层面相对上升，下盘相对下降的断层是正断层。 （　　）

6. 简答题

（1）如果地质平面图上未用符号表示出断层性质和褶皱，试问如何根据该图判断褶皱与断层存在与否？如何确定褶曲类型及断层性质？

参考答案：背斜岩层向上弯曲，核部的岩层时代较老，外侧的岩层时代较新。向斜岩层向下弯曲，核部的岩层时代较新，外侧的岩层时代较老。根据岩层的时代新老关系及对称出现的关系来判断褶皱及其类型。正断层上盘相对下降、下盘相对上升，逆断层上盘相对上升、下盘相对下降，可以根据地层的重复或者缺失、地形特点综合判断。

（2）断层的基本要素和类型有哪些？

参考答案：断层要素有断层面、断层线、断层盘、总断距等。类型有正断层、逆断层和平推（移）断层。

（3）何谓褶曲的枢纽？倾伏褶曲在水平地面上表现为何种形式？

参考答案：枢纽为轴面与岩层面的交线。两翼岩层在倾伏端发生弧形合围，背斜的尖端指向倾伏方向，向斜的开口指向扬起方向。

（4）当隧道轴线与褶曲轴线一致时，隧道位置选在背斜、向斜的轴部是否合适？为什么？应选在什么位置？

参考答案：不合适，应该选在翼部，因为核部张裂隙发育。

（5）公路走向与岩层走向一致时，隧道选在背斜、向斜的轴（核）部是否合适？为什么？在向斜山坡开挖边坡是否可行？为什么？

参考答案：不合适，因为背斜、向斜的轴（核）部岩石破碎，张裂隙发育。

可行，因为岩层倾向与坡向相反。

（6）岩层产状与岩浆产状有何区别？

参考答案：岩层产状是指岩层在空间的位置，用走向、倾向和倾角表示。岩浆产状是指侵入体和喷出体的产出形态，如岩基、岩墙等。

（7）简述如何根据岩浆岩与沉积岩的接触关系及其本身的穿插构造来确定岩浆岩的相对地质年代。

参考答案：根据岩浆岩体与周围已知地质年代的沉积岩的接触关系，来确定岩浆岩的相对地质年代。①侵入接触：当岩浆侵入沉积岩中，使围岩发生变质现象，说明岩浆侵入体的地质年代，晚于变质的沉积岩层的地质年代；②沉积接触：岩浆岩形成之后，经长期风化剥蚀，后来在侵蚀面上又有新的沉积。侵蚀面上部的沉积岩层无变质现象，而在沉积岩的底部往往有由岩浆岩组成的砾岩或岩浆岩风化剥蚀的痕迹。说明岩浆岩的形成年代早于沉积岩的地质年代。穿插的岩浆岩侵入体总是比被它们所侵入的最新岩层还要年轻，而比不整合覆盖在它上面的最老岩层还老。如果两个侵入岩接触，岩浆侵入岩的相对地质年代也可由穿插关系确定，一般是年轻的侵入岩脉穿过较老的侵入岩。

（8）试述生物层序律的含义

参考答案：在漫长的地质历史时期内，生物从无到有、从简单到复杂、从低级到高级发生不可逆转的发展演化；不同地质时代的岩层中含有不同类型的化石及其组合。而在相同地质时期的相同地理环境下形成的地层，则都含有相同的化石，这就是生物层序律。根据生物层序律，寻找和采集古生物化石标本，就可以确定岩层的地质年代。

（9）何谓褶皱？它包括哪几个要素？

参考答案：组成地壳的岩层，受构造应力的强烈作用，使岩层形成一系列波状弯曲而未丧失其连续性的构造，称为褶皱构造。包括核部、翼、轴面、轴、枢纽等要素。

（10）什么是背斜和向斜？它们的地层新老分布各有什么特点？

参考答案：背斜是核部岩层向上拱，两翼岩层向外倾斜，核部地层老，两翼地层依次对称变新。向斜是核部岩层向下弯曲，两翼岩层向内倾斜，核部地层新，两翼地层依次对称变新。

（11）何谓地层层序律？

参考答案：地层层序律是确定地层相对年代的基本方法，指未经构造运动改造的层状岩石大多是水平岩层，且每一层都比它下伏的相邻层新，而比上覆的相邻层老，为下老上新。

(12)野外如何识别褶皱构造？

参考答案(提示)：①追索法：判断规模；②穿越法：判断类型。

(13)何谓断层及其类型？它包括哪几个要素？

参考答案：所谓断层，就是指岩层受力作用断裂后，两侧岩块沿断裂面发生了显著位移的断裂构造，分为正断层、逆断层和平移(推)断层。包括断层面、断层线、破碎带、上盘和下盘、上升盘和下降盘、断距等。

(14)试分析常见简单地质构造与工程建设的关系。

参考答案：

①对于单斜构造，注意边坡的稳定性。如果边坡倾向与岩层倾向相反，边坡稳定；如果边坡倾向与岩层倾向相同，且岩层倾角大于坡角时，边坡较稳定；如果边坡倾向与岩层倾向相同，且岩层倾角小于坡角时，不稳定，应采取放缓边坡或其他措施。

②对于褶皱构造，褶皱两翼情况与单斜岩层相似，轴部岩性破碎，工程选址不宜通过此处。

③对于断层构造，首先区别是否活动断层，原则上工程选址不宜从此处通过，应绕避。不得已可从影响稍小的下盘通过。

(15)列举在野外实地观察时，识别断层的主要标志。

参考答案：断层活动的特征会在产出地段的有关地层、构造、岩石或地貌等方面反映出来，这些特征即所谓的断层标志，它是识别断层存在的主要依据。构造标志：①构造线、面或地质体不连续：岩层、矿体等被错开；岩脉、岩墙、岩床和岩体相带等被错开；褶皱枢纽、不整合面、早期断层面、片理、线理、变质相带等被错开；②断层面或断层带特征：发育擦痕、阶步；构造透镜体及各种构造岩(断层岩)；揉褶皱等；③派生构造：牵引褶皱、派生小褶皱、羽状节理(羽状张节理、羽状剪节理)；④地层标志：地层重复与缺失(地层重复应注意与褶皱造成的重复的区别；缺失应注意与不整合造成的缺失的区别)；⑤岩浆活动和矿化带；⑥岩相和厚度急变带；⑦物探标志。地貌标志：①断层崖；②断层三角面；③错断的山脊；④山岭和平原的突变；⑤串珠状湖泊洼地；⑥带状分布的泉水；⑦水系特点。

(16)分析褶皱区可能存在的工程地质问题。

参考答案：褶皱形成以后，使岩层产生一系列波状弯曲，同时，在褶皱的转折端，一般张裂隙发育，岩层较破碎；在褶皱两翼，岩层中易产生剪裂隙。由于褶皱构造中存在着不同的裂隙，导致岩层的完整体受到破坏，因此，褶皱区岩层的强度及稳定性较之原有岩层有所降低。另外由于转折端更易遭受风化作用的影响，因此，工程应避免布置在转折端。

褶皱两翼，岩层均为单斜岩层，如果在褶皱两翼开挖形成边坡，可能导致边坡产生顺层滑动。因此在两翼布设工程应尽量使开挖形成边坡的倾斜方向与岩层倾斜方向相反；如果边坡倾斜方向与岩层倾斜方向一致，应使边坡的倾角小于岩层倾角，否则应采取相应的加固措施。

(17)如何确定沉积岩的相对地质年代？

参考答案：沉积岩石(体)相对地质年代的确定可依据地层层序律、岩性、生物演化律以及地质体之间的接触关系四种方法。

①地层层序律：未经构造变动影响的沉积岩原始产状应当是水平的或近似水平的。并且先形成的岩层在下面，后形成的岩层在上面。

②岩性。相同时期形成的岩石具有相同性质。

③生物演化律：由于生物是由低级到高级、由简单到复杂不断发展进化的，故可根据岩层中保存的生物化石来判断岩层的相对新老关系。

④地质体之间的接触关系：根据沉积岩层之间的不整合接触判断。与不整合面上底砾岩岩性相同的岩层形成时间较早。另外与角度不整合面产状一致的岩层形成时间较晚。如果岩层与岩浆岩为沉积接触，则沉积岩形成时间较晚；如果岩层与岩浆岩为侵入接触，则沉积岩形成时间较早。

(18)试述单斜构造的地层分界线在地质平面图上呈 V 字形分布规律。(选作)

参考答案：当倾斜岩层走向与山脊线或沟谷延伸方向垂直时，岩层露头线的 V 字形通常有三种分布规律。①当岩层倾向与地面坡向相反时，在河谷处 V 字形露头线弧顶尖端指向沟谷上游；②当岩层倾向与地面坡向相同，但岩层倾角大于地面坡度时，在沟谷处观察露头线，V 字形露头线弧顶尖端指向沟谷下游；③当岩层倾向与地面坡向相同，但岩层倾角小于地面坡度时，在沟谷处观察露头线，V 字形露头线弧顶尖端指向沟谷上游，其弧形紧闭程度超过地形等高线的弯曲程度。

7. 识图题

(1)分析图3-3中1处和2处的断层组合类型，并说明理由。

参考答案：1处属于地堑，因为是两个正断层共用一个下降盘。2处是地垒，因为是两个正断层共用一个上升盘。

(2)指出图3-4中地层的接触关系。

参考答案：O 与 D 为平行不整合接触(或假整合接触)；D 与 C 为整合接触；C 与 P 为整合接触；P 与 J、P 与 K 为角度不整合接触；J 与 K 为整合接触；γ 与 K 为沉积接触；γ 与 J、P、C 为侵入接触关系。

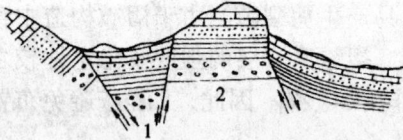

图3-3　断层组合类型

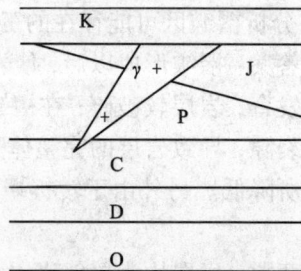

图3-4　地层剖面

(3)如图3-5所示，请分析两图中地层缺失的原因，并分析图中地层接触关系和地质构造的类型。

参考答案：(a)图属于逆断层，因为上盘相对上升，地层的缺失是因为上盘地层覆盖

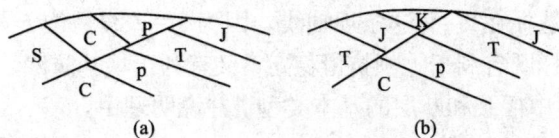

图 3-5　地层缺失示意图

下盘的地层所致。(b)图属于正断层，因为上盘相对下降，地层缺失是因为上盘地层下降所致。

(4)分析图 3-6 中褶皱和断层的基本类型，并说明理由。

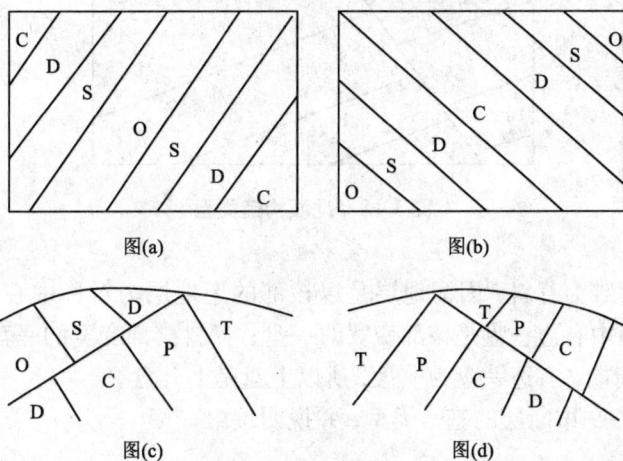

图 3-6　地质构造示意图

参考答案：图(a)为背斜，因为核部地层老，两翼地层依次对称变新；图(b)为向斜，因为核部地层新，两翼地层依次对称变老；图(c)为逆断层，因为上盘相对上升；图(d)为正断层，因为上盘相对下降。

(5)如图 3-7 所示，在该褶皱地区选择一坝址，1-1，2-2，3-3 这三条坝轴线中

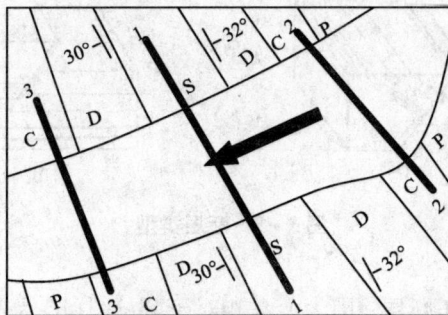

图 3-7　坝址选择

哪条是最好的？为什么？

　　参考答案：应该选择在2-2这条坝轴线。因为2-2线是位于背斜的翼部，并且是倾向上游的一翼，这样既有利于大坝抗滑稳定，又有利于坝基防渗。

　　(6)指出图3-8中褶皱和断层的基本类型，并说明理由。

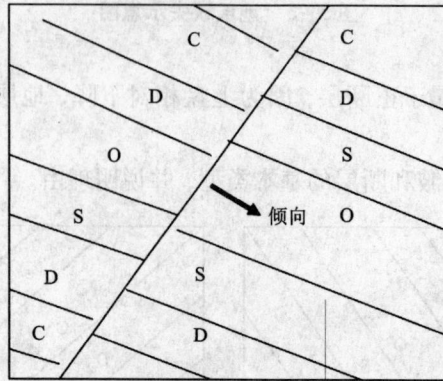

图3-8　地质构造类型

　　参考答案：褶皱为背斜，因为地层是以核部的老地层为对称中心，两翼依次变新。断层为逆断层，图中右边一盘是核部变宽的一盘；背斜核部变宽的一盘为上升盘；因为根据图中箭头的指向，右边一盘为上盘，所以上盘是上升盘。

　　(7)分析图3-9中断层的基本类型，并说明理由。

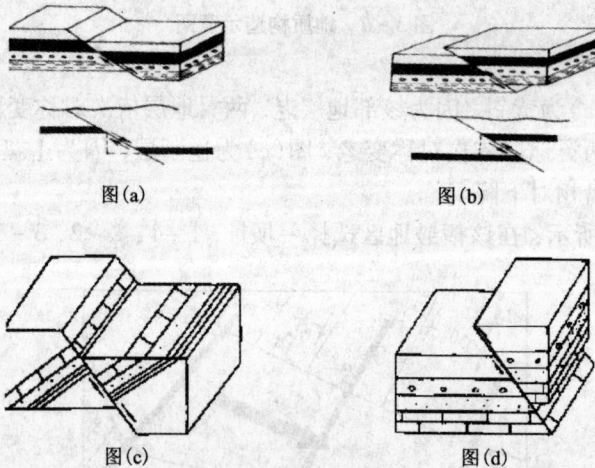

图(a)　　　　　　　　　　　　　图(b)

图(c)　　　　　　　　　　　　　图(d)

图3-9　断层类型

　　参考答案：图(a)为正断层，因为上盘相对下降；图(b)为逆断层，因为上盘相对上移。图(c)为正断层，因为上盘相对下降，下盘相对上升；图(d)为逆断层，因为上盘相对上升,下盘相对下降。

(8)如图 3-10 所示,请分析该地区褶皱的基本类型,并说明三条坝轴线哪条最好。

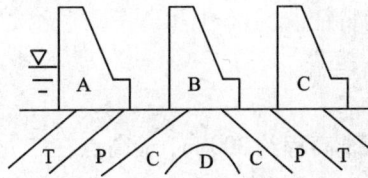

图 3-10　褶皱与坝址选择

参考答案:该地区有背斜。三个坝址中 A 是最好的,因为 A 是倾向上游的一翼,既有利防渗,又有利于抗滑稳定。

(9)阅读图 3-11,指明:

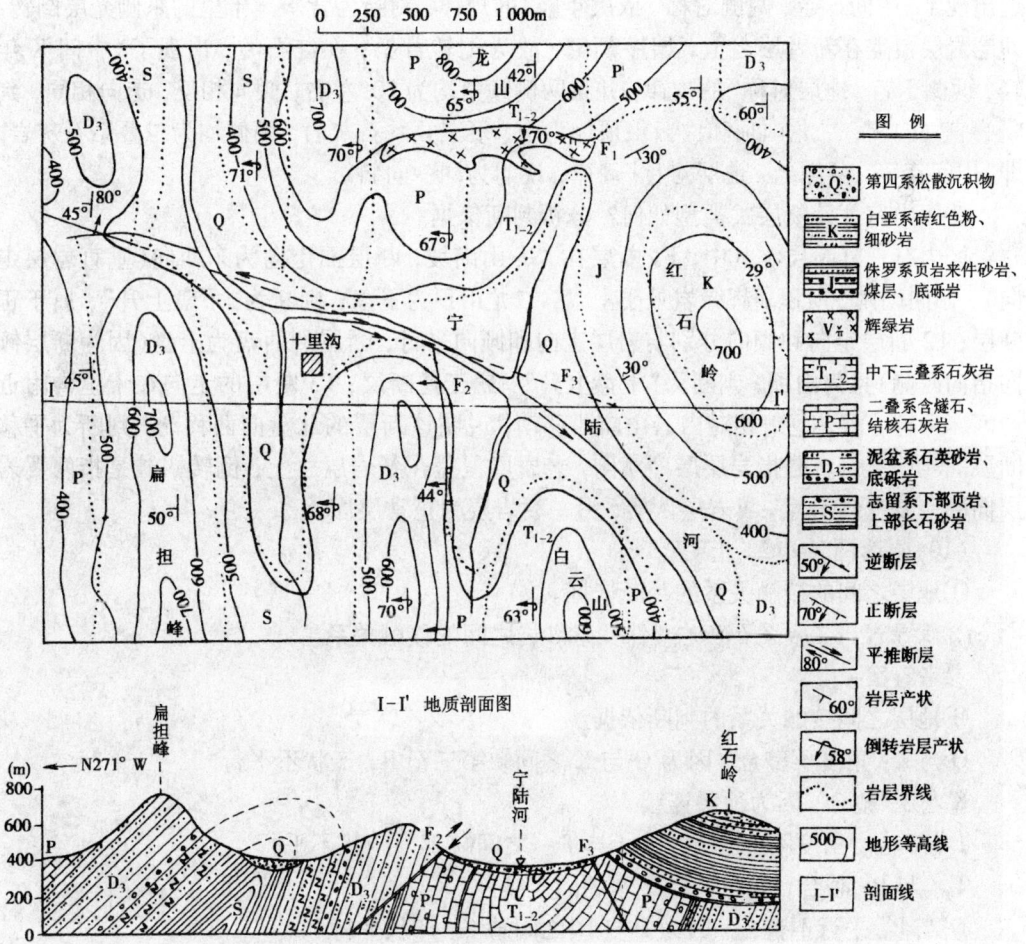

图 3-11　地质平面图和剖面图

①地形情况。

②区内有几处褶皱？类型如何？分析判断依据。

③区内有几处断层？类型如何？分析判断依据。

④地层倒转、倒转褶皱的特征。

参考答案：

①地形情况

本区最低处为宁陆河河谷，高程约 300 m，最高点在二龙山的山顶，高程达到 800 多 m，全区最大相对高差接近 500 m。区内有二龙山（西侧有小山包）、白云山（西侧有小山包）、红石岭、扁担峰（北西侧有小山包）。宁陆河水先从北向南流动，到达十里沟后，折向 SE 流动，从白云山东部山脚向南流动。

②区内有几处褶皱？类型如何？分析判断依据。

图中，虚线为地层分界线。沿着 Ⅰ－Ⅰ 剖面线从西向东出露的地层如下：P－D_3－S－Q（十里沟）－S－D_3－P（沉积物下面）－Q（宁陆河谷）－J－K－J，所以，在十里沟附近出现了"中间 S 老、两侧对称、依次年轻"的规律，判断为背斜。十里的东侧光层倒转，即老岩层覆盖在新者层之上，层序颠倒，故为倒转背斜；在红石岭，出现了"中间 K 年轻、两侧 J 老、地层对称"的规律，并且两侧倾角均为 30°左右，倾向相反，走向相同，判断为直立向斜；二龙山顶和白云山顶均为中、下三叠系石灰岩，两侧均为二叠系石灰岩，即"中间年轻、两侧老、地层对称"规律，说明为同一向斜。

③区内有几处断层？类型如何？分析判断依据。

区内有三处断层。其中，F1 断层在二龙山南坡，断层面走向为东西向（垂直岩层走向），倾向朝南，所以，辉绿岩处于上盘，二龙山顶为下盘，判断为"下盘上升"，属于正断层；F2 断层走向和倾向分别与岩层走向和倾向平行，断层的西盘为上盘（因为断层倾向指向西侧）且为山顶，判断为"上盘上升"，属于逆断层；F3 断层的走向在十里沟附近与河床平行，而二龙山相对白云山向西移动，说明该断层的北盘向西移动，判断为平移断层。④地层倒转是指岩层层序颠倒，老岩层覆盖在新岩层之上；倒转褶皱是指两翼岩层向同一方向倾斜，一翼岩层倒转，另一翼岩层为正常层序。

（10）阅读图 3－12，指明：

①地层之间的接触关系的判断依据。

②辉绿岩与二叠系石灰岩、侏罗系砂岩之间的接触关系。

参考答案：

①地层之间接触关系的判断依据。

Q 与 K：角度不整合，因为 Q 与 K 之间缺第三纪 R，产状不平行。

K 与 J：整合，因为地层连续。

J 与 T_{1-2}：角度不整合，因为 J 与 T_{1-2} 之间缺 T_3，产状不平行。

T_{1-2} 与 P：整合，因为 P 与 T_{1-2} 之间连续。

D_3 与 P：平行不整合，因为 P 与 D_3 之间缺 C、产状平行。

D_3 与 S：平行不整合，因为 S 与 D_3 之间缺 D_1 和 D_2 产状平行。

②辉绿岩与二叠系石灰岩之间的接触关系：侵入接触。

地层单位				代号	层序	柱状图(1:25000)	厚度(m)	地质描述及化石	备注
界	系	统	阶						
新生界	第四系			Q	7		0~30	松散沉积层	
								——角度不整合——	
中生界	白垩系			K	6		111	砖红色粉砂岩、细砂岩，钙质和泥质胶结，较疏松	
								——整合——	
	侏罗系			J	5		370	浅黄色页岩夹砂岩，底部有一层砾岩，靠下部有一层厚达50 m的煤层	
								——角度不整合——	
	三叠系	中下统		T_{1-2}	4		400	浅灰色质纯石灰岩，夹有泥夹岩及鲕状灰岩	
								——整合——	
古生界	二叠系			P	3		520	黑色含燧石结核石灰岩，底部有页岩、砂岩夹层，有珊瑚化石 顺张性断裂辉绿岩呈岩墙侵入，围岩中石灰岩有大理岩化现象	
								——平行不整合——	
	泥盆系	上统		D_3	2		400	底砾岩厚度2m左右，上部为灰白色、致密坚硬石英岩，有古鳞木化石	
								——平行不整合——	
	志留系			S	1		450	下部为黄绿色及紫红色页岩，可见笔石类化石，上部长石砂岩，有王冠虫化石	
审查				校核			制图	描图 日期	图号

图 3 – 12 综合地层柱状图

辉绿岩与侏罗系砂岩之间的接触关系：沉积接触。

8. 作图题

（1）用剖面图表示背斜和向斜。

参考答案：

背斜 向斜

C D S O S D C   O S D C D C S O

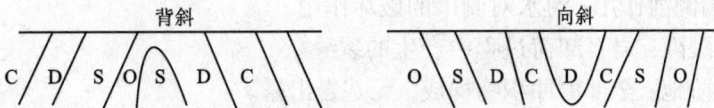

图 3 – 13 背斜和向斜剖面图

（2）用剖面图表示断层造成的地层重复和缺失。

参考答案：

（3）用剖面图画出褶皱地区大坝应该选择的位置。

参考答案：

图 3－14 断层造成的地层重复和缺失

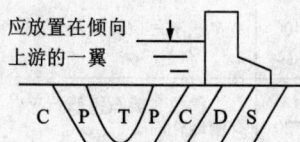

图 3－15 褶皱地区大坝位置选择

3.3 风化及地表流水的地质作用

1. 名词解释

(1)风化作用：物理、化学或生物因素的影响，使岩石破碎崩解的作用。

(2)风化系数：风化岩石的抗压强度与未风化岩石的抗压强度之比。

(3)残积层：全风化层中，部分易溶物质被水流带走以后，残留在原地的物质。

(4)坡积层：由坡面细流的侵蚀、搬运和沉积作用在坡脚或山坡低凹处形成新的沉积层称为坡积层。或者说坡面细流的洗刷作用形成的堆积层。

(5)洪积层：由山洪急流搬运的碎屑物质堆积组成。

(6)冲积层：由河流的沉积作用形成的第四纪堆积物。

(7)基座阶地：岩石上堆积土层形成的阶地。阶地面上为冲积物，阶地崖下部可见到基岩。

(8)河流阶地：沿着谷坡走向呈条带状分布或断断续续分布的阶梯状平台。

(9)河流的侧蚀作用：河水对侧岸的破坏作用。

(10)卸荷裂隙：岩石卸荷过程中产生的裂缝。

(11)堆积阶地：全部由冲积物构成，无基岩出露。

(12)侵蚀阶地：由基岩构成，一般阶地面较窄，没有或零星有冲积物，阶地崖较高。

2. 填空题

(1)从工程地质的角度，一般把风化岩层自上而下分为_____、_____、_____和_____四个带。

(2)按其占优势的营力及岩石变化的性质，风化作用可分为_____、_____和_____。

(3)岩石风化程度可划分为五级，分别是_____、_____、_____、

和_____

(4)河流搬运作用包括_____、_____、_____三种形式。

(5)河流的侵蚀作用可以对河床不断_____和_____。

(6)河流地质作用包括_____、_____和_____。

3. 单项选择题

(1)有些矿物遇水后离解,与水中的 H^+ 和 OH^- 发生化学反应生成新的化合物,这种作用称为( )。

A. 离解作用　　　　　B. 水化作用　　　　　C. 水解作用　　　　　D. 撑裂作用

(2)岩层中的硬石膏经过水化作用形成石膏,属于( )。

A. 物理风化　　　　　B. 化学风化　　　　　C. 生物风化　　　　　D. 物理化学风化

(3)山坡上的积雪急剧消融时产生山洪急流,山洪急流大都在凹形汇水斜坡向下倾泻,具有较大的能量和很大的流速,在流速过积中发生显著的线状冲刷,形成( )。

A. 断层　　　　　　　B. 褶皱　　　　　　　C. 冲沟　　　　　　　D. 以上都不是

(4)构造上台的山区河谷,其阶地类型一般属( )。

A. 侵蚀阶地　　　　　B. 内迭阶地　　　　　C. 上迭阶地　　　　　D. 基座阶地

(5)河流地质作用可以形成( )。

A. 残积层　　　　　　B. 坡积层　　　　　　C. 洪积层　　　　　　D. 冲积层

(6)河流的地质作用不包括下列哪种作用?( )

A. 侵蚀　　　　　　　B. 搬运　　　　　　　C. 堆积　　　　　　　D. 固结成岩

(7)水力梯度的单位是( )。

A. 力的单位　　　　　B. 位移的单位　　　　C. 能量单位　　　　　D. 无单位

4. 多项选择题

(1)岩石风化程度可根据下列哪些变化来判断?( )。

A. 强度　　　　　　　B. 颜色　　　　　　　C. 矿物　　　　　　　D. 破碎程度

(2)以下哪些因素可以引起岩石的物理风化( )

A. 温差　　　　　　　　　　　　　　　　　B. 冰冻

C. 岩石释重　　　　　　　　　　　　　　　D. 可溶岩的结晶与潮解

(3)暂时性流水包括( )。

A. 坡面细流　　　　　B. 山洪急流　　　　　C. 河流　　　　　　　D. 地下暗河

(4)经常被洪水淹没的部分称为( )。

A. 河床　　　　　　　B. 河漫滩　　　　　　C. 河谷　　　　　　　D. 阶地

(5)河流的侵蚀作用,按其作用方式,可分为( )。

A. 溶蚀　　　　　　　B. 机械侵蚀　　　　　C. 下蚀　　　　　　　D. 侧蚀

(6)河流的搬运作用包括( )。

A. 冲刷　　　　　　　B. 浮运　　　　　　　C. 推移　　　　　　　D. 溶运

5. 判断题(对的填"T",错的填"F")

(1)岩石的垂直风化带有时是不规则的,取决于岩性和构造条件。( )

(2)岩石在动植物和微生物影响下所遭受的破坏作用称为化学风化作用。( )

(3)可溶盐溶液在岩石裂隙中结晶时的撑裂作用使岩石破坏属化学风化。　（　　）

(4)可溶盐溶液在岩石裂隙中结晶时的撑裂作用属物理风化。　　　　　（　　）

(5)河流阶地是在地壳的构造运动与河流的侵蚀、堆积作用的综合作用下形成的。

（　　）

(6)引起河流侧蚀作用的主要因素是横向环流，其最终趋势为形成蛇曲。　（　　）

(7)河流阶地的存在是新构造运动的有力证据。　　　　　　　　　　　（　　）

(8)总体说，河流上游以下蚀为主，河谷断面呈 U 形。　　　　　　　 （　　）

6. 简答题

(1)何谓风化作用？影响风化作用的主要因素有哪些？岩石风化程度的判断依据有哪些？

参考答案：岩石一旦裸露在地表，在太阳辐射作用下，其物理化学性质必然会发生变化，岩石的这种物理、化学性质的变化，称为风化；引起岩石这种变化的作用称为风化作用。影响风化作用的主要因素有气候因素、地形因素和地质因素等。岩石风化程度的判断依据有颜色、矿物成分、破碎程度、强度变化等。

(2)阐述风化作用对岩体的不利影响及抗风化作用的措施。

参考答案：风化作用使岩体的强度和稳定性降低。

抗风化作用的措施：岩石的风化程度与风化速度、岩石本身的性质有关，有的岩石如页岩、泥岩等，抗风化能力非常低，工程中常需采取抗风化措施，如基坑开挖后立即进行基础施工、预留开挖深度、砂浆覆盖等，对边坡常采用及时喷浆、护面等。

(3)坡积层、洪积层和冲积层是如何形成的？

参考答案：坡面细流的洗刷作用形成坡积层，山洪急流的冲刷作用形成洪积层，河流的侵蚀、搬运及沉积作用形成冲积层。

(4)试述残积层概念、工程地质性质及其影响因素。

参考答案：地表岩石经过长期风化作用以后，改变了矿物成分、结构和构造，形成和原来岩石性质不同的风化产物，其中除一部分易溶物质被水溶解流失外，大部分物质残留在原地，这种物质称为残积物，这种风化层称为残积层。

工程地质性质：孔隙多，易冲刷，强度和稳定性差。

影响因素：母岩岩性、地形条件、矿物成分、结构、构造。

(5)我国许多河流蜿蜒曲折，素有"九曲回肠"之称，试简要说明其原因。

参考答案：由于河流侧蚀的不断发展，致使河流河湾一个接着一个，并使河湾的曲率越来越大，河流的长度越来越长，结果使河床的比降逐渐减小，流速不断降低，侵蚀能量逐渐削弱，直到常水位时已无能力继续发生侧蚀作用，这时河流呈蛇曲形态。处于蛇曲形态的河湾，彼此之间十分靠近，一旦流量增大，会截弯取直，流入新开拓的局部河道，而残留的原河湾的两端因逐渐淤塞而与原河道隔离，形成牛轭湖。最后，由于承受淤积，致使牛轭湖逐渐成为沼泽，以致消失。

(6)阐述河流侧蚀作用发生的机理及沿河公路、桥梁该如何防止河流的侧蚀作用？

参考答案：使河流产生侧蚀作用的主要因素是横向环流的作用。运动河水进入河湾后，由于离心力作用，表束流以很大冲力冲击凹岸，产生强烈冲刷，使凹岸不断坍塌后退,并将冲刷下来的碎屑物质通过底束流带到凸岸沉积下来,由于横向环流的作用,凹岸不断受到强烈冲刷,凸岸不断堆积,结果河湾曲率不断增大,且由于纵向流的作用,使河床发生平面摆动,久而久之,河床就被侧蚀作用拓宽。对于公路,路基按要求预留一定距离;对于桥梁,桥台按要求预留一定距离。

(7)河谷地貌中敷设公路路线的理想部位在哪里? 说明理由。

参考答案:河流的一、二级阶地。河谷地貌是山岭地区向分水岭两侧的平原作缓慢倾斜的带状谷地,由于河流的长期侵蚀和堆积,成形的河谷一般都有着不同规模的阶地存在,它一方面缓和了山谷坡脚地形的平面曲折和纵向起伏,有利于路线平纵面设计和减少工程量;另一方面又不易遭受山坡变形和洪水淹没的威胁,容易保护路基稳定。所以在通常情况下,阶地是河谷地貌中敷设路线的理想部位。当有几级阶地时,除考虑过岭标高外,一般以利用Ⅰ、Ⅱ级阶地敷设路线为好。

(8)图 3－16 中,Ⅰ、Ⅱ、Ⅲ分别表示三种阶地类型,指出分别属于哪种类型,并指出新老顺序。

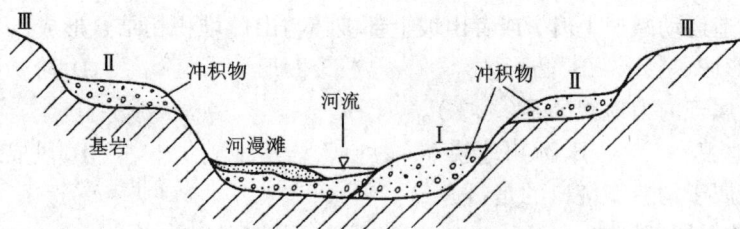

图 3－16　阶地类型与分级

参考答案:Ⅰ为堆积阶地,Ⅱ为基座阶地,Ⅲ为侵蚀阶地。Ⅰ最年轻,Ⅲ最老。

3.4　地貌与第四纪松散沉积物

1. 名词解释

(1)地貌:地貌指由于内外力地质作用的长期进行,在地壳表面形成的各种不同成因、不同类型、不同规模的起伏形态,它不仅包括地表既成形态的全部外部特征,还包括运用地质动力学的观点,分析和研究这些形态的成因和发展。

(2)逆地形:与地质构造形态相反的地形。

(3)侵蚀基准面:河流下蚀作用消失的平面。

(4)顺地形:褶皱形成的初期,往往是背斜形成高地(背斜山),向斜形成凹地(向斜谷),地形顺应地质构造,这种地形称为顺地形。

(5)微坡:坡度小于 15°的山坡。

2. 填空题

(1)内力地貌按其成因可分为_____和_____。

(2)按山坡的纵向坡度,坡度小于_____的为微坡,介于_____之间的为缓坡,介于_____为陡坡,大于_____的为垂直坡。

(3)河谷地貌按其发展阶段可分为_____、_____和_____。

(4)山岭地貌的形态要素是_____、_____和_____。

(5)按成因,平原可分为_____、_____和_____。

(6)第四纪沉积的土,都是过去地质年代的岩石经过_____作用和_____作用破碎形成的岩石碎屑或矿物颗粒。

3. 单项选择题

(1)内力地质作用使地表的上升量大于外力地质作用的剥蚀量,最终将形成(　　)。

A. 山岭地貌　　　　B. 剥蚀平原　　　　C. 堆积平原　　　　D. 低地

(2)最可能形成顺地形山的地质构造是(　　)。

A. 向斜构造　　　　B. 单斜构造　　　　C. 背斜构造　　　　D. 水平构造

(3)新构造运动加速上升,河流强烈下切所形成的坡叫(　　)。

A. 直线形坡　　　　B. 凸形坡　　　　C. 凹形坡　　　　D. 阶梯形坡

(4)新构造运动减速上升,或者山坡上部破坏与山麓堆积相结合形成(　　)。

A. 直线形坡　　　　B. 凸形坡　　　　C. 凹形坡　　　　D. 阶梯形坡

(5)下列属于内力地貌的是(　　)。

A. 构造地貌　　　　B. 冰川地貌　　　　C. 岩溶地貌　　　　D. 风成地貌

(6)下列属于构造型垭口的是(　　)。

A. 单斜软弱层型垭口　　　　　　　B. 剥蚀型垭口

C. 剥蚀堆积型垭口　　　　　　　　D. 堆积型垭口

4. 判断题(对的填"T",错的填"F")

(1)垭口的工程地质性质取决于山岭的岩性、地质构造和外力作用的性质、强度等因素。　　　　　　　　　　　　　　　　　　　　　　　　　　　　(　　)

(2)坡度小于15°的山坡称之为缓坡。　　　　　　　　　　　　　　(　　)

(3)内力地质作用使地壳的下降量小于外力地质作用的堆积量时,将形成低地。

(　　)

(4)单面山一定由单斜构造的岩层构成。　　　　　　　　　　　　(　　)

(5)内力作用使地表的上升量小于外力作用的剥蚀量,最终将形成山岭地貌。

(　　)

(6)对肥而大的垭口,宜采用浅挖低填的方案布线,过岭标高基本上是垭口标高。

(　　)

(7)促使地貌形成和发展的动力分为内力和外力,而外力作用起着决定的作用。

(　　)

(8)云贵属于高原,成都属于低平原,而东北、华北、长江中下游平原属于高平原地貌。　　　　　　　　　　　　　　　　　　　　　　　　　　　　　(　　)

5. 简答题

(1)地形和地貌有何区别?

参考答案：地形指地表既成形态的某些外部特征。地貌是内、外力地质作用的长期进行，在地壳表层形成的不同成因、不同类型、不同规模的起伏形态，不仅包括地表既成形态的全部外部特征，而且还包括运用地质动力学的观点来分析、研究这些形态的成因和发展。

（2）地貌形成和发展变化的影响因素包括哪些？

参考答案：①内、外力作用之间的量的对比；②地貌水准面；③地质构造、岩性、气候条件等。

（3）第四纪松散沉积物有什么共同特点？主要有哪些类型？

参考答案：第四纪时期，由于新构造运动强烈，海平面和气候变化频繁，所以第四纪时期的沉积环境极其复杂，成岩作用也很不充分，常常形成松散、多孔、软弱的土层覆盖在前第四纪坚硬岩层之上。这些沉积物主要有残积物、坡积物、洪积物、冲积物、湖泊沉积物、海洋沉积物、冰碛与冰水沉积物等。

（4）何谓河漫滩的二元相结构？

参考答案：所谓河漫滩的二元相结构，指的是在河漫滩的形成过程中，其下部通常堆积河床相的砂砾石层，而上部通常覆盖一层粉砂、黏土等河漫滩相的物质，这种河漫滩的二元相结构通常是河床侧向移动的结果。

（5）河流阶地是如何形成的？

参考答案：河流阶地是在地壳的构造运动及河流的侵蚀、搬运、沉积作用的综合作用下形成的。河漫滩河谷→地壳上升或侵蚀基准面下降→原来的河床或河漫滩受到下切→没有下切的部分就高出于洪水位以上→形成阶地。河流再在新的水平面上开辟谷地。

3.5　地下水的地质作用

1. 名词解释

（1）结晶性侵蚀：硫酸根离子与混凝土中某些成分发生反应，体积膨胀。

（2）地下水：埋藏和运动于地表以下的水。

（3）潜水：埋藏在地面以下第一个稳定隔水层之上、具有自由水面的重力水。

（4）承压水：是指充满于两个连续、稳定的隔水层之间的重力水。

（5）等水压线：将某一承压含水层承压水位相等的各点连线，即得等水压线。

（6）泉：地下水在地表的天然集中出露。

（7）等水位线：将某一潜水含水层潜水位相等的各点连线，即得等水位线。

2. 填空题

（1）根据埋藏条件，可将地下水分为_____、_____和_____三类。

（2）地下水的运动有_____、_____和_____三种形式。

（3）潜水的流向是从_____流向_____，承压水的流向是从_____流向_____。

（4）承压水的流动方向取决于_____，潜水的流向取决于_____。

（5）根据埋藏情况，可将裂隙水划分为_____、_____和_____三种。

(6)根据泉水的出露原因，可以分为＿＿＿＿、＿＿＿＿和＿＿＿＿。

(7)潜水形成的泉叫＿＿＿＿泉，承压水形成的泉叫＿＿＿＿泉。

3.单项选择题

(1)矿化度为(　　)的水称为盐水。

A. 3～10　　　　　B. 10～50　　　　　C. >50　　　　　D. 1～3

(2)水的总硬度与(　　)含量有关。

A. Ca^{2+}　　　　　B. OH^+　　　　　C. H^+　　　　　D. Cl^-

(3)上层滞水位于(　　)。

A. 包气带内　　　　　　　　　　B. 潜水带内

C. 承压水带内　　　　　　　　　D. 区域性饱和水带内

(4)埋藏承压水的向斜构造，称(　　)。

A. 自流斜地　　　B. 自流盆地　　　C. 向斜盘地　　　D. 向斜斜地

(5)(　　)不具有自由表面。

A. 包气带水　　　B. 潜水　　　C. 承压水　　　D. 上层滞水

(6)承压水位于(　　)。

A. 包气带内　　　B. 潜水带内　　　C. 承压水带内　　　D. 区域性饱和水带内

(7)(　　)属于地下水的化学性质。

A. 颜色　　　B. 侵蚀性　　　C. 导电性　　　D. 味道

(8)卤水的矿化度为(　　)g/L。

A. <3　　　　　B. 3～10　　　　　C. 10～50　　　　　D. >50

4.判断题(对的填"T"，错的填"F")

(1)地下水中的 SO_4^{2-} 与混凝土中某些成分作用，形成结晶性侵蚀。 (　　)

(2)潜水总是由高水位向低水位流动。 (　　)

(3)地下水具有自由表面。 (　　)

(4)潜水总是由高地势向低地势流动。 (　　)

(5)地下水按埋藏条件可分为孔隙水、裂隙水及岩溶水三种。 (　　)

(6)承压水的分布区和补给区是不一致的，一般补给区远大于分布区。 (　　)

(7)上升泉一般由上层滞水补给。 (　　)

5.简答题

(1)按照埋藏条件，地下水可以分为哪几种类型？

参考答案：按照埋藏条件，地下水可以分为上层滞水、潜水和承压水等三种类型。

(2)什么是潜水的等水位线图？如何根据等水位线确定水流方向和水力梯度？

参考答案：潜水面的形状可用等高线图表示，即为潜水等水位线图。潜水由高水位流向低水位，所以，垂直于等水位线的直线方向，即是潜水的流向(通常用箭头方向表示)。在潜水的流向上，相邻两等水位线的高程与水流经过的轨迹长度之比值，即为该距离段内潜水的水力梯度。

（3）试说明山区和平原地区，潜水的矿化度是否一样。为什么？

参考答案：不一样。

山区和平原地区潜水的排泄方式不一样。山区潜水主要是水平排泄，由于水平排泄可使溶解于水中的盐分随水一起带走，不易引起地下水矿化度的显著变化，所以山区潜水的矿化度一般较低；而平原地区潜水主要是垂直排泄，垂直排泄时，只有水分蒸发，并不排泄水中的盐分，结果导致水量消耗，潜水矿化度升高。

（4）简述承压水的定义及特征。根据等水压线图可以确定哪些承压含水层的重要指标？地下水富集区的形成必须具备哪些条件？

参考答案：充满在两个连续隔水层之间具有承压性质的地下水叫承压水。特点是：补给区与排泄区、承压区不一致，水位、水量稳定，受气候影响小，水质不容易受污染。根据等水压线图可以确定承压水位距地表的深度、承压水头的大小和流向。地下水富集区的形成必须有较多的储藏水的空间、有充足的补给水源、有良好的汇水条件。

（5）地下水可能引起的工程地质问题

参考答案：冻胀、冻融、地面沉降、地面塌陷、渗流变形、造成滑坡、腐蚀各种建筑材料等。

（6）试述岩溶水的基本特征和规律

参考答案：①含水层系统独立完整；②岩溶水空间分布极不均匀；③岩溶管道和暗河中水流迅速，运动规律与地表河流相似；④水量在时间上变化大，受气候影响明显；⑤水的矿化度低，但易污染。

6. 计算题

（1）已知某点承压水地形标高为 130 m，承压水位为 128 m，隔水顶板高程为 120 m。求：该点的承压水的埋深；承压水位距离地表的深度；承压水头的大小，并说明是正水头还是负水头。

参考答案：承压水的埋深为 10 m，承压水位距地表的深度为 2 m，水头为 8 m，为负水头。

（2）从某地区的承压水等水压线图知道，A 点的地面高程为 95 m，承压水位为 92.5 m，含水层顶板高程为 84 m；B 点的地面高程为 87.5 m，承压水位为 91 m，含水层顶板高程为 82.5 m。试计算：

①A、B 两点承压水位距地表的深度。

②A、B 两点压力水头的大小，并分别说明是正水头还是负水头。

③A、B 两点承压水的流向与等水压线的关系如何？

④在隔水顶板处开挖基坑，是否挖得越深越好？

参考答案：

①A 点承压水位距地表的深度：95 - 92.5 = 2.5 m。

B 点承压水位距地表的深度：91 - 87.5 = 3.5 m。

②A 点承压水头的大小：92.5 - 84 = 8.5 m。负水头。

B 点承压水头的大小：91 - 82.5 = 8.5 m。正水头。

③垂直等水压线从高到低流动。

④不是，应防止基坑突涌。

（3）已知某点地形标高为 120 m，承压水位为 118 m，隔水顶板高程为 110 m。求：该点的承压水的埋深；承压水位距离地表的深度；承压水头的大小，并说明是正水头还是负水头。

参考答案：承压水的埋深为 10 m，承压水位距地表的深度为 2 m，承压水头为 8 m，为负水头。

（4）图 3–17 中，数值单位为 m，试计算 A、B 两点：

①承压水位距地表的深度 D_A、D_B。

②承压水头的大小 H_A、H_B，判断是正水头还是负水头。

③在 A、B 两点画出流向。

④分析承压水的概念和保护措施。

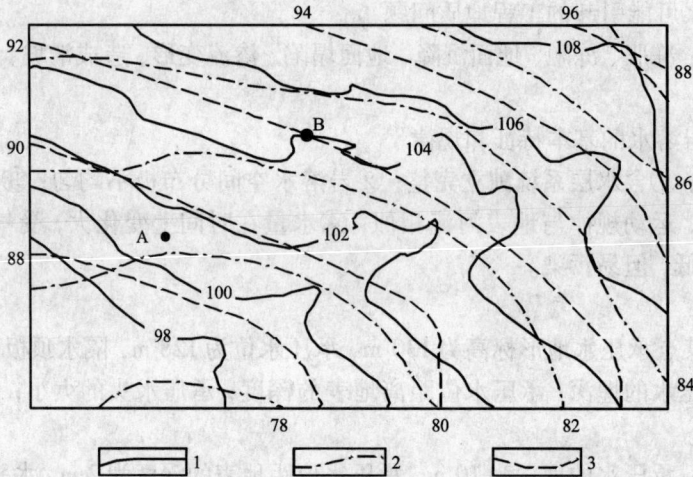

图 3–17　承压水等水压线图
1—地形等高线；2—含水层顶板等高线；3—等水压线

参考答案：

从该图读得：A 点处，地面高程约为 101 m（夹在 100 m 和 102 m 两条等高线之间），承压水位约为 89 m（夹在 88 m 和 90 m 两条等水压线之间），含水层顶板高程约为 80.5 m（夹在 80 m 和 82 m 两条含水层顶板等高线之间）；B 点处，地面高程约为 104 m（在 104 m 等高线上），承压水位约为 92 m（在 92 m 等水压线上），含水层顶板高程约为 83 m（夹在 82 m 和 84 m 两条含水层顶板等高线之间）。根据相关概念可以计算。

①承压水位距地表的深度 D_A = 地面高程 – 承压水位 = 101 – 89 = 12 m；D_B = 地面高程 – 承压水位 = 104 – 92 = 12 m。

②承压水头的大小 H_A = 承压水位 – 含水层顶板高程 = 89 – 80.5 = 8.5 m，负水头，因为水不喷出；H_B = 承压水位 – 含水层顶板高程 = 92 – 83 = 9 m，负水头，因为水不喷出。

③在 A、B 两点画出流向为：通过 A、B 两点且垂直于切线，由高水位指向低水位。

④承压水的概念：埋藏、充满和运动于两个连续隔水层之间的重力水。

保护措施："三废"不排入含水层。

(5)已知某点承压水地形标高为 100 m，承压水位为 102 m，隔水顶板高程为 98 m。求：该点的承压水的埋深；承压水位距离地表的深度；承压水头的大小，是正水头还是负水头。

参考答案：承压水的埋深为 2 m，承压水位距地表的深度为 2 m，水头为 4 m，为正水头。

(6)已知某点地形标高为 98 m，承压水位为 100 m，隔水顶板高程为 90 m。求：该点的承压水的埋深；承压水头的大小，并说明是正水头还是负水头。

参考答案：埋深 8 m，水头 10 m，为正水头。

(7)图 3-18 为某等水压线图，数值单位为 m，试计算 A-A′剖面线上钻孔(用圆圈表示)和自流井(用黑圆点表示)两处：

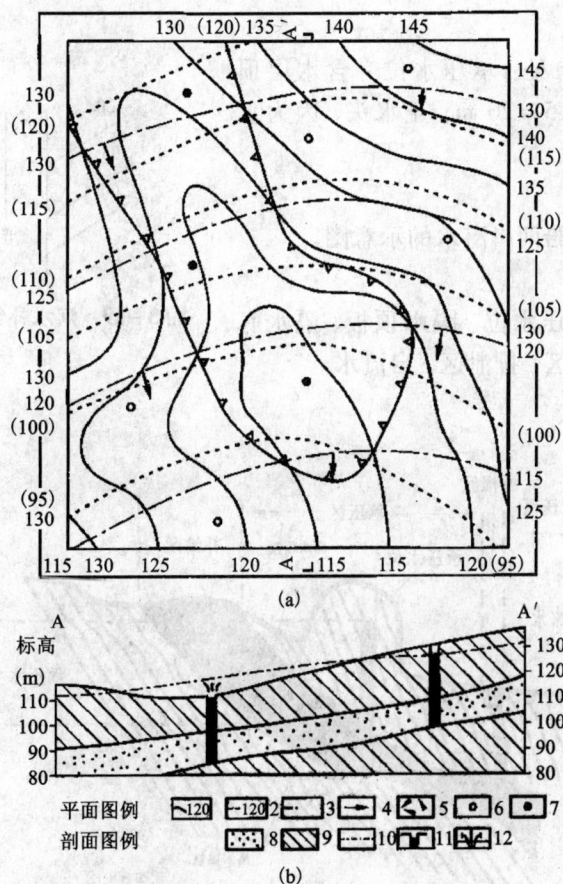

图 3-18 等水压线图与剖面图

(a)等水压线图；(b)A-A′剖面图

①承压水位距地表的深度；

③承压水头的大小，判断是正水头还是负水头。

参考答案：

从该图读得：钻孔（圆圈）处，地面高程约为 132.5 m（夹在 130 m 和 135 m 两条等高线之间），承压水位约为 127.5 m（夹在 130 m 和 125 m 两条等水压线之间），含水层顶板高程约为 112.5 m（夹在 110 m 和 115 m 两条含水层顶板等高线之间）；自流井（黑圆点）处，地面高程约为 110 m（在 115 m 等高线内，是一个洼地），承压水位约为 117.5 m（夹在 120 m 和 115 m 两条等水压线之间），含水层顶板高程约为 97.5 m（夹在 100 m 和 95 m 两条含水层顶板等高线之间）。根据相关概念可以计算。

①承压水位距地表的深度

钻孔（圆圈）处：地面高程 – 承压水位 = 132.5 – 127.5 = 5 m；

自流井（黑圆点）处：地面高程 – 承压水位 = 110 – 117.5 = – 7.5 m；

②承压水头的大小

钻孔（圆圈）处：承压水位 – 含水层顶板高程 = 127.5 – 112.5 = 15 m；负水头，因为水不喷出。

自流井（黑圆点）处：承压水位 – 含水层顶板高程 = 117.5 – 97.5 = 20 m；正水头，因为水喷出。

7. 作图题

（1）画出河水补给两岸潜水的示意图。

参考答案：

（2）画图表示承压水位、隔水顶板、隔水底板、承压水头、补给区、排泄区、自流水。

参考答案：

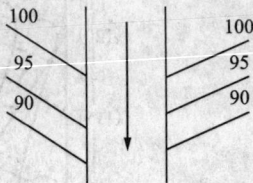

图 3 – 19　河水补给两岸潜水示意图

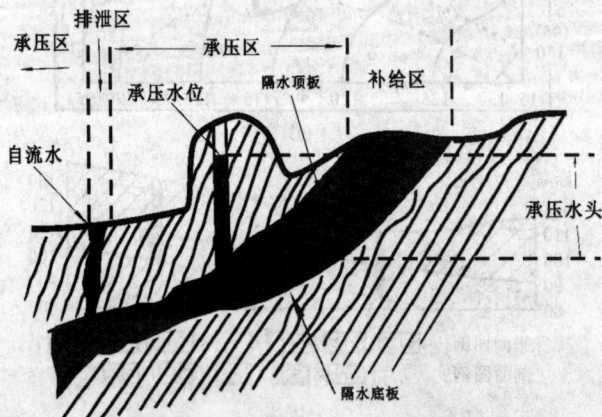

图 3 – 20　承压水的相关概念示意图

3.6　岩体结构与稳定性分析

1. 名词解释

(1)岩体结构：结构面和结构体的组合特征。

(2)结构体：指岩体中被结构面切割围限的岩石块体。它不同于岩块的概念。

(3)结构面：指地质历史发展过程中，在岩体内形成的具有一定的延伸方向和长度，厚度相对较小的地质界面或带。

(4)岩块：指不含显著结构面的岩石块体，是构成岩体的最小岩石单元体。

(5)岩体：是指地质历史过程中形成的，由岩块和结构面网络组成的，具有一定的结构并赋存于一定的天然应力状态和地下水等地质环境中的地质体。

2. 填空题

(1)断层面的层理属于_____结构面，沉积岩的层理属于_____结构面。

(2)结构面倾角越缓，则其赤平投影弧越靠近____，倾角为90°时投影为____，倾向的投影弧在倾向的____方向。

(3)结构面按成因分为_____、_____和_____。

3. 单项选择题

(1)下列各种地质界面，属于次生结构面的是(　　　)。

A. 岩层层面　　　　　B. 裂隙面　　　　　C. 断层面　　　　　D. 泥化夹层

(2)在赤平投影中，倾角的大小是用(　　　)来表示。

A. 线段长度　　　　　B. 矢量线段　　　　C. 夹角　　　　　D. 圆弧

4. 判断题(对的填"T"，错的填"F")

(1)岩石即单一岩块。　　　　　　　　　　　　　　　　　　　　　　(　　　)

(2)岩体结构包括结构面和结构体两个要素的组合特征。　　　　　　　(　　　)

(3)岩体结构包括结构面和结构体两个要素的组合特征，在岩体的变形和破坏中起主导作用。　　　　　　　　　　　　　　　　　　　　　　　　　　　　(　　　)

(4)赤平投影的吴氏网中，每一条经线大圆弧都是一个通过球心的南北走向、向东或向西倾斜的平面的投影。　　　　　　　　　　　　　　　　　　　　　(　　　)

(5)边坡倾向与岩层倾向相反时，边坡不稳定。　　　　　　　　　　　(　　　)

(6)边坡倾向与岩层倾向相同时，边坡不稳定。　　　　　　　　　　　(　　　)

(7)边坡倾向与岩层倾向相同时，边坡最稳定。　　　　　　　　　　　(　　　)

5. 问答题

(1)结构面特征指什么？

参考答案：结构面的特征是指结构面的规模、形态、物质组成、密集程度、延展性、张开度和胶结充填特征。

(2)在向斜山坡开挖边坡是否可行？为什么？

参考答案：可以。因为岩层倾向与坡向相反。

(3)简述岩体结构的定义及其类型。

参考答案：岩体结构是结构面和结构体的组合特征。类型有：①整体块状结构；②层状结构；③碎裂结构；④散体结构。

（4）什么是泥化夹层？标志和特点是什么？

参考答案：软弱夹层已经泥化的称为泥化夹层。标志是：天然含水量大于或等于塑限。特点是：结构松散、密度小、含水量大、黏粒含量高、强度低、变形大。

（5）泥化夹层的形成必须具备哪些条件？为什么？

参考答案：泥化夹层的形成必须具备以下三个条件：①物质条件，母岩中必须含有大量的黏土矿物；②构造条件，是原来的岩石的完整性受到破坏，为渗漏提供通道，同时使矿物颗粒的联结力受到破坏；③地下水的作用，水在黏粒周围形成结合水膜，使颗粒进一步分散。含水量增加，使岩石处于塑态，甚至接近流态，即产生了泥化。

（6）影响边坡稳定的因素有哪些？

参考答案：影响边坡不稳定的因素有：

①地形地貌条件：高陡边坡不稳定。

②地层岩性条件：有节理、层理发育的岩体，或性质软的岩石，第四纪松散堆积物都可能影响边坡稳定性。

③地质构造与结构体的影响：主要是结构面的影响。

④地下水的作用：软化或溶蚀岩石，产生水压力，增加岩体重量，冻胀作用，产生浮托力。

⑤其他因素：风化、水流冲刷、人工开挖、震动等。

6. 作图与读图题

（1）已知一边坡的产状为：走向120°，倾向30°，倾角60°。在其中发育有一条断层，产状为：走向300°，倾向210°，倾角30°，岩层产状为：走向150°，倾向60°，倾角40°。试用赤平投影方法分析该边坡是否会发生滑坡。

参考答案：利用教材上吴尔福网作图。结果表明，边坡为较不稳定边坡。因为两结构面交线在两边坡投影弧之间。滑动方向为交线方向。

（2）指出图3-21中结构面的产状，分析图（b）中人工边坡CS的稳定性。

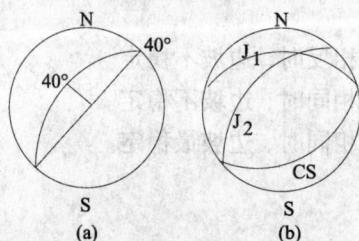

图3-21　结构面与人工边坡

参考答案：

图（a）中结构面的产状为：走向40°，倾向130°（南东），倾角40°。

图(b)中边坡是稳定的,因为两结构面投影的交点位于两边坡投影弧的对侧。

(3)指出图 3 – 22 中结构面的产状,分析图(b)中人工边坡 CS 的稳定性。

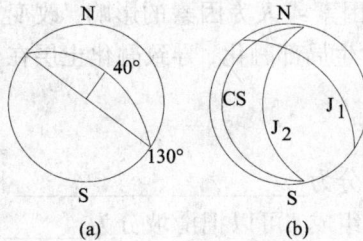

图 3 – 22　结构面与人工边坡相互关系

参考答案:

图(a)中结构面的产状为:走向 130°,倾向南西,倾角 40°。

图(b)中边坡为较稳定结构。因为两结构面交线落在两边坡投影弧的内侧,说明组合交线较边坡陡峻。

(4)图 3 – 23 中,如果平面 ADK 表示结构面,与直线 DK 所在的边坡走向斜交,从岩体结构的观点来看,若边坡的稳定性发生破坏,必须同时具备哪两个条件?

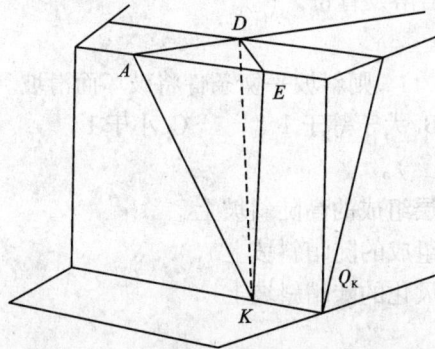

图 3 – 23　边坡的稳定性发生破坏示意图

参考答案:

第一,ADK 为滑动面;第二,切割面 DEK 直立且垂直于结构面。

3.7　常见不良地质现象

1. 名词解释

(1)岩溶:石灰岩等可溶性岩层,由于流水的长期化学作用和机械作用,以及由这些作用所产生的特殊地貌形态和水文地质现象等。

(2)岩堆:由碎落、崩塌和落石在山坡的低凹处或坡脚形成的疏散堆积体。

(3)滑坡:斜坡大量土体和岩体在重力作用下,沿一定的滑动面(或带)整体向下滑动的现象。

(4)泥石流：一种突然爆发的含有大量泥沙、石块的特殊洪流。

(5)崩塌：在陡峻的斜坡上，巨大岩块在重力作用下突然而猛烈地向下倾倒、翻滚、崩落。

(6)热融沉陷：由于自然因素或人为因素的影响，改变了地面的温度状况，引起融化深度加大，使多年冻土层发生局部融化，导致融化土层在土体自重和外压力作用下产生沉陷。

2. 填空题

(1)岩堆按其稳定程度可分为_____、_____和_____三种。

(2)按滑坡体的主要物质组成，可以把滑坡分为_____、_____、_____和_____四个类型。

(3)按力学性质分，滑坡可以分为_____滑坡和_____滑坡。

(4)风沙对公路的危害，主要表现为_____与_____，其中又以_____为主。

(5)标准泥石流具有明显的_____、_____和_____三个区段。

(6)岩溶发育必须具备四个条件，分别是_____、_____、_____和_____。

(7)地下水位以上发育的岩溶带属于_____带，地下水位以下发育的岩溶形态属于_____带和深部岩溶发育带。

3. 单项选择题

(1)若稳定系数 K(　　)，则斜坡平衡条件将破坏而滑坡。
A. 大于 1　　　B. 大于等于 1　　　C. 小于 1　　　D. 小于等于 1

(2)崩塌常发生在(　　)。
A. 由均质软弱的黏土层组成的高陡斜坡上
B. 由坚硬性脆的岩石组成的陡峭斜坡上
C. 由软硬互层遭差异风化的陡峭斜坡上
D. 以上情况均有可能

(3)崩塌的防治措施包括(　　)。
A. 坡面加固　　　B. 危岩支顶　　　C. 深挖坡脚　　　D. A 和 B 正确

(4)滑坡的形成条件是(　　)。
A. $K=0$　　　B. $0<K<1$　　　C. $K=1$　　　D. $K>1$

(5)我国的(　　)地区，岩溶现象最为普遍。
A. 沿海　　　B. 西北　　　C. 西南　　　D. 中南

(6)喀斯特是(　　)的产物。
A. 重力作用　　　B. 风化作用　　　C. 溶蚀作用　　　D. 冰劈作用

(7)岩溶是(　　)的产物。
A. 风化作用　　　B. 搬运作用　　　C. 溶蚀作用　　　D. 剥蚀作用

(8)下列岩石中，最易于形成岩溶现象的是(　　)。
A. 石英岩　　　B. 石灰岩　　　C. 花岗岩　　　D. 白云岩

(9)岩溶是( )的产物。

A. 重力作用　　　　B. 风化作用　　　　C. 溶蚀作用　　　　D. 冰劈作用

(10)我国多年冻土的厚度可达( )。

A. 1 ~ 2 m　　　　B. 10 ~ 20 m　　　　C. 100 ~ 200 m　　　　D. 以上都不对

4. 多项选择题

(1)我国高纬度多年冻土区,包括( )。

A. 青藏高原　　　　B. 兴安岭　　　　C. 阿尔泰山　　　　D. 喜马拉雅

(2)软弱夹层的主要特性有( )。

A. 含水量高　　　　B. 强度低　　　　C. 压缩性高　　　　D. 特有的软弱性

(3)滑坡的防治措施包括( )。

A. 排水　　　　　　　　　　　　　　B. 砌挡土墙

C. 改善滑动面(带)的土石性　　　　D. 开挖坡脚

(4)与公路工程有密切关系的岩溶形态包括( )。

A. 漏斗　　　　B. 溶蚀洼地　　　　C. 竖井　　　　D. 溶洞

(5)易于形成岩溶现象的可溶性岩石包括( )。

A. 石英岩　　　　B. 石灰岩　　　　C. 花岗岩　　　　D. 白云岩

(6)我国的( )地区,岩溶现象比较普遍。

A. 沿海　　　　B. 西南　　　　C. 华北　　　　D. 中南

(7)崩塌是( )的产物。

A. 重力作用　　　　B. 风化作用　　　　C. 溶蚀作用　　　　D. 冰劈作用

5. 判断题(对的填"T",错的填"F")

(1)岩堆大多为长久堆积,不容易发生局部或整体的移动。　　　　　　( )

(2)在选线时,对正在发展的岩堆,以绕避为宜。　　　　　　　　　　( )

(3)滑坡体的稳定安全系数 K 为滑动面上的总抗滑力与岩土体重力所产生的总下滑力之比。　　　　　　　　　　　　　　　　　　　　　　　　　　　　　　( )

(4)当滑动面 $c = 0$ 时,岩体边坡在自重作用下的稳定性系数 K 由 φ、α 确定。　　　　　　　　　　　　　　　　　　　　　　　　　　　　　　　　　　( )

(5)岩溶的发育一般随深度的增加而减弱。　　　　　　　　　　　　　( )

(6)泥石流流域,一般可分补给、流通和排泄三个动态区。　　　　　　( )

(7)泥石流的发育具有连续性,没有一定的间歇期。　　　　　　　　　( )

(8)青藏高原多年冻土区是我国最大的多年冻土区,在世界上也是独一无二的。　　　　　　　　　　　　　　　　　　　　　　　　　　　　　　　　( )

6. 简答题

(1)岩堆的处理原则是什么?

参考答案:岩堆的处理原则是:①选线时,对正在发育的岩堆以绕避为宜或选择基底条件较好部位通过,以便设置防护物;对趋于稳定的岩堆,可在其下部以路堤方式通过,不用或尽量少用路堑形式通过;对稳定的岩堆,以低路堤或浅路堑通过,不宜采用半填半挖断面,或在岩堆下方大量开挖;②线路以路堤方式通过时,应注意路堤位置的选择及其基底处理；③线路以路堑方式通过时，应注意边坡的稳定性问题；④做好调治地表水和排除地下水的工作；⑤公路通过岩堆时，采用挡土墙以稳定路基，但需注意挡土墙和岩堆的整体稳定性问题。

（2）简述崩塌的形成条件。

参考答案：

①地形条件：高陡边坡；

②岩性条件：坚硬的岩石、软硬相间的岩石由于风化的差异也容易崩塌；

③构造条件：要有结构面切割，完整的岩体不容易发生崩塌；

④其他自然条件：岩石的强烈风化，裂隙水的冻融，植物根系的楔入，人类不合理的开挖等都可导致崩塌。大规模的崩塌都发生在暴雨、久雨或强震之后。

（3）简述影响滑坡的因素。

参考答案：影响滑坡的因素有岩性、构造、水、风化作用、降雨、人类不合理的切坡或坡顶加载、地表水对坡脚的冲刷以及地震等。

（4）什么是滑坡？野外识别和防治措施有哪些？

参考答案：斜坡上大量岩土体在重力的作用下，沿着一定的滑动面整体向下滑动的现象，称为滑坡。

野外识别：①地形地物标志。如圈椅状地形、双沟同源、醉汉林和马刀树等。②地层构造标志。滑坡范围内的地层整体性常因滑动而破坏，有扰乱松动现象；层位不连续；岩层产状发生明显的变化；构造不连续等。③水文地质标志。如潜水位不规则、无一定流向，斜坡下部有成排泉水溢出等。

防治措施：①排水（地表排水和地下排水）。②力学平衡法（如在滑坡体下部修筑挡土墙、抗滑片石垛、抗滑桩等）。③改善滑动面的土（石）性质（如焙烧、电渗排水、压浆及化学加固等）。

（5）简述滑坡的防治原则及方法。

参考答案：

①防治原则

A. 大型滑坡在经济合理的情况下，绕避为宜。整治大型滑坡经常是多种方案同时进行，并应根据效果随时调整。

B. 中型或小型连续滑坡应注意调整路线平面位置。

C. 路线通过滑坡地区，要掌握详细的情况。对发展中的滑坡要整治、古滑坡要防止复活、可能发生滑坡的地段要防止其发生和发展。对变形严重、移动速度快、危害大的滑坡或崩塌性滑坡要采取立即见效的措施。

D. 治坡先治水，做好排水工作。再针对滑坡形成的主要因素采取相应的措施。

②防治措施

A. 排水。包括地表排水和地下排水。

B. 力学平衡法（如在滑坡体下部修筑挡土墙、抗滑片石垛、抗滑桩等）。

C. 改变滑动面（带）的土石性质。如焙烧、电渗排水、压浆及化学加固等。

（6）何谓岩溶？岩溶作用的发生须具有哪些基本条件？其在垂直方向的分布规律是

什么?

参考答案:凡是以地下水为主、地表水为辅,以化学过程为主、机械过程为辅的对可溶性岩石的破坏和改造作用都叫岩溶作用,岩溶作用及其所产生的水文现象和地貌现象统称岩溶。

岩石的可溶性、透水性、水的溶蚀性、流动性,是岩溶发生的基本条件。

垂直方向的分布规律:岩溶的发育一般随深度的增加而减弱。大致分为四个带:①垂直循环带(充气带),主要形成竖向的岩溶形态,如漏斗、落水洞和竖井等;②水平循环带(饱水带),地下岩溶形态主要发育地带,广泛发育水平溶洞、地下河、地下湖及其他大型水平延伸的岩溶形态;③过渡循环带(季节变动带),竖直方向和水平方向的岩溶形态均有,但由于岩层裂隙随深度的增加而逐渐减少,此带以水平岩溶形态为主;④深部循环带(滞流带),此带地下水运动很缓慢,岩溶作用微弱。

(7)泥石流形成的基本条件是什么?

参考答案:泥石流的形成和发展与流域的地质、地形和水文气象条件有密切关系,同时也受人类活动的影响。①地质条件:凡是泥石流发育的地方,都是岩性较弱,风化强烈,地质构造复杂,褶皱、断裂发育,新构造运动强烈,地震频繁的地区;②地形条件:泥石流流域的地形特征,是山高谷深,地形陡峻,沟床纵坡大;③水文气象条件:水既是泥石流的组成部分之一,也是泥石流活动的基本动力和触发条件;④人类活动的影响:良好的植被可减弱剥蚀的过程,延缓径流汇集,防止冲刷,保护坡面。相反,乱砍滥伐、矿山剥土、工程废渣处理不当等,都可能导致泥石流的发生。

(8)简述泥石流的发育特点及基本防治措施。

参考答案:

发育特点:①周期性;②区域性。

防治措施:①水土保持;②跨越;③排导;④滞流与拦截。

(9)试述泥石流的形成条件及其发育特点。

参考答案:

①泥石流的形成条件:地质条件、地形条件、水文气象条件和人类活动的影响。

②泥石流发育具有周期性和区域性的特点。

(10)滑坡的野外识别标志主要有哪些?

参考答案:

①地形地物标志:滑坡壁、滑坡洼地、双沟同源、滑坡台阶、滑动鼓丘、滑坡舌、马刀树和醉汉林等。

②地层构造标志:地层整体性受破坏,有扰乱松动现象;地层不连续或缺失或重复或层位高低有升降变化;岩层产状发生明显变化;构造不连续。

③水文地质标志:水文地质条件变得很复杂,潜水位不规则、无一定流向,斜坡下部有成排泉水溢出等无一定规律可循。

3.8　工程地质勘察

1. 填空题

(1)标准贯入实验的仪器设备，主要由_____、_____和_____三部分组成。

(2)挖探一般可以分为_____与_____两种。

(3)褶皱地区，大坝坝址应该避开褶皱的_____，而选择在_____。

(4)岩溶地区兴建水库特别应该注意_____问题。

(5)动力法测得的弹性模量叫_____，静力法测得的弹性模量叫_____。

(6)砂岩属于_____岩，大理岩属于_____岩。

(7)表层蠕动是从_____部位开始变形，深层蠕动是从_____部位开始变形。

(8)蠕变是_____保持一定时，_____随时间而逐渐增长的现象。

2. 判断题(对的填"T"，错的填"F")

(1)土是由碎散矿物颗粒组成的，不是连续体。　　　　　　　　　　　　(　　)

(2)岩土物理性质的差异性是地球物理勘探的基础。　　　　　　　　　　(　　)

3. 简答题

(1)何谓现场原位测试？现场测试的方法主要有哪些？

参考答案：现场原位测试是指在岩土层原来所处的位置，基本保持天然结构、天然含水量以及天然应力状态下，进行岩土的工程力学性质指标的测定。

现场测试的方法：静力载荷试验、触探试验、剪切试验和地基土动力特性实验等。

(2)遇到大型的断层，应该如何选择坝轴线？

参考答案：应该避免断层在坝基底下通过，而将断层放在远离大坝的下游地区。

(3)重力坝和拱坝对坝基和坝肩的要求分别有何不同？

参考答案：重力坝对坝基要求高，要求坝基有足够的承载力。拱坝对坝肩要求高，要求两岸山体严格对称，两端拱端推力相等。

(4)地下洞室开挖以后围岩应力重新分布有何特征？

参考答案：地下洞室开挖以后围岩中应力分布特征是，径向应力减小至洞壁处为零，切向应力集中，当 $\lambda = 1$ 时，洞壁处的切向应力约为初始应力的 2 倍左右。应力重分布的范围一般为洞径 3 倍左右。

(5)影响坝区渗漏的地质条件有哪些？

参考答案：①松散岩层地区：渗漏主要是通过砂砾石层发生的。②裂隙岩层地区：渗漏主要是通过岩层的各种结构面发生。③可溶岩地区：渗漏通过各种渗漏通道发生。

(6)坝基岩体稳定性降低的因素有哪些？

参考答案：坝基稳定性降低的因素有：①渗透水流对坝基稳定的影响，产生渗透压力，发生渗透变形。②坝下游河床的冲刷：大坝下游存在的大的断层破碎带、缓倾结构面、节理密集带都可能因为冲刷形成冲刷坑、提供临空面。

(7)提高隧洞围岩稳定性的措施有哪些？

参考答案：提高围岩稳定性的措施有及时支护与衬砌、喷锚支护、喷混凝土支护与锚固。

（8）工程地质勘探的主要方式有哪些？其主要任务是什么？

参考答案：工程地质勘探的主要方式有钻探、触探、坑探和物探等。

其主要任务是：①探明场地内的岩性及地质构造；②探明水文地质条件；③探明地貌及物理地质现象；④提取岩土样及水样，提供野外试验条件。

（9）要确保建筑物地基稳定和满足建筑物使用要求，地基承载力必须满足哪些条件？

参考答案：地基承载力必须满足如下条件：

①具有足够的地基强度，保持地基受负荷后不致因地基失稳而发生破坏；

②地基不能产生超过建筑物对地基要求的容许变形值。

（10）试述工程地质测绘的主要内容和方法要点。

参考答案：工程地质测绘是最基本的勘察方法和基础性工作，其工作内容包括工程地质条件的全部要素，如：岩土体的性质、地质构造的研究，地形地貌研究，水文地质条件研究，各种物理地质现象的研究以及天然建筑材料的研究等。

其方法要点有路线法、布点法、追索法等。

（11）综观各种规模、各种类型的工程，其工程地质研究的基本任务包括哪几个方面？

参考答案：综观各种规模、各种类型的工程，其工程地质研究的基本任务，可归纳为三个方面：①区域稳定性研究与评价，具体指由内力地质作用引起的断裂活动、地震等对工程建设地区稳定性的影响；②地基稳定性研究与评价，即地基的牢固、坚实性；③环境影响评价，具体指人类工程活动对环境造成的影响。

（12）坝基滑动的边界条件有哪些？

参考答案：坝基滑动必须具备以下三个条件：①滑动面，缓倾的一组倾向上游的结构面，或两组结构面的组合。②切割面，大坝靠坝肩位置近直立的顺河流向的结构面，大坝上游沿轴线方向的结构面。③临空面，河床面，大坝下游的冲刷坑，深潭，深槽。同时滑动面和切割面上都有阻滑因素存在，坝下游的抗力体也有阻滑作用。

第 4 章
典型地质实习点介绍

　　内容提要：本章重点介绍长沙地区的地质特色，强调培养学生对长沙的了解和情感。首先介绍长沙地区工程地质简况、长沙水文地质条件，其次介绍白沙古井、湖南省地质博物馆和中南大学地质博物馆、岳麓山公园、长沙动物园—石燕湖公园沿线、南郊公园西侧—丁字湾镇沿线的地质现象，最后介绍了经典的锡矿山主要实习点和棋梓桥主要实习点。通过照片与示意图相结合，培养学生理论与实践有机结合的能力，引导学生发现、观察和认识陌生地质点。

4.1　长沙地区主要实习点

一、长沙地区工程地质简况

（一）自然地理
1. 交通位置

　　长沙市位于湖南省东部偏北，湘江下游和长（沙）浏（阳）盆地西缘，其地域范围是东经 111°53′~114°15′、北纬 27°51′~28°41′，是湖南省的政治、经济、文化中心，长江中游地区重要中心城市之一。作为湖湘首邑、楚汉名城，长沙积蕴了深厚的人文历史；作为泛珠江三角洲中心，长沙南连港澳、北通京津、东接沪宁，拥有便利的交通环境。随着国家经济建设高速发展和城市可持续战略的推进，古老星城正焕发勃勃生机。

　　长沙市现辖长沙市芙蓉区、天心区、岳麓区、开福区、雨花区、望城区及长沙县、宁乡县、浏阳市，共六区二县一市。全市国土总面积 11819.46 km²，其中市区面积 1923.97 km²。

2. 气象

　　长沙市属亚热带湿润季风气候区，夏冬季长、春秋季短，具有气候温和、降水充沛、雨热同期、四季分明等特点。长沙市区年均气温 17.4℃、各县 16.8~17.3℃，历史上最高 43℃，最低 −11.3℃。常年主导风向为北北西及北西，年平均风速 2.4~3.0 m/s。年平均相对湿度 79.5%，年最小相对湿度 14.2%，多年平均降雨量 1394.6 mm，最大年降雨量 1751.2 mm（1998 年），最小年降雨量 708.8 mm（1953 年），最大月降雨量 515.3 mm，最小月降雨量 1.2 mm，最大日降雨量 192.5 mm，每年 5~9 月为雨季，其降雨量约占全年的 80% 。

3. 研究程度

自 20 世纪 60 至 90 年代，湖南省相关部门在区域地质、水文地质、工程地质、环境地质等领域展开了不同程度的普查、勘探以及综合研究工作。主要成果简述如下：

（1）区域地质方面

区域地质普查主要成果有 1:20 万和 1:5 万长沙地区区域地质调查报告。湖南省地质矿产面 1989 年完成的 1:5 万区域地质调查成果资料是长沙地区地质调查的主要基础资料。

（2）水文地质、工程地质方面

自 20 世纪 60 年代以来，先后进行了 1:20 万区域水文地质普查，1:50 万湖南省地下水资源评价；湖南省地质矿产面 1989 年完成的自 80 年代以来完成的各类岩土工程勘察项目多项，这些资料涵盖了长沙主城区及部分城郊地域。

（3）环境地质方面

涉及区内环境地质较有影响的成果有 1:20 万湖南省区域水文地质调查、湖南省地质灾害现状调查以及《湖南地质灾害》（2000 年）、长沙市规划勘测设计研究院于 2004 年完成的《长沙市中心片地质灾害区划》基础性资料。

（二）区域构造背景及地形地貌

长沙位于东南地洼区雪峰地穹系湘江地洼列幕阜地穹西南端的乌山洼凸区，经历了槽、台、洼三大构造演化阶段，现已进入余动期。中生代以来，形成了 NE-NNE 向展布的断隆、断陷。至燕山晚期，区域上处于整体缓慢间歇性抬升，缺失古近系地层，长期的侵蚀、剥蚀，在近场地形成不同级别的剥夷面，为第四系堆积准备了古地理条件。第四系构造运动以差异性升降运动为主，在场地内形成了四级阶地。

大自然的神功伟力，造就了长沙西南高，北东低，丘涧纵横，湘江北去，麓山雄峙，橘洲中分的"山、水、洲、城"风貌。区内地貌单元主要为剥蚀形成的低山丘陵和河流侵蚀堆积形成的平原地貌：西北为元古界浅变质岩系，湘江以西为岳麓山，主峰海拔标高 295.5 m；中部为湘江、浏阳河及捞刀河阶地，阶地自南往北由老至新递降，阶面标高自 16 m 至 80 m；北东为花岗岩低山丘陵，东部及南东为红层高丘。长沙城区坐落在湘江和浏阳河交汇的河谷阶地上。

1. 低山丘陵地貌

（1）浅变质岩剥蚀丘陵

主要分布于汽车西站-市政府一带，中心区烈士公园附近亦有出露，由板溪群浅变质砂岩、砂质或泥质板岩组成。黄海高程一般 60~100 m，最高 140 m，比高一般 36~76 m，最高 116 m，山顶一般较圆滑，较宽阔舒缓，脊线不明，沟谷发育，其横切面呈 U 形。

（2）砂岩、页岩侵蚀丘陵

由泥盆系石英砂岩、页岩、泥灰岩相伴构成丘峰、谷地，地形分布于岳麓山一带，黄海高程一般 150~250 m，最高 295.5 m，比高一般 126~226 m。基岩常裸露地表，坡度一般 5°~30°，陡峭地段 45°左右，岳麓山受北东向断层控制形成向斜山，后期受新构造运动影响被抬升，同时岩性抗蚀能力较强，形成了比四周较高的山峰。

（3）红层剥蚀丘岗

主要分布于工作区南东部，由白垩系紫红色泥质粉砂岩、砂岩及砾岩组成。黄海高程一般 70～100 m，最高 120 m，比高 46～96 m，坡度一般 2°～6°，岗顶圆而宽，似馒头形。谷地开阔，多呈北东向分布。

2. 河流冲积平原地貌

平原区主要分布在湘江东岸及浏阳河、捞刀河一带，地面标高在 30～80 m 左右。一般由河漫滩和 1～5 级阶地构成。河漫滩与 1～2 级阶地沿河流呈带状分布，标高 32～45 m 左右，连续性较好，地面开阔平坦；3～5 级阶地沿湘江断续分布，冲沟发育，丘陵化明显。

（1）五级阶地

分布于长沙市新开铺－洞井铺－京广铁路南段一带，该阶地是区内最老一级阶地，被第四级阶地新开铺组冲积层所掩埋，构成掩埋阶地。经风化剥蚀后，部分地段出露地表形成基座阶地。阶面标高 100～110 m，比高 76～81 m。主要由洞井铺 Q^{1d} 组构成，厚度变化较大，一般在数米至 20 m 左右，具双层结构特点，属中－低压缩性土，稳定性较好。

（2）四级阶地

主要分布于湘江两岸，由第四系新开铺组冲积物构成。地貌上主要构成上迭阶地，因后期侵蚀剥蚀、岗丘化明显，阶面高程 84～105 m，比高 57～79 m。由第四系新开铺组及白沙井组（Q_2）组成，厚度变化较大，一般不超过 10 m，以双层结构为主，属中－低压缩性土，稳定性较好。

（3）三级阶地

主要分布于湘江、浏阳河两岸，由第四系白沙井组冲积物构成。地貌上组成基座阶地或上迭阶地，嵌入二、四阶地之间，阶地岗丘化明显，阶面高程 40～60 m，比高 16～36 m，阶面高程从上游到下游、从后缘至前缘逐渐降低。为 Q_2^3 地层组成，厚度一般不超过 10 m，以双层结构为主，属中－低压缩性土，稳定性较好。

（4）二级阶地

分布于第一师范至伍家岭，由第四系马王堆组冲积物所组成。本阶地为基座阶地或嵌入阶地，阶面高程 35～45 m，比高 10～21 m。但阶地从上游到下游、从后缘至前缘有所降低，略具岗丘化。

（5）一级阶地

主要分布于图区湘江、浏阳河河床两岸。由第四系白水江组冲积物构成。地貌上组成掩埋阶地，部分地段为嵌入阶地。阶面标高 31～39 m，比高 6 m，低漫滩（边滩）向河床中心倾斜。

（三）地层

1. 地层结构

区内地层发育，除震旦系、古近系部分缺失和志留系地层全部缺失外，从中元古界冷家溪群至新生界第四系地层均有出露，尤以冷家溪群、板溪群板岩，白垩系碎屑岩和第四系松散堆积地层分布广泛。元古界至中生界侏罗系地层均主要分布于河西丘陵区，烈士公园亦有冷家溪群出露；中生界白垩系地层主要分布于市区东南部。第四系地层最发育，广布于湘江、浏阳河两岸，中心区几乎为第四系地层所覆盖。此外，在长沙市区北部、东北部尚有岩浆岩出露，岳麓山附近亦有岩脉零星分布。地层及厚度如表 4 - 1 所示。

表 4 - 1　地层简表

系	统	群	地层单位	代号	厚度/m	岩　性　描　述	分　布　情　况
第四系	全新统		橘子洲组	Q_{4j}	4~16	上部主要为灰、浅灰、黄色粉质黏土及粉土；下部松散砂砾层或砾石层	分布于大小溪流的河床、心滩及其两岸的低、高漫滩
	上更新统		白水江组	Q_{3bs}	6~17	上部为黄褐、褐黄色粉砂质黏土，含较多的铁质结核与薄膜；中部为细砂层与粉土夹层，在浏阳河与捞刀河一带常夹淤泥或淤泥质粉砂，下部砂砾层或砾石层	主要分布于湘江的大托铺、长沙市西部与北郊；捞刀河、浏阳河东屯渡一带、靳江河两岸的一级阶地上
	中更新统		马王堆组	Q_{2m}	5~23	上部浅黄红色网纹状黏土；下部砂砾、砾石层，两者间有时有砂土过渡层，局部可见透镜状黏土	主要分布于湘江大托机场、长沙第一师范-伍家岭和浏阳河，袁家岭-马王堆及朗梨、湖南农业大学一带，在地貌上构成二级阶地，具岗丘化现象
			白沙井组	Q_{2b}	12~23	典型的二元结构，上部为硬塑状棕红色网纹状砂质黏土，下部为分选较好、磨圆度较高的砂砾层	分布在湘江两岸的白沙井、烈士公园、机场口、银盆岭、三汊矶、坪塘乡以及浏阳河的马坡岭、朗梨一带，在地貌上构成三级阶地，具岗丘化现象
			新开铺组	Q_{2x}	6~43	具二元结构，上部为深棕红色、暗紫红色的网纹状砂质黏土，下部为棕红、黄红色的砂砾层	广泛分布在湘江、浏阳河两岸。以湘江尤其发育。在地貌上湘江主要构成上迭阶地，浏阳河则为基座阶地。因受后期侵蚀、剥蚀，在区内主要呈现帽状残留在岗丘化上，仅新开铺、井湾子一带分布面积较大
			洞井铺组	Q_{1d}	7~27	具二元结构，上部为土黄、粉砂质黏土，下部砂砾层，含长石石英砂层，含砂金	主要分布在湘江东岸的南郊公园、洞井铺、铁路坡一带
下第三系	古新统		枣市组	Ez	1339	上部泥岩、粉砂岩，下部砂砾岩，含砾泥岩	分布于大托铺-黄花一带

续表

系	统	群	地层单位	代号	厚度/m	岩 性 描 述	分 布 情 况
白垩系	上统		东塘组	Kdn	876	砾岩、砂岩、粉砂岩与泥岩组成多个沉积旋回	为本工程所处地段的主要基岩，广泛分布于湘江东岸、伍家岭以南的大部分地段
			戴家坪组	Kd	25～719	粉砂质泥岩夹泥质粉砂岩与纤维状石膏层，砾岩与含砾砂岩互层	
	下统		神皇山组	Ks	700～1550	钙质砂岩、粉砂岩、下部砾岩、砾石成分杂	
侏罗系	下统		高家田组	Jg	7350	石英砂岩、粉砂质泥岩夹炭质页岩，黏土页岩及煤层	
三叠系	上统		造上组	Tz	132	砂岩、粉砂岩及粉砂质泥岩	
			三丘田组	Tsq	193	燧石砾岩夹石英砂岩，中部为泥质粉砂岩，粉砂质页岩夹煤层	
	下统		大冶组	Td	150	泥晶灰岩，下部为钙质泥岩与泥灰岩	
二叠系	上统		长兴组	Pc	35～65	灰岩、硅质页岩夹薄层泥灰岩与硅质岩	零星分布，主要分布于西部学士桥、东部斑竹唐一带
			龙潭组	Pl	20～80	长石石英砂岩，粉砂岩夹砂质页岩，下部夹煤层	
	下统		茅口组	Pm	118	泥粉晶灰岩夹硅质灰岩与钙质页岩	
			小江边组	Px	35	页岩夹泥灰岩与海泡石页岩	
			栖霞组	Pq	279	泥粉晶砂岩夹生物屑灰岩与硅质岩，底部夹粉砂岩与粉砂页岩	
石炭系	上统	壶天群		Cht	576	上部泥粉晶灰岩夹粉晶云岩，下部粉晶白云岩	在滦湾镇局部地段有分布
	下统		简家冲组	Cj	49	泥岩钙质泥岩，夹扁豆状泥晶生物屑灰岩	
			测水组	Cc	49～153	石英砂岩、泥质粉砂岩	
			天鹅坪组	Ct	30～108	炭质页岩、页岩夹粉砂岩及砂质页岩	

续表

系	统	群	地层单位	代号	厚度/m	岩 性 描 述	分 布 情 况
泥盆系	上统		岳麓山组	Dyl	99~108	石英砂岩、粉砂岩夹砂质页岩	主要分布于岳麓山一带。在一号地铁线的松桂园段以泥岩或碎裂岩出现,在湖南图书城及长沙轨道交通2号线的五一广场站、蔡锷路口以灰岩产出
			锡矿山组	Dx	61~167	石英砂岩与紫红色粉砂质页岩互层	
			云麓宫组	Dy	69~215	石英砂岩、含砾石英砂岩夹砂质页岩	
			龙口冲组	Dl	125~131	石英砂岩、粉砂岩与砂质页岩互层,夹泥灰岩或透镜状灰岩	
	中统		棋梓桥组	Dq	135	灰岩、云质灰岩、夹泥质灰岩泥灰岩	
			易家湾组	Dyy	126	粉砂质泥岩、钙质泥岩夹泥灰岩	
			跳马涧组	Dt	71~133	石英细砂岩、泥质粉砂岩与砂质泥岩、粉砂质泥岩互层,石英砾岩	
		板溪群	五强溪组	Ptbw	>250	板岩、粉砂岩,下部变质石英砂岩夹透镜状砾岩、砂泥质板岩	主要分布于河西望岳公社、南水冲、新市政府、桃花岭、寨子岭石佳冲、溁湾镇一带及烈士公园、湘江二桥附近局部分布
			马底驿组	Ptbm	551	砂岩、砂质板岩,下部变质岩屑杂砂岩,粉砂岩夹砂质板岩,板岩	
		冷家溪群	上段	Ptl²	>1407	岩屑杂砂岩,夹长石石英杂砂岩与板岩、板岩呈复理石韵律层	浏阳河北岸马王冲至石子铺及谷山冲一带
			下段	Ptl¹	>5856	粉砂质板岩,夹变质杂砂岩,凝灰质砂岩,局部蚀变为角岩、千枚岩	三汊矶、捞刀河以北的张家冲、观音塘一带

2. 岩土体工程性质特征

(1) 第四系全新统人工填土(Q_4^{ml})

杂色、稍湿—湿,松散—稍密状,主要由灰褐色生活垃圾、可塑—硬塑状黏性土组成,局部含软塑状淤泥质来黏土,分布不均匀,厚度变化较大。局部为第四系全新统种植土(Q_4^{pd})或淤泥质泥质土(Q_4^{al}),褐灰色,湿—很湿,流塑—可塑状,含植物根茎及有机质,混砾石。分布不均匀。$c=4\sim8$ kPa,$\phi=5°\sim15°$,普氏坚硬系数 $f_k=0.3\sim0.5$。

(2) 第四系全新统冲积层(Q_4^{al})③

主要分布在湘江浏阳河、捞刀河河床中,主要由砂砾层组成,上部多为中细砂,褐黄色,饱和状态,松散状。含云母片,下部夹圆砾和卵石,呈褐黄、黄色,饱和,中密—

密实状。成分为石英质，磨圆度好。一般粒径 3～5 cm，最大粒径 7～10 cm，中粗砂充填。全新世黏性土多为灰、灰黄色，湿－很湿，软塑－可塑状，中－高压缩性土。该土层黏粒含量较高，土颗粒中含粉细砂及云母，切面较粗糙，稍有光泽，摇振反应缓慢。该土层的天然含水量大于塑限值，$w_L > 30\%$，$w_P > 20\%$，孔隙比 >0.80，抗剪强度较低，内摩擦角偏大。

（3）第四系上更新统冲积层（Q_3^{al}）

①粉质黏土、粉土④。粉质黏土灰黄色、褐灰色，湿－很湿，可塑－硬塑状，局部为软塑状，含少量 Fe、Mn 质及云母片，底部含较多的粉细砂。普氏坚硬系数 $f_k = 0.5～0.7$。

②砂砾石⑤。褐黄色、灰黄色，上部湿－很湿、下部呈饱和状态。松散－稍密状，以松散状为主。含云母片，局部黏性土较多，以薄层状、透镜状产出。下部为褐黄色，饱和，稍密－中密状。成分为石英质，含少量云母片及黏性土，底部多混卵石，褐黄色、黄白色，饱和，中密－密实状。成分为石英质，磨圆度一般，粗砾砂充填，含云母片及黏性土。粉细砂⑥：松散－稍密状，含云母片及少量黏性土。$N_{63.5} = 5～45$ 击，普氏坚硬系数 $f_k = 0.5～0.9$。

（4）第四系中更新统冲积层（Q_{1-2}^{al}）

①粉质黏土⑥。褐黄色、红黄夹灰白色，硬塑－坚硬状，具网纹构造，含少量 Fe、Mn 质，底部含少量粉细砂。

②砂、砾、卵石⑦。褐黄色，湿－饱和状态。稍密状。砂层中多含云母片及少量黏性土。卵石层为中密－密实状，饱和，成分为石英质，磨圆度好，一般粒径 3～4 cm，中粗砂充填，含云母片及黏性土。

（5）残积粉质黏土（Q^{el}）⑩

褐红色，硬塑－坚硬状，系白垩系泥质粉砂岩，震旦系板溪群及冷家溪群板岩风化残积而成。原岩结构较清晰，含少量黑色铁锰质氧化物及风化岩块。特别是白垩系泥质粉砂岩为第四系河流松散堆积物覆盖。

受原始地貌及构造影响，残积土的状态及厚度变化很大：在丘陵岗地上往往直接出露，以坚硬状态为主，厚度较小；在河流冲积物堆积区，其上往往沉积有数米富含地下水的砂砾层，砂砾层上多覆盖隔水性能良好的冲积粉质黏土，二者构成了上细下粗的二元结构。自砂砾层与红层接触面而下，常具有软塑－可塑－硬塑－坚硬的渐变剖面，其物理力学性质指标见表 4-3。残积粉质黏土基本上失去了原岩的性质，土颗粒组成中含黏粒 38%～45%，粉砂 32%～35%，砂粒 17% 左右。矿物以石英、高岭石、伊利石、蒙脱石为主，含少量长石、方解石、针铁矿，黏土矿物中伊利石占 21%～45%，化学成分以 SiO_2、Al_2O_3、Fe_2O_3 为主，硅铝比较大，说明硅有少量淋失，铁铝有所富集，可溶盐和有机质成分甚微，pH 一般少于 5。由于残积层上覆有地下水补给来源丰富的砂砾层，其下的基岩不透水，排水条件差。残积土的物理力学性质特征如下：①厚度较大，分布不均匀。②黏粒含量高，I_p、I_L 较高。③具有较大的孔隙性和亲水性，反复的失水吸水易使强度变低，甚至产生塑流状态。④具有较高的强度，低－中等压缩性。属超固结土，前期固结压力达 375～450 kPa。⑤渗透系数低，一般在 4.95×10^{-8}～4.50×10^{-6}（cm·s^{-1}）之间。

(6)基岩

长沙地区下伏基岩主要为板溪群及冷家溪群板岩、泥盆纪泥岩、灰岩、泥灰岩、白垩纪泥质粉砂岩、砂岩或砾岩。以白垩纪地层为主，为典型的碎屑结构、厚层状构造。局部含灰绿色斑点，节理发育程度低，节理面平直，多为黑色铁锰质氧化物浸染。

此外，在本地区尚有灰岩产出，以中风化为主。呈肉红色、浅灰白色，厚层状构造，方解石脉发育。岩芯以长柱状、柱状为主，块状、碎块状次之，岩性致密坚硬。主要参数据为 $RQD > 90$，天然单轴抗压强度为 $34.1 \sim 64.7$ MPa，$KV > 0.75$，$BQ \geqslant 570$，岩体基本质量级别 Ⅰ 类，普氏坚硬系数 $f_k = 5$。

砂砾石层主要物理力学性质表见表 4 – 2，黏土的物理力学性质指标见表 4 – 3，长沙市综合地质分布表见表 4 – 4，沿线主要基岩风化带的基本特性见表 4 – 5。

表 4 – 2　砂砾石层主要物理力学性质表

层号	地层	变形模量 E_0/MPa	内摩擦角 $\varphi/(°)$	黏聚力 c/kPa	承载力特征值 f_{ao}/kPa	岩土工程评价
⑦	砂卵石	15.0 ~ 30.0	20 ~ 30	0 ~ 15	220 ~ 360	承载力一般，工程性状一般
		20.0 ~ 35.0	20 ~ 38	0	280 ~ 400	承载力较高，工程性状一般
		30.0 ~ 60.0	30 ~ 48	0	300 ~ 600	承载力较高，工程性状一般

（四）地质构造

自元古代以来，本区经历了武陵—雪峰—加里东—印支—燕山—喜山等多次构造运动，形成了北东向、北东向、北西向、东西向褶断构造，构成本区基本构造骨架（图 4 – 1）。区内规模较大的断裂有 NE、NW、EW 向三组，具有多期活动性和继承性。第四纪中期因湘东地块差异运动而伴生的掀斜运动促使湘江河道西迁、古河道形成（大托铺一带地下有三条古河道），浏阳河、捞刀河、靳江河逆向流入湘江。结合前人研究及野外地质考察，拟建地铁沿线有关的褶皱构造主要有岳麓山向斜和黄花向斜；断裂主要为北东向的施家冲 – 新开铺 – 磊石塘断裂（F_{106}）、葫芦坡 – 烈士公园 – 炮台子断裂（F_{101}）、桃花岭 – 溁湾镇断裂（F_{85}）。

1.褶皱

（1）岳麓山向斜

褶皱总体走向为 NE 35° 左右，延伸长约 3 km，核部地层为石炭系，翼部地层为泥盆系，东南翼为断裂破坏，北西翼岩层倾角为 15° ~ 30°，为一宽展型褶皱。在渔湾市一带沿断裂有花岗斑岩侵入，在溁湾镇交警大楼勘察钻孔中亦发现碎裂岩及煌斑岩脉。

（2）黄花向斜

分布于工作区东南部，褶皱总体走向呈北东 40° ~ 45°，核部地层为第三系枣市组，翼部为白垩系东塘组、戴家坪、神皇山组，岩层倾角平缓，一般为 15° ~ 25°，属平缓型褶皱，系永安复式向斜的次级构造。

表 4 - 3　黏土的物理力学性质指标

层号	时代	地层	状态	W_0/%	ρ_0/(g·cm^{-3})	G_s	e	I_p	I_L	$\alpha_{100-200}$/(MPa^{-1})	E_s/MPa	ϕ/(°)	c/kPa	普氏紧硬系数
③	Q_4^{al}	淤泥质土	流塑	29.8~50.5	1.63~1.97	2.62~2.69	0.824~1.474	7.0~16.8	0.78~1.63	0.34~0.95	2.4~5.4	6.8~14	6~27	0.3~0.5
		粉质黏土	软-硬	25.5~28.2	1.84~1.99	2.68~2.71	0.638~0.836	8.4~12.5	0.34~0.81	0.25~0.37	4.9~7.2	19.3~23.7	25~70	0.4~0.7
④	Q_3^{al}	粉质黏土	软-硬	22.6~31.4	1.89~2.04	2.69~2.72	0.629~0.831	8.5~16.6	-0.36~0.18	0.10~0.23	5.8~12.7	14.0~25.6	35~56	0.5~0.7
		粉土	软-硬	21.7~27.1	1.89~2.07	2.68~2.7	0.568~0.782	5.9~9.9	0.42~0.78	0.19~0.34	5.0~8.7	18.8~24.7	23~44	
			坚硬	22.5~26.8	1.83~2.05	2.65~2.70	0.624~0.848	11.5~14.2	-0.308~0	0.02~0.13	12.5~19.7	21~26.9	81~129	
⑥	Q_2^{al}	粉质黏土	硬塑	24.4~27.2	1.89~2.02	2.67~2.72	0.655~0.836	12.3~13.4	0~0.249	0.14~0.29	7.9~14.8	19~31	74~92	
			可塑	25.3~29.1	1.84~1.94	2.67~2.72	0.633~0.789	13.1~14.9	0.26~0.74	0.25~0.32	4.9~9.3	11~27	45~83	
			坚硬	15.0~31.0	1.94~2.10	2.66~2.71	0.489~0.801	12.2~15.1	-0.35~0	0.09~0.21	7.6~18.0	12.4~22.3	51~118	
⑩	Q^{el}	粉质黏土	硬塑	17.0~33.0	1.87~2.05	2.65~2.72	0.633~0.877	12.8~24.2	0.13~0.28	0.19~0.37	4.4~9.5	11.9~25.4	39~72	
			可塑	21.5~38.0	1.75~2.01	2.68~2.73	0.548~0.747	13.6~17.9	0.50~0.75	0.32~0.43	3.5~6.2	10.2~18.5	21~34	
			软塑	23~51	1.76~1.96	2.67~2.73	0.582~0.636	16.9~19.8	>0.75	0.36~0.54	2.6~5.4	7.2~18.4	5~102	

表 4－4 长沙市综合地质分布表

地点	①	②	③	④	⑤	⑥	⑦	⑧	⑨	⑩	⑪	⑫	⑬	⑭	⑮	⑯	⑰	⑱
地貌单元	II	II	III	III	III	III	IV	IV	IV	IV	IV	IV	IV	IV	IV	IV	IV	IV
第四系厚度/m	10	10	13.5~5.2	12.0	14.6	12.0	10.0	10.4	8.9	9.7	10.3~17.4	24.8	22.7	18.2~90	26.0	17.7	>50	10.5~12.0
基岩 名称	板岩	板岩	砾岩	板岩	砾岩	角砾岩	泥岩	泥质粉砂岩	泥质粉砂岩	砾岩	泥质粉砂岩	泥质粉砂岩	泥质粉砂岩	泥质粉砂岩	砾岩	泥质粉砂岩	泥质粉砂岩	泥质粉砂岩
基岩 围岩分类	IV	IV	IV	IV	IV	IV	IV	IV	IV	IV	IV	IV	IV	IV	IV	IV	IV	IV
抗震地段划分	一般地段	一般地段	有利地段	有利地段	有利地段	一般地段	有利地段	有利地段	有利地段	有利地段	有利地段	有利地段	有利地段	有利地段	有利地段	有利地段	有利地段	有利地段

注：①捞刀河；②陈家湖；③伍家岭；④留芳宾馆；⑤湖南日报；⑥松桂园南方建材；⑦国际金融大厦；⑧五一路芙蓉路立交桥；⑨顺天财富中心；⑩国际信托投资公司；⑪侯家塘立交桥；⑫省水利水电学校；⑬涂家冲；⑭二环线芙蓉路立交桥；⑮省广播电视大学；⑯木莲冲；⑰天心区政府；⑱大托镇

表 4-5 沿线主要基岩风化带的基本特性

时代	岩石名称	风化带及层号	基本特征	天然含水量 W_0/%	比重 G_s	天然抗压强度 R_0/MPa	饱和抗压强度 R_w/MPa	软化系数	K_v	RQD	岩体基本质量级别	普氏坚硬系数 f_k
K	泥质粉砂岩（砾岩）	强风化	褐红色，岩石部分风化为半岩半土状，节理裂隙较发育，岩芯多呈短柱状、块状、碎块状，局部含砾，多为黏土胶结，岩石质量指标差，采芯率低	2.1 ~ 2.36	2.7 ~ 2.71	0.64 ~ 1.72	0.22 ~ 1.16	0.2 ~ 0.4	0.25 ~ 0.43	25 ~ 34	V	0.8 ~ 1.0
		弱风化	褐红色，局部夹灰绿色斑块，岩芯以长、短柱状为主，少量呈碎块状，偶见斜向节理。局部含砾，多为黏土胶结，偶为钙质胶结	2.4 ~ 2.55	2.72 ~ 2.75	1.75 ~ 5.8	0.53 ~ 4.92	0.04 ~ 0.34	0.41 ~ 0.59	75 ~ 80	IV ~ V	1.0 ~ 2.0
		微风化	褐红色，局部夹灰灰色，岩芯完整，以长、短柱状为主，岩芯表面光滑，多为黏土胶结，偶为钙质胶结，岩石质量指标好	2.56 ~ 2.72	2.73 ~ 2.76	5.4 ~ 12.2	2.1 ~ 7.2	0.13 ~ 0.62	0.63 ~ 0.95	80 ~ 95	IV	2.0 ~ 2.8

续表

时代	岩石名称	风化带及层号	基本特征	天然含水量 W_0/%	比重 G_s	天然抗压强度 R_0/MPa	饱和抗压强度 R_w/MPa	软化系数	K_v	RQD	岩体基本质量级别	普氏坚硬系数 f_k
D	泥岩	强风化	褐黄、灰色，岩石部分风化为半岩半土状，节理裂隙较发育，岩芯多呈短柱状、块状、碎块状，采芯率低	2.0~8.5	2667~2.72	0.2~0.90	0.22~1.16	0.2~0.4	0.25~0.32	25~34	V	0.8~1.0
		弱风化	褐灰色，局部夹绿色，岩芯以长、短柱状为主，少量呈碎块状、偶见闪向节理	1.4~4.8	2.70~2.74	9.6~11.4	0.53~4.92	0.04~0.34	0.41~0.59	75~80	IV~V	1.0~2.0
		微风化	褐灰色，局部夹褐色，岩芯完整，以长、短柱状为主，岩芯表面光滑，岩石质量指标好	1.2~3.8	2.71~2.76	18.70~27.50	2.1~7.2	0.13~0.62	0.63~0.95	80~95	IV	2.0~2.8
	砂岩	强风化	褐黄、褐黑、灰黑，以短柱状、块状为主，次为长、块状次之，节理裂隙发育，多为铁质渲染	6.4~17.5	2.73~2.80	0.30~2.60			0.25~0.43	29~45	V	0.7~1.1
		中风化	灰白、浅灰色，岩芯主要呈长、短柱状、块状、碎块状次之，岩体中节理发育，多含白色黏土矿物等，节理倾角45°~65°不等，并见倾向的原生层理	3.2~12.0	2.73~2.81	3.60~8.70			0.45~0.59	75~82	IV~V	1.0~2.0
		微风化	灰白、浅灰色，岩芯以长、短柱状为主，块状、碎块状次之，裂隙不甚发育，节理偶然可见，岩芯表面较光滑，锤击声脆	1.0~3.60	2.74~2.82	11.4~12.1			0.62~0.85	82~90	IV	2.5~3.0

续表

时代	岩石名称	风化带及层号	基本特征	天然含水量 W_0/%	比重 G_s	天然抗压强度 R_0/MPa	饱和抗压强度 R_w/MPa	软化系数	K_v	RQD	岩体基本质量级别	普氏坚硬系数 f_k
Pt	板岩	强风化	褐黄、褐灰色，岩石部分风化为半岩半土状，节理裂隙较发育，岩芯多呈短柱状、块状、碎块状，采芯率低	3.5~9.2	2.75~2.85	2.6~6.2			0.43~0.49	32~56	V	0.8~1.5
		弱风化	青灰、灰色，局部夹灰绿色，岩芯以长、短柱状为主，呈碎块状，偶见斜向节理	0.9~8.0	2.76~2.85	4.20~25.2	2.1~18.5	0.25~0.34	0.31~0.55	75~80	V	1.5~2.5
		微风化	青灰色，局部夹灰色，岩芯完整，以长、短柱状为主，岩芯质量指标好，表面光滑	0.2~2.6	2.8~2.86	20.00~55.70	10~55.1	0.34~0.92	0.35~0.76	>75	IV	2.8~4

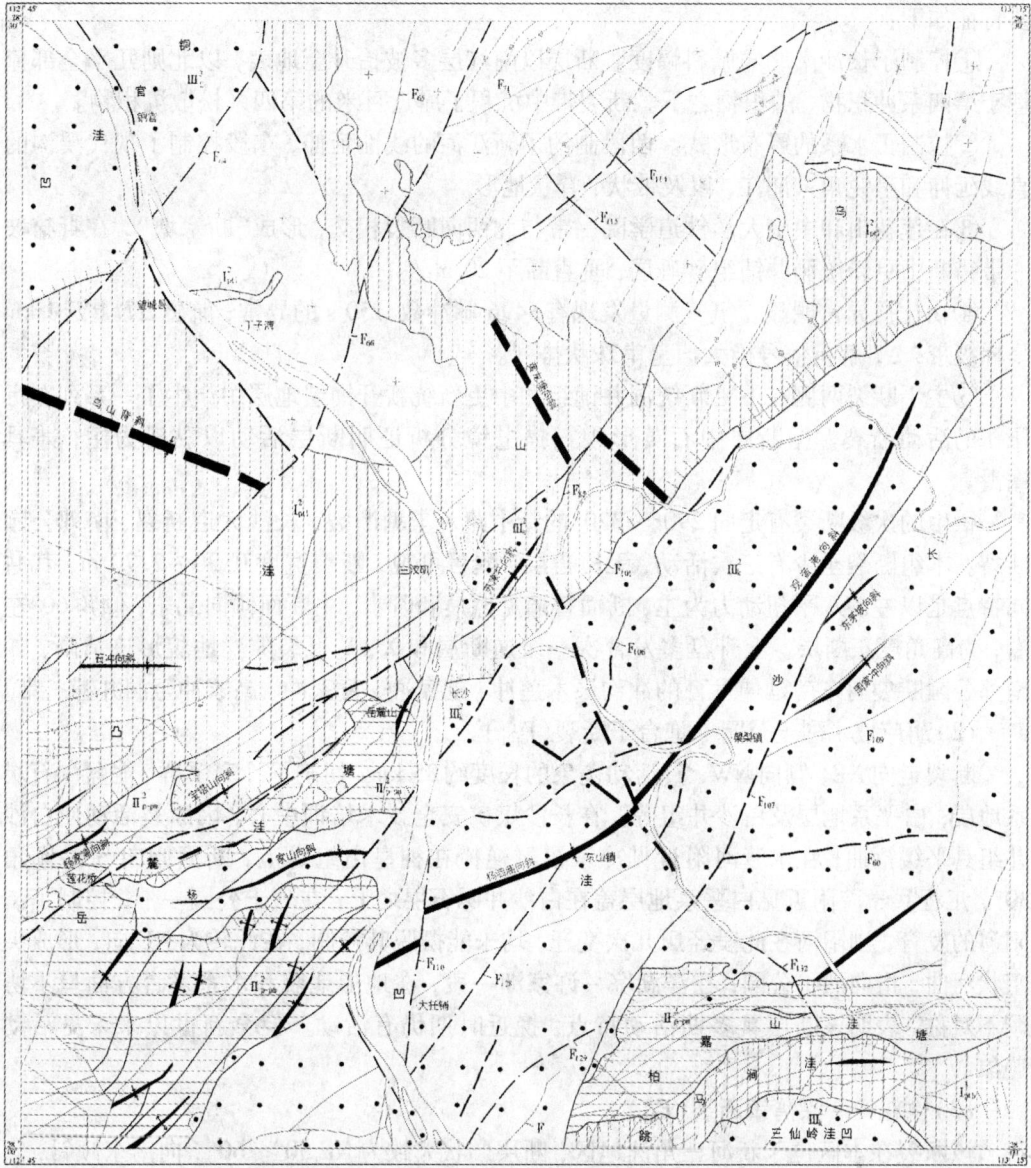

图4-1　长沙市地质构造纲要图（据湖南省地质矿产局，1989）

2. 断裂构造

（1）施家冲-新开铺-磊石塘断裂（F_{106}）

该断裂走向 NNE，倾向 SE，长约 30 km。第四纪以来活动明显，其迹象为新开铺至铁路隧洞一段主干断裂两侧发生于洞井铺组和新开铺组中的小断裂，垂直节理极为发育。其沉积厚度达 90 余 m。在新开铺见枣市组逆冲于新开铺组砂砾层之上，断面倾向南东，倾角 65°，枣市组明显地被抬升为高地，显示其逆冲断裂性质。

新开铺断裂呈 NE 向斜贯长沙市区，走向 60°，倾角 50°，全长约 40 km，宽约 3 km，是长沙市规模较大的断裂之一，根据断层擦痕和阶步指向本断层为右旋走滑正断层。主要特征如下：

①控制了长沙南北向掀斜幅度。断层以南红层多被抬升至地表，以北则几乎全部掩埋于第四系冲积物、洪积物之下。断裂带中沉积了厚近百米的第四系松散沉积物。

②控制了水系的展布形式。西段制约了靳江河的线性延伸，东段控制了现代溪沟的直线延伸和呈锐角入湘江，以及带状、脊状地形。

③在莲花山和中南大学铁道学院一带与北西向断裂相交，形成"断塞塘"，在野猫坡一带错断中更新统洞井铺组砂砾层，垂直断距 20 m 左右。

④物化探异常明显。氡气测量发现有 5496 脉冲数/150 s 的异常；航磁 ΔT 上延 1 km 呈梯级带，ΔT 解析信号极大值呈串珠状排列。

⑤主干断裂两侧在下更新统洞井铺组和中更新统新开铺组地层中产生了一系列左行压扭的活动断裂。据断层中石英形貌扫描电镜分析证明断层活动以黏滑为主，兼具蠕滑。

衍生的次级断裂有走向 290°～320° 的新中路 – 圭塘断裂、长沙大道断裂、南郊公园断裂。本组断裂至少有三次活动，无覆盖层，醒目可观，断裂宽度 0.20～2.70 m，其共同特点是以左旋水平扭动力为主，断面普遍见擦痕和阶步，主断面倾向北东，倾角 60° 左右，为高角度正断层。上升盘多发育次一级逆断层和 X、Y 形裂隙。地貌形迹清晰，如南郊公园断裂向东南延伸发育的冲沟辰木莲冲、刘家冲、黄家冲、高家冲至洞井铺一带。

（2）葫芦坡 – 烈士公园 – 炮台子断裂（F_{101}）

断裂走向 NE，倾向 NW，具活动迹象的长度约 35 km，切割了冷家溪群、泥盆 – 石炭系地层，白垩系地层及白沙井组等。在长沙煤矿安全技术培训中心，因断裂活动使白沙井组具平缓褶曲；在水渡河附近见冷家溪群逆掩在神皇山组之上，断面倾向 SE，倾角 30°，工程兵学院附近见白垩系地层盖在白沙井砾石层之上；在烈士公园一带，控制了浏阳河的发育，浏阳河在此段经历几次变迁，均未能摆脱其控制，在此转为 NE 向，形成尖咀状河曲，指向烈士公园；在洋湖垸 – 许家洲一段，在地形地貌和水系发育方面呈不协调不对称，表明该断层具多期活动特点，挽近时期仍有活动。但全新世以来未见活动迹象。

（3）桃花岭 – 溁湾镇断裂（F_{85}）

该断裂在本区位于新河三角洲地区，断层产状大致为 NE 50°～60°，向南东倾斜，倾角 40°～50°，区内全长约 23 km，切割板溪群地层，挤压破碎带约 30～50 m，见有硅化、片理及构造透镜体。

3. 断裂对工程场地稳定性影响

断裂对工程场地稳定性的影响主要建立在断裂活动是否引起地震的基础上。美国学者对圣安地列斯大断裂和某些分支断裂的蠕动分析发现：由于断裂的往复式蠕动，断裂带的锁固能力降低，在受力过程中易产生持续而缓慢的蠕动或以小震的形式释放应变能，从而起到"安全阀"的作用。陈国达先生认为自中生代以来，长沙地区进入地洼剧烈期，地幔蠕动、热能聚散交替形成了 SE – NE 向的挤压应力场，产生了 NE、NNE 向构造。地幔的往复式蠕动，引导着挤压 – 拉张的反复进行，在本区形成了弧形幔隆和地洼盆地(如洞庭湖)。余动期后,地幔物质向东南方向扩散,本区处于拉张应力场中,产生了一系列张性断裂和新生代断陷盆地。区内张性断层的产生和老断层的重新活动便是地洼余动期引张应力场的产物。近年来的氡气异常亦是其反应特征。

为适应长沙城市建设的需要,湖南省地震局和长沙市规划勘测设计研究院对长沙主要活动断裂进行了较多的取样、测试、分析,综合如下(表4-6):

表4-6 长沙市主要断裂热释光年龄结果表

断裂方向	取样位置	热释光测年龄($\times 10^3$a)
北西向	长沙市政府办公大楼	$177.2 \pm 8.85 \sim 453 \pm 22.6$
近南北向	南郊公园	218.2 ± 14.6
北东向	新中路口	212.3 ± 15.1

注:新中路口和南郊公园试样系湖南省地震局送样,测试单位均为中国地震局地质研究所。

综合分析断层的活动年龄、平均活动速率及历史地震震级,按《岩土工程勘察规范》(GB 50021—2001)有关标准判定,场地附近断裂均属微弱的全新世断裂(表4-7)。但从工程本身而言,它们为非工程活动断裂(表4-8)。换言之,区域上是稳定的,可不考虑其对场地的地震错动及地震烈度异常影响。

表4-7 全新世活动断裂分级

断裂分级	指标	活动性	平均活动速率 $v/(\mathrm{mm \cdot a^{-1}})$	历史地震震级 M
I	强烈全新世活动断裂	中、晚更新世以来有活动,全新世活动强烈	$v > 1$	$M \geqslant 7$
II	中等全新世活动断裂	中、晚更新世以来有活动,全新世活动较强烈	$1 \geqslant v \geqslant 0.1$	$7 > M \geqslant 6$
III	微弱全新世活动断裂	全新世有微弱活动	$v < 0.1$	$M < 6$

表4-8 活动断裂地质年代分类及工程意义

年代分类		年龄间段($\times 10^4$a)	工程意义
全新世 Q_4	晚(Q_4^3)	0.25~现代	工程活动断裂,工程使用期间可能活动(若断层没错断则该年龄地层更安全),下限可达 5×10^4a
	中(Q_4^2)	0.80~0.25	
	早(Q_4^1)	1.10~0.80	
晚更新世(Q_3)		13~1.10	若仅活动一次,工程不考虑。在 5×10^4a 内多次活动,核电站需考虑非工程活动断裂
中更新世(Q_2)		73~13	
早更新世(Q_1)		240~73	
前第四纪		>240	死断层,对工程无影响

（五）地震效应

1. 区域地震构造

长沙区域上位于扬子准地台和华南褶皱系两个大地构造单元接合部位（图4-2），经历了槽、台、洼三大构造演化阶段，现已进入余动期。印支运动是我国地质构造发展史上一个极为重要的转折时期，结束了华南地区地台、地槽并存的构造发展阶段，转变为大陆边缘活化阶段。燕山运动形成的 NNE、NE 向断裂及大量中新代盆地奠定了该地区的构造格局。喜马拉雅运动继承了燕山运动的构造格局并在此基础上发展，主要表现为整体缓慢抬升、垂直差异运动、派生出掀斜运动和断块差异运动及其断裂活动，进而影响了区域的地质地貌、第四系地层厚度的突变以及水系格局的展布。

图4-2　区域大地构造单元略图

1——级构造单元分界线；2—二级构造单元分界线；3—场址

Ⅰ扬子准地台：Ⅰ₁上扬子台褶带；Ⅰ₂江南台隆；Ⅰ₃江汉-洞庭断陷；Ⅰ₄下扬子台褶带；Ⅱ₅华南褶皱系；Ⅱ₁湘赣粤桂褶皱带

2. 地球物理场特征

长沙地区处于区域重力场中 NWW 和 NE 向重力梯度带转折部位（图4-3），为重力负异常区，布格重力异常值在 $-5 \sim -25$ 伽玛之间。布格重力异常等值线总体呈 NE 向，北东部为近 EW 向，异常值变化平缓，基本反映了大地构造特征。

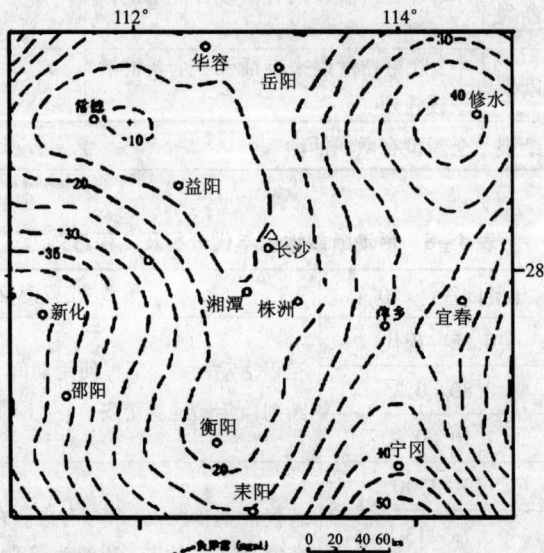

图4-3　区域重力异常图（1°×1°）

区域磁场规律性不强，ΔT 值一般在 50 nT 之内，仅在岳阳及鄂东、赣西地区 ΔT 值达 100~150 nT。近场区内航磁 ΔT 异常变化范围均在 50 nT 异常值内，磁异常等值线展布均受北西向构造控制，但未出现特殊的变化和磁性体(图 4-4)。

湖南省境莫霍面比较平缓，略向西倾斜，在平面上构成一个向南西开口的"马蹄形"地幔隆起，长沙地区处于湖南"马蹄形"地幔隆起的鞍部，康氏面和莫霍面的埋深相对平缓，即康氏面埋深在 19 km 左右，莫霍面埋深在 34 km 左右。上述两地壳结构面埋深等值线呈北西走向。综上所述，近场区内深部构造相对简单。

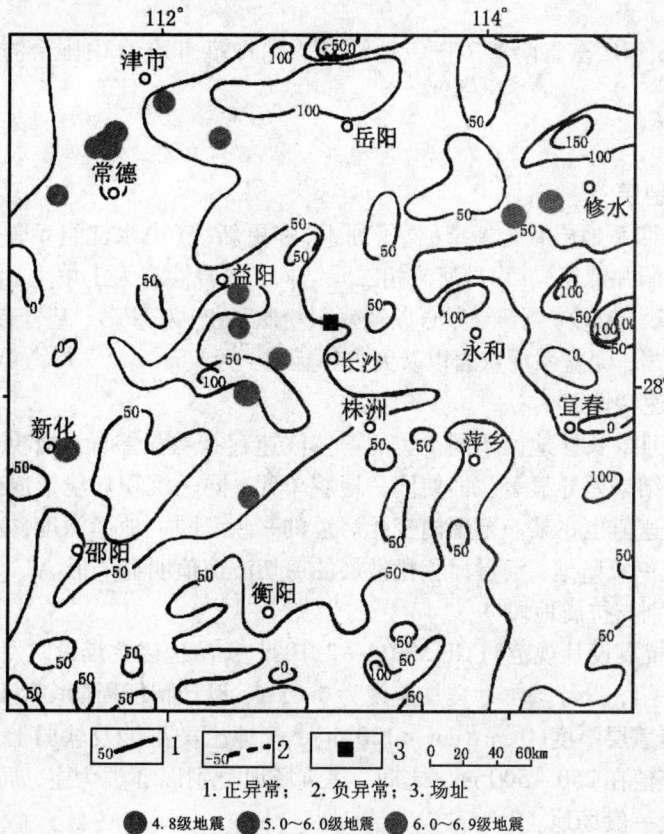

图 4-4　区域航磁平面图

3. 历史地震

长沙位于华南地震区长江中下游地震亚区的麻城——常德地震带南面。湘北地区的活动性孕震断裂长沙——平江断裂带呈 NE 向从长沙东南侧斜贯而过。长沙附近的临湘、湘阴、宁乡、浏阳、湘潭均属地震多发区。据湖南省地震局资料，长沙有史记载地震达 30 余次，均在 5 级以下，未达成灾程度。一般认为不危害城市的建设和发展。以长沙市为中心，半径 200 km 的范围内，共发生 $M \geqslant 4\frac{3}{4}$ 级地震 17 次，其中最大地震为 1631

年 8 月 14 日常德东北太阳山 $6\frac{3}{4}$ 级地震 1 次；半径 25 km 范围内，历史时期未记载过 M

$\geqslant 4\frac{3}{4}$ 级地震。现代仪器记录的小震活动 14 次，最大地震 $M_L = 2.6$ 级有感地震 1 次。

由此说明，小区域范围内的地震活动是相当微弱的。

自公元 288 年有史记载以来，长沙市未遭遇过破坏性地震，仅记载过有感地震，烈度 4~5 度，震中不确切，在长、株、潭、望城和浏阳等地，在同一时刻均记载地震 14 次。对长沙市影响烈度最大的地震是 1631 年常德 $6\frac{3}{4}$ 级地震，其次是 1971 年安徽省霍

山 $6\frac{1}{4}$ 级和 1918 年广东省南粤 $7\frac{1}{4}$ 级地震，以及 1994 年 9 月中国台湾大陆 7 级地震，

影响烈度 ≤6 度。

4. 地震效应

(1) 第四系地层

长沙地区第四系地层有全新统（橘子洲组）和更新统（白水江组、马王堆组、白沙井组、新开铺组和洞井铺组），均具河流相二元结构，按岩性有人工填土、淤泥质土、粉质黏土、粉土、细砂、粗砂、圆砾、卵石以及残积粉质黏土、残积砂，基岩有白垩系砂砾岩、泥质粉砂岩、砾岩；泥盆系泥灰岩以及元古界板岩。

(2) 剪切波速特性

实测资料表明，长沙地区不同土类的剪切波速存在明显差异，地貌单元不同，地层成因不同，测试结果差异显著。即使同一地貌单元、同一沉积环境形成的地层，因其测试深度不同，波速值也在某一范围内变化。总的来说，同一地面深度，高阶地的剪切波速值明显高于低一级阶地，河漫滩相松散层的剪切波速值明显降低。

(3) 场地类别与抗震地段

根据《建筑抗震设计规范》（GB 50011—2010），长沙地区抗震设防烈度为Ⅵ度，设计地震分组为第一组，设计基本地震加速度为 0.05 g，设计特征周期多为 0.35 s。

长沙地区覆盖层厚度（0 m < dov < 120 m），场地土类型涉及软弱土 – 岩石，主要地段等效剪切波速值在 250~500 m/s 之间，建筑场地类别以Ⅱ类为主，局部为Ⅰ或Ⅲ类。多为可进行建设一般场地。

(4) 地震液化

长沙市地震设防烈度为Ⅵ度，导致砂土液化的可能性很小。Ⅱ~Ⅳ级阶地范围内地下土层主要形成于晚更新世（Q_3）以前，饱和砂土不发育，土层稳定性好，Ⅵ度地震液化的可能性很小。河漫滩和Ⅰ级阶地局部地段当遭受Ⅶ度地震影响时有发生轻微砂土液化的可能性。Ⅵ度时一般情况可不进行判别和处理，一般建筑物可以不考虑软基震陷问题。

(六) 不良地质作用

据调查，区内不良地质作用类型有滑坡、岩溶、管涌及历史遗留的人防地道等，其形成受地形地貌、地层岩性、地质构造等自然因素以及人类工程活动等因素控制。

(1) 滑坡。主要分布在区内南部铁路和公路的陡坡地段、边坡支挡薄弱地段以及高

级阶地上的第四系坡积物、洪积物分布区。比较典型的有长沙仪器厂滑坡(1993 年)、新开铺京广铁路隧道口北侧滑坡(1997 年)、水文二队宿舍楼护坡滑塌(1999 年)、湘府西路弃土超荷导致水库堤坝滑坡爆炸(2004 年)。

(2)岩溶。分布在中山路以南、老省政府以西、劳动路以北地段以及新开铺小学至芙蓉路立交桥一带。在河西则分布于坪塘, 洋湖垸, 桃子湖, 中南大学望湖等地段。本区岩溶分布区其上覆盖第四系土层厚度较大,一般在 20~35 m 厚,不利于地面塌陷的形成。若不合理开发利用地下水,可能引发不良地质作用:省政府(二院)107 号供水井自 1978 年开采以来,水位逐年下降,并将可能引起地面塌陷;又如黄花机场水源地,采水量为 4653 m^3/d,当采水量达到 7000 m^3/d 时,附近地面发生了 5 个塌陷坑;跳马乡芦荻塘村由于暴雨使采石坑的岩溶含水层的地下水位急剧恢复,在地面产生 17 个塌陷洞和大面积的地面蝶状沉陷和开裂,毁坏农田 30 余亩,危及输油管道和公路安全(1998 年)。

(3)管涌。主要分布在本区湘江东岸、浏阳河南岸地段,地段堤基础下部砂砾石层或砂层为主导透水地层,分布较稳定,埋藏浅,厚度较大(3~6 m),其透水能力较强,渗透系数一般可达 $K = 25~45$ m/d。这些地段为易发管涌地段。如湘江东岸从北大桥至长沙市化工厂一带,浏阳河南沿岸。1996 年和 1998 年这两年特大洪水,使大堤内侧发生 9 处管涌;2005 年靳江河天然气管道施工曾经引起大规模管涌。

(4)防空地道。由于特定历史时期的需要,长沙同全国其他许多城市一样普遍分布有人防地道。大多数无资料可查,给工程勘察、设计、施工带来了很大困难。长沙矿冶研究院 34 号楼、长沙交通学院 25 号楼、市汽车配件厂宿舍、省烟草专卖局综合楼及五一大道、省政府附近等均发现浅埋地道,长沙烈士公园烈士塔北东向长约 1 km、宽 3~5 m 的地带曾因洞室失稳而出现十几处陷落坑。

二、长沙水文地质条件与白沙古井

(一)水文地质条件

1.长沙地区水系分布

长沙地区主要河流为湘江、浏阳河、捞刀河、靳江及沩水等支流(简称"一江四水")构成树枝状水系(图 4-5)。

湘江由南部大托铺入境并纵贯全区,于霞凝港出境,全长约 37 km,河宽 600~1250 m,每年 4 月至 6 月为丰水期。据湘江长沙站观测资料,最高洪水位 39.18 m(1998 年 6 月 28 日,吴淞高程),最低水位 24.87 m(2009 年 10 月 31 日,吴淞高程),多年平均水位 29.48 m,最大变幅度 13.83 m,多年平均变幅 10 m;最大流量 14700 m^3/s(1954 年 6 月 30 日),最小流量为 134 m^3/s(1954 年 11 月 19 日),多年平均流量 2473 m^3/s;最大流速 1.26 m/s,最小流速 0.12 m/s,平均流速约 1 m/s,汛期流速高达 2.6 m/s;枯水期为每年 10 月至翌年 2 月,平均水位 27 m。多年平均水温 18.7℃~19.5℃。含沙量 0.08~0.24 kg/m^3。水化学类型以 $HCO_3~Ca·Mg$ 型最为常见。

各支流的水位、流量亦随季节的变化而变化。雨季延伸长、流量大;旱季水量少,部分溪沟甚至断流。

浏阳河是区内湘江最大的一级支流,区内长 32 km,河宽 100~250 m。最大流量

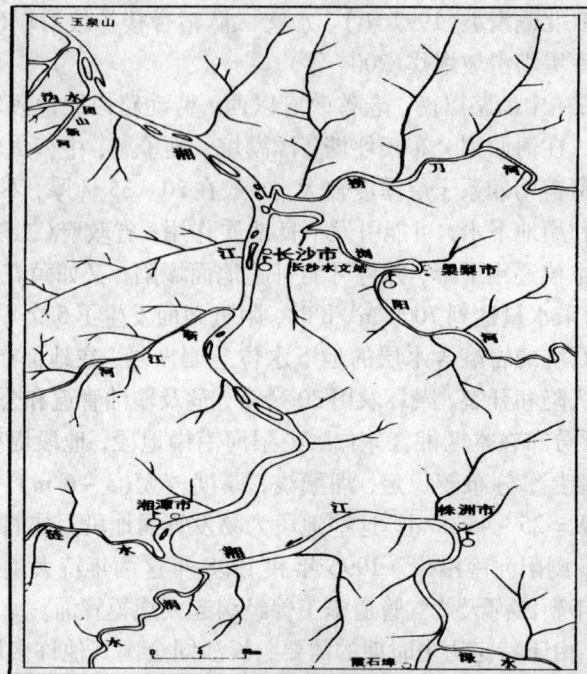

图 4-5　长沙市区水系分布区

1970 m³/s，最小流量 12.7 m³/s，平均流量 95.80 m³/s。

捞刀河为湘江干流的一级支流，由东向西汇入湘江，河道宽 50 m 左右，断面平均流速 2.24 m/s，流域面积 2903 km²，河口最高洪水位标高 36.46 m，最低水位标高 24 m，平均水位标高 27 m，最大年变幅 12 m。

2. 地下水

（1）松散堆积层孔隙水含水岩组特征

在湘江、浏阳河阶地和河漫滩，含水岩组为第四系中更新统新开铺组、白沙井组、马王堆组，上更新统白水江组和全新统橘子洲组砂砾石层。浅层地下水丰富，主要赋存于河流两岸的第四系松散冲积物，水位埋深 0.20~7.50 m。

补给条件：阶地孔隙水以大气降水补给为主，湘江、浏阳河一级阶地孔隙水除接受大气降水补给外，还接受阶地孔隙水径流补给，洪水期受河流反补给。

径流条件：高阶地的孔隙水径流途径短，无一定流动方向，就地补给，就地排泄，交替循环强烈。

排泄条件：高阶地，岗丘地带的孔隙排泄条件好，以临近溪沟为排泄场所，以下降泉渗流的形式或沿砂砾石与基岩接触面排泄于溪沟中，一、二级阶地孔隙水以湘江、浏阳河为排泄场所，排泄条件好。其次通过蒸发方式进行垂直排泄。砂砾层为强透水层，富水性较好，水力联系较好。

不同的地貌单元，不同的含水层胶结状态，其渗透性强弱差别甚大。一般地，濒临江河区白水江组、橘子洲组、马王堆组富水性中等至较好,渗透系数数据较高,而高级阶地上的白沙井组富水性较差,如地处浏阳河一级阶地的开福区政府渗透系数高达 73 m/d,而在雨花亭一带则为 10 ~ 30 m/d 不等。由于勘察时多采用简易抽水试验,不同的试验方法其结果差别在 10 倍以上。铁道部第四勘察设计研究院曾在新中路采用 6 种方法对砂砾层的渗透性进行了评价,其结果为 3 ~ 50.4 m/d。近年来长沙城区不同地段的抽水试验结果综合见表 4 - 9。

表 4 - 9　主要阶地抽水试验结果表(长沙市规划勘测设计研究院)

貌单元	一级阶地		二级阶地		三级阶地	四级阶地					
试验地点	先锋厅	交警大楼	长沙塑料厂	联丰大厦	砂子塘	新中路					
试验地层	圆砾	圆砾	圆砾	圆砾	圆砾	砂、卵石					
试验方法	抽水试验	抽水试验	抽水试验	抽水试验	抽水试验	理论分析	钻孔	民井	斜井抽水	注水	水文井试验
渗透系数 /(m·d⁻¹)	27.17 ~ 29.75	7.59 ~ 8.11	15.8 ~ 17.85	11.98	19.15	5.27 ~ 50.4	20.16	27.95	17.40	3	3.31 ~ 28.44

(2)基岩裂隙水和岩溶水特征

城区主要基岩为白垩系泥质粉砂岩,基岩裂隙水甚微。局部地段岩溶发育,往往与第四系地层存在水力联系。根据已有基岩供水勘探孔的成井资料,主要取水层为泥盆系灰岩、泥质灰岩及白垩系砾岩。全市共形成三个基岩裂隙水开采井段,以省政府、附二医院、铁道学院为中心的泥盆系灰岩开采段及以黑石铺 1103 厂为中心的白垩系底砾岩开采段,取水高程 -280 ~ -300 m 或 -350 ~ -380 m。基岩裂隙水和岩溶水形成条件除受岩性条件的控制外,主要受构造和岩溶的连通性制约,在五一路原省政府开采段,涌水量为 1.7 ~ 5.2 L/s,单井日出水量约 500 m³/d;在溁湾镇交警大楼的构造裂隙中钻孔单孔,涌水量达 11.8 ~ 26.0 t/d。

(二)白沙古井

白沙井为中国四大名泉之一,赋存于中更新世形成的白沙井组(Q_{2b})砂砾石层中。毛泽东诗词中"才饮长沙水,又食武昌鱼"中"长沙水"即指该水,白沙古井对长沙市民有着特殊的意义。

1. 地形、地貌及地层结构

长沙地貌为剥蚀构造丘陵与河流堆积阶地,气候为亚热带湿润季风气候,多年平均降雨量 1394.6 mm。湘江自南而北贯穿城区,对地下水影响很大。地下水以第四系砂砾层中的孔隙水为主,埋藏浅,季节性变化大。

白沙井位于湘江东岸Ⅲ级阶地中前缘的南北向展布槽谷中,西侧地形较高,标高 60.0 ~ 63.0 m,东为高达 14 m 的陡坎,坡底高程 49.36 ~ 51.36 m。水文地质概况见表 4 - 10。

表4-10 白沙井的水文地质概况

地 层	地层特征	厚度/m	渗透系数/(m·d⁻¹)
①粉质黏土	棕红、褐黄色,网纹结构,硬塑-坚硬状	4.0~9.5	0.24
②中粗砂	褐黄色,湿-饱和,松散-稍密,含黏土15%~30%、砾石3%~5%	0.5~2.8	渗透性良好
③卵石	灰黄、浅黄色,中密-密实状,饱和。粒径2~5 cm,中粗砂充填	3.0~5.6	白沙井之含水层
④泥质粉砂岩	黏土质软岩,顶板标高总体由东向西倾斜,与地下径流方向一致	>150	隔水层

砂卵石含水层上受粉质黏土阻隔,下受透水性微弱的泥质粉砂岩挟持。孔隙水在内迭阶地上由高阶地流向低阶地过程中,在沟谷切割较深部位以泉的形式排泄,为侵蚀下降泉(图4-6),泉口标高50.71 m。

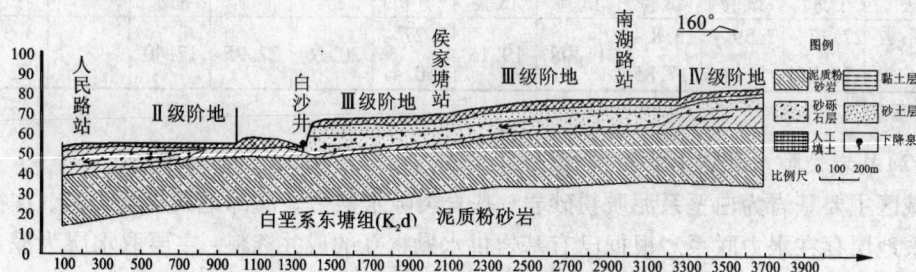

图4-6 长沙白沙井出露地层示意图

2. 含水层的厘定

人们对确定白沙井含水层的范围时,往往忽视新构造运动抬升、掀斜对含水层厚度及分布的影响,甚至将中更新统洞井铺组、新开铺组与白沙井组模糊化。有人认为白沙井含水层南北长数公里,南可至暮云。也有人将白沙井含水层局限于白沙路以东、人民路以南、芙蓉路以西、劳动路以北约0.4 km²的范围内。

研究表明,新开铺组与洞井铺组为河流与湖泊交替出现的古地理环境的沉积物,当时的长沙在丰水期可与古洞庭湖连通。白沙井组为河流沉积,物质来源主要是湘江及浏阳河两大水系,其底部的粗碎屑表明盆地周围有一段快速上升的历史。白沙井组与新开铺组两个地质时期的新构造运动强度、幅度存在明显差异。

3. 补给范围

城市地下水的补给主要有大气降水、地表水输入和区外地下水输入。由多年平均降雨量和平均泉流量估算,白沙井的补给面积达2.45 km²。场地附近粉质黏土厚度大、渗透性弱,故白沙井的水源补给应为区域性大气降水及同一含水层的侧向径流补给,补给范围应延至南端的IV级阶地。

4. 流量变化规律及原因

长期监测资料显示, 1974 年白沙井水平均流量 2.177 L/s, 2008 年最高流量 1.46 L/s, 最少 0.96 L/s。30 多年来, 白沙井水减少了 60%。13 年前白沙古井的流量动态反应为明显的丰、枯水期, 而目前白沙井的流量动态基本稳定在 1 ~ 1.5 L/s 之间, 流量呈变小趋势, 已无季节性变化规律(图 4 - 7)。

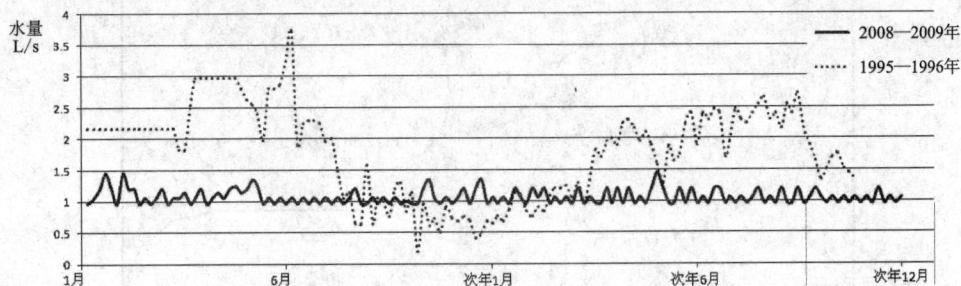

图 4 - 7 白沙井地下水流量动态变化

上述现象的根本原因在于地面硬化和城市建设大量削弱了地表径流的补给面积, 同时越来越多的深大基坑大大减少了过水断面, 对地下径流造成显著影响。

5. 地铁建设对白沙井的影响

(1)地铁线路影响

长沙轨道交通 1 号线从白沙井附近通过(图 4 - 8)。地铁 1 号一期工程为水平间距在 10 ~ 15 m、直径 6 m 的两条平行隧道。自芙蓉路向北, 即新建西路站→赤黄路站→南湖路站→侯家塘站三个区间中, 地面标高为 75 m→67 m→68 m→57 m, 含水层的坡降与地面标高几乎一致, 隧道大部分需穿过白沙井组 Q_{2b} 的砂卵石含水层, 线路与地下径流相交。白沙井附近区域的等水位线图(图 4 - 9)反映了地形地貌对地下水流向的影响, 区域地下水总体流向为自南向北, 在白沙井区域则转向北西。

图 4 - 8 地铁 1 号线与白沙井关系图

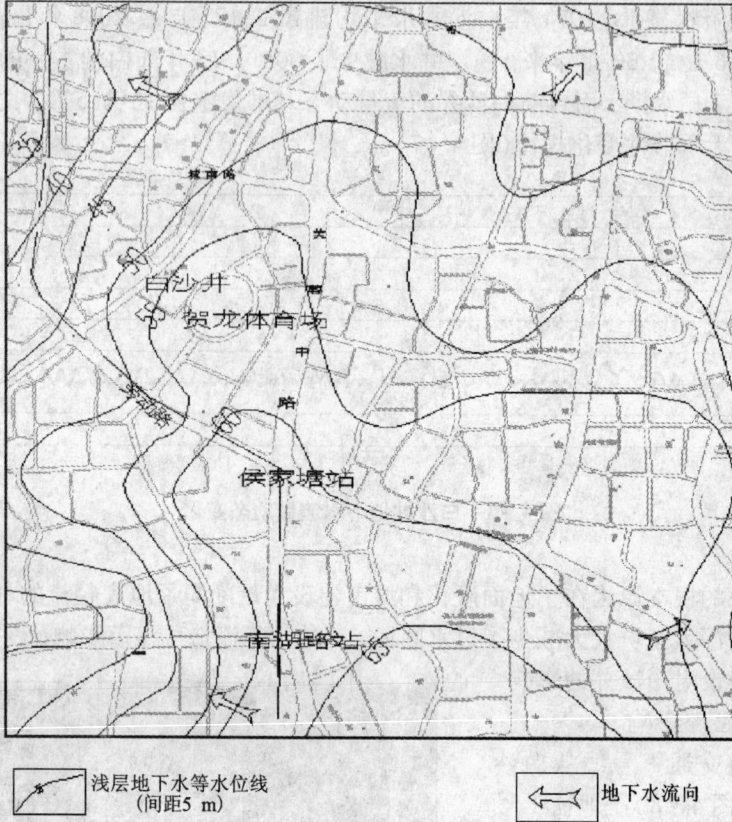

图 4-9　白沙井附近的等水位线图

由基岩顶板等高线图（图 4-10）可知，白沙井附近基岩标高 36 m 左右，其东侧贺龙体育馆台地基岩标高 46 m，西部岩面标高 50 m 以上，成为地下水径流的"阻水丁坝"。

上述资料表明，由于新构造运动由南向北掀斜，隧道沿线形成了近 SN-NW 向的分水岭，地下径流并非完全的南北向，地铁 1 号线与地下径流方向斜交，不仅导致白沙井水源层变窄，其地下结构必将减少过水断面，影响地下径流。

（2）施工影响

贺龙体育场扩建、田汉大剧院附近高层建筑基坑排水时，降落漏斗影响到白沙

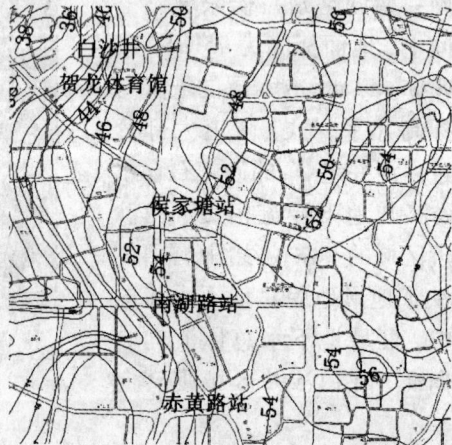

图 4-10　场地附近基岩顶板等高线图

井水源的补给，均造成白沙井水量干枯或减少。

在白沙井水地下径流方向，长沙轨道交通 1 号线自南而北有新建西路站、赤黄路站、南湖路站和侯家塘站，均位于含水层中，各站点含水层厚度分别为 16.34 m、9.00 m、8.10 m、3.80 m，均在施工开挖范围内，必须采用降水或止水措施。以位于白沙井东南向约 400 m 的侯家塘站为例，根据中国有色金属长沙勘察设计院提交的详细勘察报告，其影响半径达 297.12 m，总涌水量 1710.25 m^3/d。施工将影响白沙井水量。

（3）营运影响

隧道结构在减少蓄水空间的同时也减少了地下水的过水断面。车站基坑和隧道结构占据部分含水层，减小了地下水过水面积，使地下水的补给受阻而改变地下水的径流场：在迎水方向一侧，因径流受阻而使地下水位局部壅高，另一侧因接受补给量减少而使水头降低，减缓了水力坡度和流速，导致排泄泉点水量减少。

三、湖南省地质博物馆和中南大学地质博物馆

（一）湖南省地质博物馆

湖南省地质博物馆常年担负全省地质科普、科研、对外交流等任务。属地质专业馆，各类珍贵标本、馆藏展品一万余件，其中无齿芙蓉龙、辉锑矿、白钨矿独具湖南特色。常年对外开放，接待英国、德国、瑞典等十多个国家专家来访与交流，是湖南省对外交流的重要窗口。

想知道湖南最古老的岩石是什么模样吗？想知道湖南省 22 个恐龙遗迹分布在哪些地方吗？想知道你的家在全国最大的主体沙盘上的位置吗？想了解家乡的土壤适合种植什么样的作物吗？在全新开放的湖南省地质博物馆，全部可以找到答案。

湖南省地质博物馆始建于 1958 年，是全国最早建立的省级地质博物馆之一，我省唯一的自然科学博物馆，共设 6 个常展厅，1 个序厅，1 个中厅，1 个矿石林区，1 个服务区，内容涵盖地质、土地、测绘三大方面，拥有大量珍贵、独具特色的藏品和先进的展览设施，采用实物、模型、图表和声光电技术生动形象地展示和解读各种神奇的地质作用与地质现象，有着 50 多年历史的湖南省地质博物馆也升级成为一座宏伟的科普殿堂。馆内最有特色的矿石晶体馆，充分展示了有着"有色金属之乡"美誉的湖南特色。

湖南省地质博物馆有全国最大的地质沙盘、恐龙的祖先无牙芙蓉龙的化石标本，还有世界上最大的菱锰矿晶体。同时采用了 4D 泥石流实景展现体验、环幕电影、感应式电子书等多媒体技术，大大提升了互动性。到地质博物馆看什么？

1. 看点一：湖南目前年纪最大的岩石

地点：一楼地球厅

你知道湖南省目前发现的最古老的岩石有多大年纪了吗？答案是：17 亿年。

在一楼地球厅，一块 17 亿年的枕状玄武岩石（图 4-11），是目前湖南省发现的地质年代最久远的一块岩石。这块在益阳市郊石嘴塘发现的石头，也成为馆藏年纪最大的一件藏品。

地质博物馆里的地球厅、矿物厅，可以了解关于地球的形成与各种地质作用所展示的风貌，以及三大岩石（岩浆岩、沉积岩、变质岩）的基本特征，地震与海啸形成的机理，

天文天象的基本知识；在矿物厅可以了解地球上矿物的基本性质、分类、用途，学会识别常见矿物的基本方法，同时可以零距离接触这些大自然的瑰宝。

和地球 48 亿年的历史相比，馆藏的年纪最大的岩石依然还是年纪太小。地球的半径有 6370 多 km，人类目前在地球上最深的钻洞是 12 km，如果用一个人来作比较，可以说人类对地球的了解，好比只是头上的几根头发丝而已。

2. 看点二：湖南省恐龙地图大揭秘

地点：一楼恐龙厅

一楼的古生物厅的恐龙展厅中，在一张地图上标注了目前湖南省已发现的 22 处发现了恐龙遗迹的地方。省地质博物馆内馆藏的大型古生物化石之中最抢眼的两处是恐龙和东方剑齿象。

古生物厅则清晰地揭示从古生代、中生代到新生代地球生命的演化过程，展厅里幻影成像和澄江生物群，有庞然大物的剑齿象骨架化石（图 4 – 12），有不同时代的各类大型恐龙模型、恐龙蛋和恐龙脚印化石，特别是无牙芙蓉龙化石更是珍贵的化石标本。无牙芙蓉龙不是恐龙，而是恐龙的祖先，目前全世界仅有的三具无牙芙蓉龙的化石标本全部在国内，湖南省 1981 年在湘西桑植芙蓉桥地区发现的这一具化石标本是其中之一。

图 4 –11　枕状玄武岩石

（益阳市郊石嘴塘，17 亿年，湖南最老岩石）

图 4 –12　东方剑齿象化石

湘西桑植芙蓉桥发现的无牙芙蓉龙化石（图 4 – 13）比较全面，不但有牙齿、骨骼甚至皮肤印迹等各类化石，还发现了同期的植物化石，具有很高的学术价值。

无牙芙蓉龙发现在 20 世纪 70 年代中期的 1∶20 万区域地质调查行动中。在地质调查时，常常要用到标准古生化石和标准地层的对比。当时在湘西桑植的芙蓉桥地区发现了一种中三叠系巴东组的泻湖沉积中发掘出的槽齿类爬行动物，为恐龙、翼龙、鳄类及鸟类的共同祖先。专家们随后在此展开更大规模发掘，1981 年，在芙蓉桥地区，馆藏的这一无牙芙蓉龙化石被发现。这条龙长 3.21 m，高 1.06 m，最主要的特征在于其上下颌骨有坚硬的角质鞘，但无牙齿。根据地质学的常规命名原则，以首次发现地地名命名了这种龙化石，"无牙芙蓉龙"正式得名。

在恐龙展厅，除了生活在三叠纪的恐龙的祖先无牙芙蓉龙，还有生活在侏罗纪和白垩纪的各类恐龙化石。

3. 看点三："镇馆之宝"值 500 万美元

地点：二楼矿物晶体厅临展厅

矿物晶体厅，是馆内最具特色的展厅，特别是现在收藏的一块重达 70 kg 的大红色菱锰矿莹石晶体(图 4－14)，更是全世界最大的菱锰矿晶体，价值 500 万美元，是省地质博物馆的"镇馆之宝"。"一般情况下，菱锰矿一般是以块状和粒状出现，很少出现矿物晶体；只有在高温岩浆和热液同时稳定的地质环境中，有一定空间的时候才会形成，而且时间较长。""镇馆之宝"是 2010 年在广西梧州发现的，形成年代大约在 5 亿年以前。当时一矿主在一处菱锰矿矿洞中开矿时，发现了这一稀世之宝。随后有一次将其带到美国参加一个矿石展览时，有美国买家出价 500 万美元想要购买这件"宝贝"，但没有成功。

图 4－13　享誉中外的无齿芙蓉龙化石
(1981 年在湘西桑植芙蓉桥被发现，全世界仅三具)

图 4－14　世界上体积最大的菱锰矿矿物标本
(重 70 kg，2010 年在广西梧州被发现)

矿物晶体厅是省地质博物馆里最有亮点的部分，现在展示的矿物晶体近千件，主要来自湖南几大矿山和国内几个主要产矿省份以及国外几个主要产矿国家，其中的 300 多件是来自世界各地的矿物晶体精品和绝品。

（二）中南大学地质博物馆

中南大学地质博物馆是中国院校级地质博物馆。位于湖南省长沙市岳麓山校园内。该馆始建于 1952 年，由中山大学、广西大学、湖南大学、武汉大学、南昌大学、北京工业学院的矿冶系所辖矿物标本陈列室合并而成。1987 年扩建，并起用今名。该地质博物馆陈列面积为 750 m²，以全封闭移动柜式陈列为主，设有动力地质、古生物地史、矿物、岩石、矿床、宝玉石、矿产资源开发等 7 个陈列室、1 个储藏室和 1 个研究室。该地质博物馆藏品有全国各地的地质标本 1.4 万多件，珍品有湖南大庸、永顺奥陶纪大型三叶虫化石群，举世无双的大型辉锑矿、雄黄、雌黄晶簇、茅头状辰砂穿插双晶、白钨矿八面体单晶、车轮矿和中国独特的香花石晶体，还有各重 70 kg 的铁镍陨石、铁石陨石等，同时珍藏有新苏联、美国、法国、英国、德国、日本、朝鲜、蒙古、坦桑尼亚、南非、澳大利亚等五大洲十多个国家的古生物、矿物、岩石、矿床标本。

著名地质学家陈国达教授自 1956 年以来创立的中国大地构造学派之一的"地洼学

说"得到了良好的展示。对湖南新化锡矿山锑矿床、桃林铅锌矿床和郴县柿竹园钨锡铋钼矿田、贵州玉屏万山汞矿田、甘肃金川铜镍矿床、白银厂铜矿床、云南个旧锡矿床等一批特大型或大型矿床进行了重点陈列。

中南大学地质博物馆下设五个分馆，即地球科学普及馆、古生物地史馆、矿物岩石馆、矿床馆等，目前馆藏各类标本16000多件，系统矿床标本300余处，展出标本1500多件，各类图件、照片500余幅。

地球科学普及馆模拟成宇宙空间，在千万分之一的地球模型上呈现立体大陆和海底地貌，缓慢地自转在星空之中，给参观者身临其境的感觉。展出内容以地球为中心，介绍动力地质的基本原理和地球科学的历史、现状和展望。着重介绍陈国达院士在1956年创立的地洼学说。

古生物地史馆按古生物门类和地史演化两个系列陈列标本，说明生物在地质历史时期中发生发展及演化规律。有完整的三趾马头骨化石、奥陶纪大型三叶虫共生生物群落标本、大型箭龙复原模型等；矿物岩石馆系统展出各大类矿物标本及矿物物理性质标本，其中有辉锑矿晶、辰砂单晶及茅头状辰砂穿插双晶、白钨矿八面体单晶、板状黑钨矿巨晶以及我国独有的香花石晶体等。岩石部分展出各大类岩石，介绍了典型的岩石结构构造，展品有地幔岩、铁陨石、铁石陨石、晶洞花岗岩及黄长岩等稀有标本。

矿床馆以中国矿产资源分布图电动模型为中心，以矿床的成因类型为主要线索，展出具有我国特色的有色金属矿床和其他矿床。

四、岳麓山公园主要实习点

（一）岳麓山地质历史简介

距今约4亿~5亿年发生了一次大规模的被称之为"加里东"的地壳运动，使湖南形成了两个隆起，挟持一个拗陷。两个隆起是东部的武夷-罗霄隆起、西部的武陵-雪峰隆起，一个拗陷是湘中拗陷。隆起成山，拗陷成海，岳麓山最早就"诞生"在由拗陷形成的海盆里。4亿年前，岳麓山在海盆的边缘紧靠古陆，属于滨岸海陆交互环境，其沉积物大都是陆源碎屑，成岩后为砂岩。这种砂岩因其特殊性，早在1928年就被著名地质学家、湖南地质事业开创人田奇先生作为一个地层单位的标准而冠名为"岳麓砂岩"，且一直沿用至今。

在岳麓砂岩中有动、植物化石，现今在岳麓山公园内公路两边镶嵌的石板面上可见到其化石碎片。在公园南大门入口200 m的五轮塔，其西北方向约400 m处的细砂岩中，地质工作者曾挖掘出"胴甲鱼"类的鱼化石，它是最早的鱼类，是由无脊椎原生动物进化到脊椎动物的最早产物，这在生物进化史上是一次重大的飞跃，自此以后的4亿余年内，脊椎海生动物登陆直至进化到人类。湖南师范大学一带有被称为三迭系上统"安源组"的海陆交互含煤碎屑岩系，表明在2亿年左右前这里还有海，但在靠近枫林宾馆岳麓山公园进门处一带有被称为"高家回组"的侏罗系下统碎屑岩层，是内陆湖泊沉积，说明在距今约1.7亿年左右海消亡了，华南地区从此结束了海洋沉积的历史。

距今1.7亿年左右，又一次被称为"燕山运动"的地壳运动强烈发生。由此结束了岳麓山作为拗陷的历史而上隆成陆。此后，因岳麓山山体为砂岩、砂砾岩、板岩等较坚硬的岩层组成，抗风化力强，故能保持低山地貌，四周断裂处经长期的侵蚀，逐渐形成沟壑、溪谷，从白鹤泉至爱晚亭一线为横向断裂带，发育成谷地，地下水沿断层汇向低谷，而有白鹤泉、清松泉诸名泉形成。而在同时期，与岳麓山紧邻的北边古陆则下降成为洞庭盆地，其南边拗陷成衡阳盆地。此时期地壳运动强烈，引发了岩浆侵入，因而南岳岩体形成。此后，当时光进入到新生代发生的新构造运动或"喜山运动"时期，洞庭盆地继续沉降保存了洞庭湖，而衡阳盆地上隆结束内陆湖历史。又经过数千万年的变化，南岳岩体终成中高山，最高峰 1289.8 m；岳麓砂岩成为低山丘陵，最高峰 300.8 m；衡阳红层成为丘陵，最高的回雁峰仅 96.8 m。自古以来，就说岳麓山是南岳山系七十二峰之一，南北朝《南岳记》称："南岳周围八百里，回雁为首，岳麓为足。"但从地质地貌科学角度来看，岳麓山列为南岳七十二峰之一并无地质成因联系。如果从其高度、岩石组成及其形成的年代而言，岳麓山显然比南岳年纪大。

（二）线路地质观察

岳麓山地质点很多，考虑安全和便捷，实习时，学生进入湖南大学东方红广场岳麓山大门后，在实习教师的带领下分左、右两条线路观察、测试。实习内容如下：

1. 罗盘介绍与使用

2. 岩性、沉积岩层理构造与产状测量

（1）观察、描述岳麓砂岩的岩石颜色、粒径、矿物成分、结构、构造、岩层厚度、层理类型等。

（2）测量岩层的产状。

3. 地质构造

（1）沉积岩的接触关系。

（2）断层：观察特征并认识要素，确定类型，分析对工程的影响。

（3）褶皱：观察特征并认识要素，确定类型，分析对工程的影响。

（4）节理：观察特征确定类型，分析对工程的影响。

（5）单斜构造：观察并分析产状特征，分析对工程的影响。

4. 地下水

（1）观察补给、排泄、分布、动态特征。

（2）分析地下水形成的原因。

（3）确定类型。

5. 风化作用

（1）观察风化产物、分带。

（2）确定类型与分级，分析对工程的影响。

6. 残积层和坡积层

分析成因和特点。

7. 边坡稳定与设计

（1）观察岩层产状与边坡产状的三个要素及其相互关系。

（2）分析边坡稳定的条件。

(三)沿线主要实习点

点号：Y-01

点位：岳麓山公园(东方红广场)正门沿左侧公路上行约20 m(图4-15)

点性：坡积层与残积层

描述：上层颗粒细小，颜色较深，富含植物根系，由山坡上部岩石风化产物经坡面细流的洗刷作用，在此沉积形成，为坡积层；下层颗粒粗大，棱角分明，颜色较浅，为砂岩风化后形成的残积层。坡积层与残积层的界线比较明显，是陆相沉积物的主要类型之一。

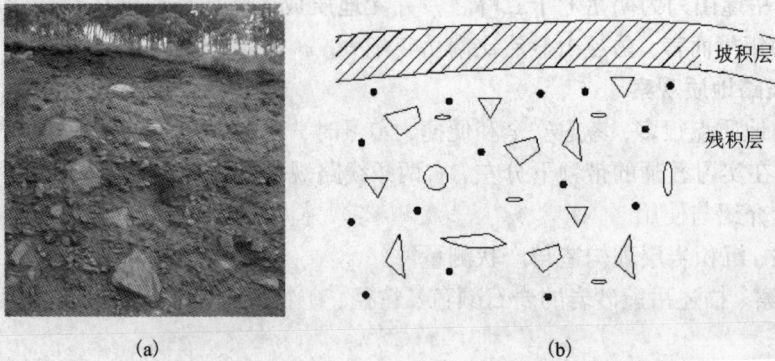

(a)　　　　　　　　　　　　　(b)

图4-15　坡积层与残积层

(a)照片；(b)示意图

点号：Y-02

点位：岳麓山消防站对面马路旁(图4-16)

点性：沉积岩、单斜构造、岩层产状与边坡稳定

(a)　　　　　　　　　　　　　(b)

图4-16　沉积岩、单斜构造、岩层产状与边坡稳定(消防站对面)

(a)照片；(b)示意图

描述：

（1）岩性与地层。该处为 D_3 时期的石英砂岩，偶尔可见不连续的页岩夹层。石英砂岩为灰白色，表面为浅土黄色，为细粒砂岩，砂质结构，强度高，抗风化能力较强，属于沉积岩。岩层厚度从薄层到厚层均有。层理发育，大致为斜层理，其间可见有尖灭现象。有构造节理发育。观察整个剖面发现，顶层为坡积土层，中层为强 - 全风化岩层，下层为微风化砂岩层夹薄层页岩层。

（2）岩层产状与边坡稳定性。岩层走向、倾向分别与边坡走向、倾向大角度相交，边坡是稳定的。岩层产状大致为：175°/85°∠15°。走向、倾向和倾角的测试方法见图 4 -17，详细说明见第 2 章第 3 节。

（3）地质构造。岩层整体向同一方向倾斜，判断为单斜构造。

图 4 -17　岩层产状测试方法
（a）测走向；（b）测倾向（一般为假倾向）；（c）测倾角（一般为假倾角）

点号：Y -03

点位：白鹤泉——云麓宫公路旁（距离白鹤泉约 40 m，图 4 -18）

点性：背斜

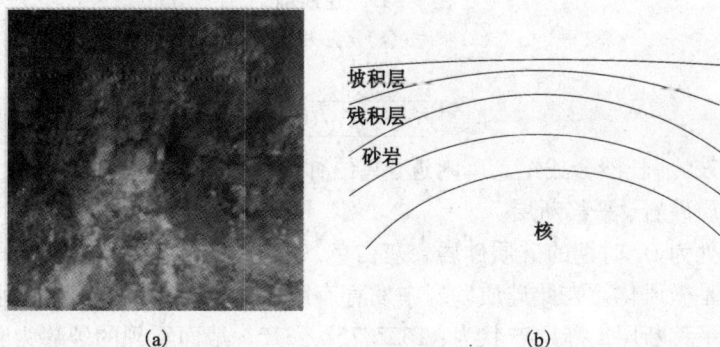

坡积层
残积层
砂岩
核

（a）　　　　　　　　　　　　　　（b）

图 4 -18　背斜
（a）照片；（b）示意图

描述：该处为一个较为舒缓的背斜。组成岩石为 D_3 时期的泥质砂岩。核部有张节理发育，岩石风化严重。为强风化。岩石风化后为土黄色。左翼产状大致为：65°，155°∠18°（仅供参考）。右翼产状为：78°/350°∠51°。根据产状该背斜属于倾覆背斜。该处公路及其边坡的走向与背斜的走向斜交，边坡稳定。

在褶皱地区选择工程路线，应尽量避开褶皱核部，因为核部岩石相对破碎，强度相对较低，透水性较强。选择水库大坝坝址、桥梁桥位时，都应选择在倾向上游的一翼，这样有利于抗滑和防渗。反之，倾向下游的一翼不利于抗滑和防渗。

点号：Y-04

点位：白鹤泉——云麓宫公路旁（距离白鹤泉约 80 m，图 4-19）

点性：逆断层

描述：该处为逆断层。断层面、断层线、上盘、下盘、上升盘、下降盘很明显。断层面上有明显的竖直方向的阶步和擦痕。断层面陡倾，倾角约为 87°。下盘（右侧）地势较低，判断该断层为逆断层。断层下盘（右侧）因为岩石破碎、风化而产生崩塌，故采用水泥砂浆加固。

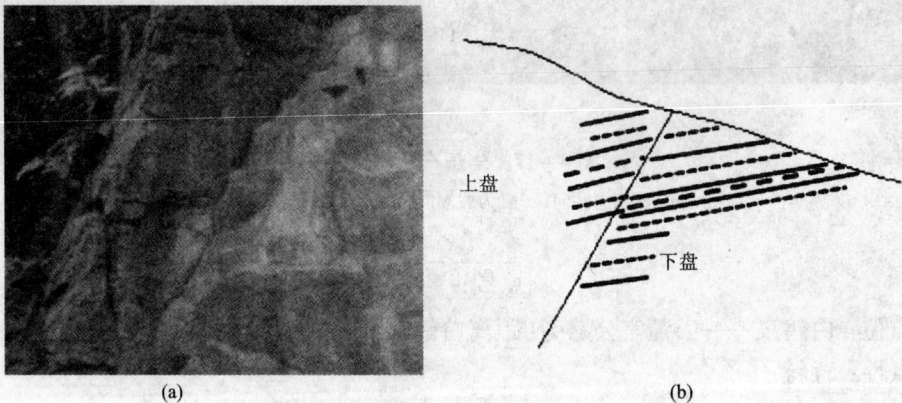

(a)　　　　　　　　　　　　　　　　(b)

图 4-19　逆断层

(a)照片；(b)示意图(剖面)

点号：Y-05

点位：响鼓岭（长沙会战纪念碑附近、鸟语林旁，图 4-20）

点性：硅质砂岩、平移断层

描述：该处为 D_3 时期的硅质砂岩。灰白色，强度高，抗风化能力强，即使完全裸露地表，也仅仅是微风化。在此硅质砂岩中发育有断层，断层面平整光滑，水平方向的擦痕明显，故为平移断层。断层产状为：165°/75°∠81°。地面看到的裂缝为断层线。断层面两侧岩体被剪切成许多小的结构体，两盘剪节理排列十分密集，成对出现。

点号：Y - 06

点位：黄兴墓正下方石级旁（图 4 - 21）

点性：石英砂岩、生物风化

描述：该处为 D_3 时期的中厚层石英砂岩。可看到裂隙中长出树根。植物种子从发芽、根系生长过程中，撑裂岩石裂隙，导致节理不断扩张、岩石越来越不完整。

图 4 - 20 硅质砂岩、平移断层（响鼓岭）

图 4 - 21 石英砂岩、生物风化
（黄兴墓正下方石级旁）

点号：Y - 07

点位：鸟语林上方平坦公路中段（图 4 - 22）

点性：沉积岩、单斜构造、岩层产状与边坡稳定

描述：

(1)岩性与地层。该处为 D_3 时期的石英砂岩，可见不连续的页岩夹层。岩层厚度从

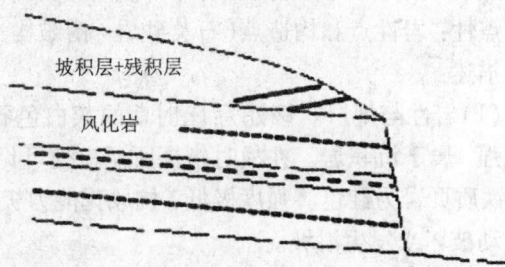

坡积层+残积层

风化岩

(a)

(b)

图 4 - 22 沉积岩、单斜构造、岩层产状与边坡稳定
（鸟语林上方平坦公路中段）

(a)照片；(b)示意图（剖面）

薄层到厚层均有。观察整个剖面发现，顶层为坡积土层，厚度 1 m 左右，中层为强－全风化岩层。

（2）岩层产状与边坡稳定性。岩层走向、倾向分别与边坡走向、倾向一致，岩层倾角小于坡角，边坡不稳定，但由于开挖深度小（不足 1 m），没有引起滑塌。不允许再深挖。

（3）地质构造。岩层整体向同一方向倾斜，判断为单斜构造。

点号：Y－08

点位：白鹤泉

点性：裂隙承压水形成断层泉

描述：该泉为地下水中的承压水，是石英砂岩中的裂隙水所形成。该处为白鹤泉大断裂所切割，致使地下水出露地表形成泉，为断层泉。旁边的山体因为断层的切割有崩塌现象，用生态挡墙做了处理。由于连续的地下水位下降，该处的承压水没有充满，故为低压的承压水。水位也不够恒定。

冬夏不涸，清冽甘甜，清澈透明。白鹤泉有"麓山第一芳润"之称。相传古时候曾有一对仙鹤常飞至此因而取名白鹤泉，有趣的是以泉水煮沸沏茶，蒸腾的热气盘旋杯口，酷似白鹤。曾有寺僧砌石为井如鹤形，刻"白鹤泉"三字于崖上，并建有一石碑。清光绪三年（1877），粮道夏献云在泉上建亭，抗战时被毁，解放后又新建一亭，碧瓦朱栏，颇见风雅。现泉侧建有茶室，用清冽的白鹤泉水沏茶，供游客品尝。明代《岳麓书院志》说"泉出石中，甘洁不枯"，又说"常有白鹤飞止石巅"。清代《新修岳麓书院志》也说："泉出石中，甘冽绝伦，尝有白鹤守之，刻石记其上。"故称为白鹤泉。在白鹤泉的南侧，山形险峻，绝壁悬崖，中有一断裂的巨石，古人称之为笑啼岩。在笑啼岩所处的位置，两峰夹峙，形成瓶颈，加之坡陡路急，林木茂盛，每当山风拂过，天地万物飕飕有声，似喜似悲，若啼若笑，好像是从断岩中传出。

点号：Y－09

点位：清风峡（第九战区司令部战时指挥部旧址附近，图 4－23）

点性：岩性点和构造点（石英砂岩、褶皱构造）

描述：

（1）岩性与地层。该处为 D_3 时期的灰白色石英砂岩，砂质结构，强度高，抗风化能力较强，属于沉积岩。在战时指挥所洞口处可见泥质和铁质页岩夹层。泥质页岩为灰绿色，铁质页岩为红色。强度极低，抗风化能力极差。在实际工程中要防止工程沿页岩发生滑动破坏或发生滑坡。

（2）该处为褶皱构造，高处为直立背斜，有水流处为向斜。背斜核部张节理不太发育。左翼实测产状为：45°/135° ∠45°；右翼实测产状为：58°/148° ∠48°，右翼有剪节理发育，将右翼岩体剪切成结构体，并沿着岩层层面发生了滑动破坏。向斜核部岩石破碎，形成沟壑、顺地形。

图 4-23　清风峡褶皱

（a）照片；（b）示意图

点号：Y-10

点位：爱晚亭左侧公路边坡（图 4-24）

点性：沉积岩、岩层产状与边坡产状的关系

描述：

（1）岩性与地层。该处为 D_3 时期的石英砂岩，偶尔可见不连续的页岩夹层。石英砂岩为灰白色，表面为浅土黄色，为细粒砂岩，砂质结构，强度高，抗风化能力较强，属于沉积岩。岩层厚度从薄层到厚层均有。层理发育，大致为平行层理-斜层理，其间可见尖灭现象。有构造节理发育。观察整个剖面发现，顶层为坡积土层，中层为强-全风化岩层，下层为微风化砂岩层夹薄层页岩层。

（2）岩层产状与边坡稳定性。岩层走向与边坡走向平行-斜交，岩层倾向分别与边

图 4-24　爱晚亭左侧公路边坡

（a）照片；（b）示意图

坡倾向斜交－相反，边坡是稳定的。

（3）地质构造。岩层整体向同一方向倾斜，判断为单斜构造。

五、金盆岭－长沙生态动物园（芙蓉南路）－石燕湖公园沿线主要实习点

（一）石燕湖地质历史简介

石燕湖生态旅游景区是一家国家 AAAA 级景区。位于长沙、株洲、湘潭三市交汇处，距长株潭三市中心仅半小时车程。石燕湖是湖南省首家野生动物园、湖南百景、湖南省十大水体旅游景区、国内专业的拓展训练基地、群众赛龙舟基地，是长沙市民最受欢迎的十佳旅游景区之一。景区群山环抱，碧水如玉，峰峦秀削，芳草鲜美，古干虬枝，绿阴匝地。湖水颜色清幽纯净，且富于变化。景区四周环绕着郁郁葱葱的原始次森林，除水面以外森林覆盖率达98%以上，空气中负氧离子含量每立方厘米达八万个以上，被誉为"湖南九寨、人间瑶池"，"都市人绿蓝色的梦幻"、"长株潭三市绿色中心公园"。

地处湖南省长沙县跳马乡的石燕湖生态旅游公园门口附近发现泥盆纪标准地层。据了解，我国早在 1927 年就在长沙县跳马涧一带发现了距今 3 亿年的泥盆纪地层，比英国发现泥盆纪地层更早、更具有代表性，为 3 亿年的地层情况和海洋环境的研究提供了最原始的资料和依据，曾被称为泥盆纪跳马涧组标准地层。而石燕湖公园门口的泥盆纪地层正是这种地层的完整代表。在这里发现过大量的鱼化石、石燕化石，石燕湖便得名于此。跳马涧的由来缘于关羽征长沙。建安时，关羽征长沙，与长沙太守所派老将黄忠大战两日，不分胜负，突然黄忠转身一箭射在关羽的盔缨上，关羽的赤兔马受惊狂奔，青龙偃月刀掉入河里。关羽一口气往南跑了几十里，来到石燕湖，只见山峦起伏，中间一条险涧，后面的追兵喊杀声震天，形势万分危急，这时，关云长的赤兔马四脚腾空，飞跃过涧，关羽得以脱险。后人为纪念关羽，将跃马之处命名为跳马涧。

（二）线路地质观察

从校区（金盆岭或者云塘）、长沙生态动物园（芙蓉南路）到石燕湖公园，主要出露沉积岩、基座阶地和滑坡。沉积岩包括两校区周边的紫红色泥质砂（页）岩（E）、跳马涧石灰岩（P）以及石燕湖公园附近的砂砾岩（D）。在两校区周边到处可以观察到在紫红色泥质砂（页）岩（E）上层沉积的砂卵石形成的基座阶地。两校区周边及石燕湖公园正门有滑坡。

沿线地质点很多，线路长，考虑安全和便捷，宜采用乘车和步行考察相结合的方式。实习内容如下：

1. 罗盘介绍与使用

2. 岩性、沉积岩层理构造与产状测量

（1）观察、描述泥盆系跳马涧组标准地层的颜色、粒径、胶结物成分、结构、构造等。

（2）测量岩层的产状。

3. 地质构造

（1）沉积岩的接触关系。

（2）断层：观察并认识要素，确定类型，分析对工程的影响。

（3）单斜构造：观测并分析产状特征，分析对工程的影响。

4. 地下水

（1）观察补给、排泄、分布、动态特征。

（2）确定类型。

5. 风化作用

（1）观察风化产物、分带。

（2）确定类型与分级，分析对工程的影响。

6. 残积层和坡积层

分析成因和特点。

7. 边坡稳定与设计

（1）观察岩层产状与边坡产状的三个要素及其相互关系。

（2）分析边坡稳定的条件。

（三）沿线主要实习点

点号：S-01

点位：长沙生态动物园前门对面边坡（湖南省气象局北侧，图4-25）

点性：泥质砂砾岩、基座阶地、单斜构造

描述：

（1）岩性与地层。该处下层为紫红色泥质粉砂岩夹泥岩。上层为砂卵石层，粒径几厘米到几十厘米不等，滚圆状，无色或灰白色，厚1~3 m；泥质砂砾岩中碎屑物质明显，碎屑结构，斜层理、平行层理构造，且在泥岩中沿层理处有明显风化现象，有小风化槽。

（2）基座阶地。上层砂卵石层为河流长距离搬运的产物，与下伏紫红色泥质砂砾岩形成典型的基座阶地。在长沙市区很多工地有这样的揭露点，说明长沙市区历史上曾经在水下经受了河流的沉积作用。

（3）地质构造与边坡稳定性。岩层向同一方向倾斜，判断为单斜构造。边坡走向、倾向与岩层走向、倾向直（斜）交，可以看到岩层倾向坡里，为反倾向边坡，边坡稳定。

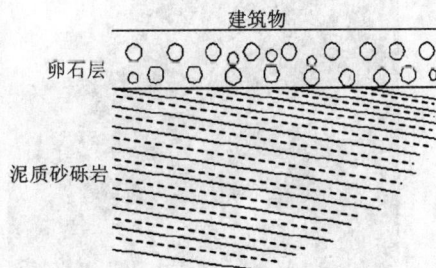

（a）　　　　　　　　　　　　　　　（b）

图4-25 泥质砂砾岩、基座阶地、单斜构造

（a）照片；（b）示意图

点号：S-02

点位：跳马乡采石场（图4-26）

点性：石灰岩及其风化、岩溶裂隙水

描述：

（1）岩性与地层。该处为D_2时期跳马涧组石灰岩，灰色，块状，有珊瑚化石，偶尔有方解石脉穿插。表层石灰岩风化后形成的黄色或红色黏性土。因为2价铁离子氧化成3价铁离子呈红色。

（2）岩溶裂隙水。有断层，沿断层带有岩溶发育，岩溶形态多为溶孔，偶尔有竖井。从水平面往地下开挖，形成开采坑。有岩溶水，为绿色，因为含有2价铁离子。

(a)　　　　　　　　　　　(b)

图4-26　石灰岩及其风化、岩溶裂隙水

(a)石灰岩采坑；(b)溶隙照片

点号：S-03

点位：樟皮塘矽砂矿（图4-27）

点性：正断层、断层面产状

描述：这里发育大规模正断层。目前的仓库地坪（原来的樟皮塘矽砂矿区）处于上

(a)　　　　　　　　　　　(b)

图4-27　正断层、断层面产状

(a)照片；(b)示意图

盘,为下降盘;山坡处于下盘,为上升盘,断层面形成了山坡面。大批学生可以同时测试断层面产状,实测值为 318°∠44°。

点号:S−04

点位:石燕湖生态公园售票处对面公路旁(图 4−28)

点性:沉积岩、单斜构造、边坡稳定性

描述:

(1)沉积岩与地层。该处为 D_2 时期的跳马涧组厚层红砂岩,碎屑成分是石英,胶结物为硅质胶结,含有少量泥质成分,细粒结构,中厚层到薄层,斜层理,有构造节理,次生节理发育,风化程度中等。顶层为风化形成的残积土和坡积土,呈黄色−红色。红砂岩属于软岩,具有崩解性,遇水极容易软化,工程性质复杂。

(2)单斜构造与边坡稳定性。单斜构造发育,岩层实测产状为 217°/307°∠37°,走向、倾向与边坡走向、倾向呈斜交或者基本垂直,该边坡稳定。

图 4−28 沉积岩、单斜构造、边坡稳定性

(a)照片;(b)示意图

点号:S−05

点位:石燕湖生态公园正门(图 4−29)

点性:泥盆系跳马涧组石英砂砾岩

描述:该处为 D_2 时期的跳马涧组石英砾岩,厚层,灰白色,为泥盆纪标准地层。碎屑成分主要是石英,碎屑颗粒大小为几毫米到几厘米不等,磨圆程度好,为河流搬运产物。胶结物成分也是石英,胶结方式为孔隙式胶结。所以该处石英砾岩微风化、强度高、抗风化能力强。斜层理、剪节理发育,且有追踪现象。石英颗粒被整齐剪开。节理面平整光滑。

点号:S−06

点位:石燕湖生态公园正门左侧山坡(图 4−30)

点性:滑坡、石英砂岩

描述:该处为牵引式、顺层岩体滑坡。现场可见到清晰的滑坡要素,如:滑坡壁、滑坡周界、滑动面、滑坡体,圈椅状地形非常明显。滑坡体上岩石为石英砂砾岩夹薄层硅

图 4 – 29　泥盆系跳马涧组石英砂砾岩(石燕湖生态公园正门处)
(a)照片；(b)局部放大

图 4 – 30　滑坡、石英砂岩
(a)滑动并清理滑坡体后；(b)目前情况

质页岩，倾向与坡向相同。滑动面为一连续的页岩软弱夹层，实测产状为：267°/357°∠47°。滑坡体长约 70 m，宽约 50 m，厚约 5 m，为小型浅层滑坡，也是顺层滑坡。该滑坡是通过滑坡体减载实现稳定的。

六、南郊公园西侧 – 秀峰山公园南侧 – 丁字湾镇沿线主要实习点

(一)丁字湾麻石简介

长沙市望城区丁字湾镇是中南地区最为集中的优质天然麻石基地，被列为中国十大石材基地之一。丁字湾的花岗岩(麻石)储量丰富，耐高温、耐磨、耐腐蚀，抗压强度达到 2040 kg/cm²，是一种高级建筑材料，天安门广场、武汉长江大桥、黄鹤楼、岳阳楼等地，都留下了它坚不可摧的身姿。1958 年修建北京人民大会堂时，因大量使用这种麻石而从望城县调去石工 800 多名。丁字湾麻石的开采史上溯到西汉。据对我国一些古寺碑塔的取样分析，所用石料多取材于此。近年来这种石料还远销欧亚的许多国家。丁字湾的麻石铺天下。

(二)线路地质观察

从南郊公园西侧、秀峰山公园南侧到丁字湾镇沿线,出露的岩石从泥质砂砾岩、板岩到花岗岩,三大类典型岩石完整出露,考察沿线地质点,容易理解沉积岩、变质岩和岩浆岩等三大类岩石的形成原因、矿物成分、结构、构造与接触关系,可以理解长沙红土的形成原因与特征,还可以观察到河流的侵蚀、搬运和沉积作用及河谷地貌、河流阶地等。

沿线地质点很多,线路长,考虑安全和便捷,宜采用乘车和步行考察相结合的方式。实习内容如下:

1. 岩性

(1)观察、描述沉积岩、变质岩和岩浆岩的颜色、矿物成分、结构、构造等。

(2)理解三大类岩石的形成原因。

2. 地质构造

(1)沉积岩的接触关系、沉积岩与岩浆岩之间的接触关系。

(2)断层:观察特征并认识要素,确定类型,分析对工程的影响。

(3)节理:观察特征,确定类型,分析对工程的影响。

3. 地下水

(1)观察花岗岩裂隙水补给、排泄、分布、动态特征。

(2)确定类型。

(3)分析地下水与湘江水的相互关系。

4. 风化作用

(1)观察风化产物、分带,特别是花岗岩的风化。

(2)确定类型与分级,分析对工程的影响。

5. 残积层和坡积层

分析成因和特点,特别理解长沙红土的形成。

6. 边坡稳定与设计

(1)观察岩层产状与边坡产状的三个要素及其相互关系。

(2)分析边坡稳定的条件。

7. 河流地质作用

(1)观察河流的侵蚀、搬运和沉积作用。

(2)观察河谷地貌、河流阶地。

(三)沿线主要实习点

点号: D-01

点位:南郊公园西坡(湘江东岸,图4-31)

点性:泥质砾岩、断层、基座阶地、边坡稳定、侧蚀作用

描述:

(1)岩性与地层。该处为下第三系(E)复合砾岩与泥岩互层,以砾岩为主,红黄色,块状到厚层状。碎屑成分复杂,有多种岩石碎屑和多种矿物碎屑,磨圆度差,粒径从几毫米到几十厘米不等。胶结物为泥质。因为形成时间短,致密程度不够高,岩石看上去

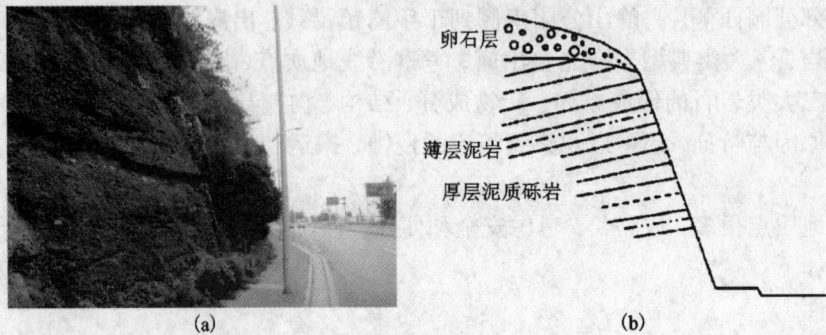

图 4 – 31　泥质砾岩、断层、基座阶地、边坡稳定、侧蚀作用

(a)照片；(b)示意图

有"松散"的感觉，貌似第四纪沉积物。见平行层理，风化仅仅沿层理面方向发生，砾岩与泥岩互层，形成差异风化，见水平方向的风化槽，未见构造节理。

(2)正断层。路面和湘江处于断层上盘，为相对下降盘；南郊公园处于断层下盘，为相对上升盘。断层面为坡面。

(3)基座阶地。坡面顶层(阶地面)为砂卵石层，下层(阶地崖)为泥质砾岩，为典型的基座阶地。

(4)岩层产状与边坡稳定。岩层走向与公路(边坡)走向一致，岩层倾向与公路(边坡)倾向相反，边坡稳定。

(5)侧蚀作用。该段湘江东岸处于凹岸，侧蚀发育，水深流急；西岸的湖南大学牌楼口附近发育河漫滩，为湘江凸岸，沉积作用明显。

点号：D – 02

点位：三汊矶大桥北东方向山坡(秀峰山公园南侧，图 4 – 32)

点性：砂质板岩

描述：该处为前寒武纪时期的板岩。厚层，灰色。泥质页岩变质形成。多处还可见

图 4 – 32　砂质板岩

(a)页理痕迹；(b)板理构造

页理痕迹，见图 4-32(a)。板理、剪节理十分发育，见图 4-32(b)，且有追踪。板理和节理很难区分，但可以根据层理和化石来区分。在板岩中发现一层腕足化石，据此可以判断是板理(沉积岩层理)方向。另外还可观察到有波痕，有结核。风化后成碎块状，土黄色。东西方向的山坡走向与公路路线方向一致，多处已发生顺层滑坡。南北向山坡走向与公路路线方向垂直，稳定性好。

点号：D-03

点位：望城区丁字湾镇某采石场(湘江边，图 4-33)

点性：基座阶地

描述：坡面顶层(阶地面)为砂卵石层，说明该处以前在水下，接受了河流的沉积作用；下层(阶地崖)为花岗岩，为典型的基座阶地。

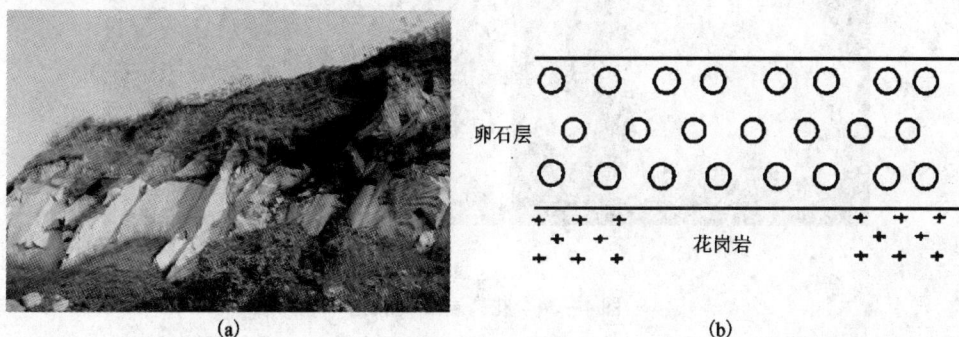

图 4-33　基座阶地

(a)照片；(b)示意图

点号：D-04

点位：望城区丁字湾镇某采石场(湘江边，图 4-34)

点性：花岗岩及其风化

描述：

(1)岩性。该处为燕山期灰白色细粒花岗岩，主要矿物是石英、斜长石，次要矿物是白云母、黑云母、角闪石[图 4-34(a)]，偶见有白色石英脉穿插其中，强度高，产状为岩基，附近有很多花岗岩石材加工场。

(2)裂隙。花岗岩常发育 X 形裂隙[图 4-34(b)]。

(3)风化。花岗岩风化的最大特点就是球状风化，像剥蛋壳一样一层一层发生颜色、结构、矿物成分和强度的变化[图 4-34(c)]，形成砂土。若有原生节理发育，则可沿这些节理形成风化囊，深度可达数十米甚至上百米。这给工程选址和施工都会带来巨大不便。风化初期主要是物理风化，见到的风化产物呈灰白色。后期产生化学风化，形成高岭石、蒙脱石、水云母这些黏土矿物，颜色变为土黄色。随着风化的不断进行，会出现微团粒化作用、红土成土作用，风化产物呈红色，形成红土[图 4-34(d)]。工程中，风化产物中如果含云母很多，地基夯实时容易发生滑动，影响夯实效果。

图 4 - 34　花岗岩及其风化

(a)花岗岩的矿物成分；(b)X 形裂隙；(c)花岗岩风化过程；(d)花岗岩风化成红土

4.2　锡矿山主要实习点

一、实习点概况

实习基地位于湖南省冷水江市的锡矿山，素以储量巨大和品质优良而号称"世界锑都"，矿区面积 22.5 km²。

矿区发现于明代末年(1541)，当时把锑误以为锡，故名锡矿山，在锡矿山地区构造现象发育，常见的有膝折、揉皱、石香肠、穿隆等褶皱构造以及地堑、地垒、断层破碎带、节理等断裂构造。闻名于世的大型锑矿床主要受控于背斜构造和断裂构造。正因为此处有如此丰富的地质现象，因此该区域可作为理想的实习基地之一。

该地区出露的地层主要是晚泥盆世和早石炭世的地层，各组之间皆为整合接触。锡矿山实习区出露的上泥盆统为佘田桥组(D_3s)和锡矿山组(D_3x)，其发育完整，化石丰富。

1.佘田桥组(D_3s)

在测区的聂家冲、老江冲及艳山红等处有上泥盆统的佘田桥组黑色硅化灰岩出露。该组位于锡矿山组之下，锑矿赋存于硅化灰岩中。

2. 锡矿山组(D_3x)

该组明显分为上、下两部,下部以海相碳酸盐沉积为主,夹著名的宁乡式鲕状赤铁矿,盛产腕足类化石,上部为陆缘滨海相碎屑岩沉积,含丰富的植物化石及少量腕足类、鱼等。依据岩性特征,由下至上可划分为四个岩性段。

(1)陶塘段(D_3x^1):为灰绿、灰黄色、灰色钙质页岩为主夹结核状、条带状泥灰岩及生物碎屑灰岩。

(2)兔子塘段(D_3x^2):以灰黑色中厚层至厚层灰岩为主,内含有机质较多。上部为灰色中厚层具有棕色铁质斑点含生物碎屑结晶灰岩,发育有斜层理;中部为灰黑色中厚层至厚层迭层状灰岩;下部为灰黑色、深灰色薄层至中厚层泥质灰岩夹黑色炭质页岩,泥质灰岩风化后呈瘤状脱落,瘤体大小悬殊,泥质胶结。该段岩石中含有大量的方解石脉,并有明显的波痕。

(3)泥塘里段(D_3x^3):以黄褐色、灰绿色钙质页岩或泥灰岩及薄层砂岩为主,中夹鲕状赤铁矿一层。铁矿层有时相变为含铁砂岩,常发育交错层及大量生物介壳,厚度变化一般为 1～3 m。本段岩石还含有石英、黄铁矿等矿物。含铁矿层称宁乡铁矿。泥塘里段以其厚度小、岩性稳定、与上下层位的灰岩层差别明显而容易识别,可作为填图时的标志层。

(4)马牯脑段(D_3x^4):本段以灰至深灰色中厚层至厚层灰岩为主,厚度较大,是测区出露最广的地层。其岩性可分为四部分:底部为黄褐色泥灰岩;下部为灰黑色厚层至巨厚层纯灰岩与瘤状灰岩互层,还夹数层圆柱状同生砾的灰岩层,缝合线发育;中部为中厚层不纯灰岩夹 2～3 层砂质灰岩;上部为灰黑色厚层状灰岩夹瘤状灰岩,缝合线发育,常含有黄铁矿。

二、实习路线

(一)路线 1:株木山 – 七星加油站 – 老江冲 – 兰田湾

目的:了解该区域出露地层的岩性以及构造情况。

内容:

(1)观察、描述泥盆系锡矿山组陶塘段(D_3x^1)到马牯脑段(D_3x^4)的地层岩性;

(2)观察、描述断裂构造;

(3)观察、描述背斜构造;

(4)观察、描述平卧褶皱构造;

(5)观察、描述煌斑岩岩脉;

(6)观察、描述石香肠构造。

思考:

(1)本区域的标志性地层是哪一层?

(2)如何解释七星加油站斜对面 F1 断层上盘旁边出露的佘田桥组硅化灰岩?

点号:X – 01

点位:七星加油站斜对面(图 4 – 35、图 4 – 36)

点性:断裂构造观测点

描述：此正断层人工露头良好。上盘为泥盆系锡矿山组马牯脑段（D_3x^4）巨厚层灰岩，下盘为泥盆系锡矿山组兔子塘段（D_3x^2）泥质灰岩及中厚 - 薄层灰岩，瘤状构造明显，偶见铁质斑点。D_3x^4产状为：$248°\angle 11°$，D_3x^2产状为：$212°\angle 9°$。断层走向$210°$，倾向北西，倾角约$60°\sim 75°$。断层带宽度约 1.5 m，由第四纪残积物充填。断层沿走向向北延伸至 π32 山顶，向南延伸至同裕湾地区，全长约 2 km。

图 4 - 35　七星加油站斜对面断裂

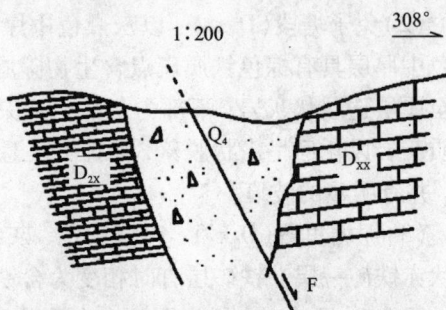

图 4 - 36　七星加油站对面断裂素描图

点号：X - 02

点位：七星加油站后面沟谷（图 4 - 37、图 4 - 38）

点性：F75 断裂构造观测点

描述：F75 断裂为矿田的主干断层，位于矿田西侧，走向 NE30°左右，倾向西北。该断层破坏了锡矿山短轴背斜西翼的完整性，使上盘的下石炭统关阶刘家塘组地层和下盘的泥盆统佘田桥组地层直接接触，成正断层性质。倾斜最大断距约 $800\sim 850$ m，是本区规模最大的断层。断层倾向一般为 NW275°～320°，倾角一般为 40°～60°，近地表倾角较陡，往深部逐渐变缓至 35°左右。

图 4 - 37　F75 断裂构造

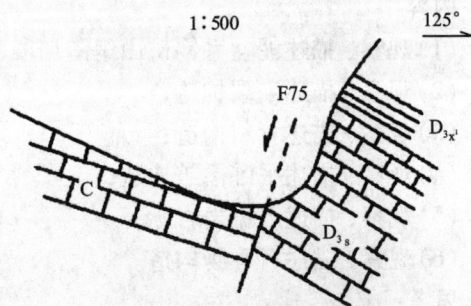

图 4 - 38　F75 断裂素描图

F75 断层是由多个断裂面组成的断裂带，在断裂带较宽处可见几期断裂及几个构造岩带：①最早期张性裂面：裂面粗糙，连续性差，局部有方解石脉充填；②次早期裂面：面上有倾伏角为 30°的 NE 擦痕，有石英 - 辉锑矿脉充填；③晚期裂面：与先期裂面叠加在一起,裂面特别清楚,见多组擦痕叠加和张节理。

点号: X - 03

点位:七星加油站后沟谷对面山坡上(图 4 - 39)

点性:平卧褶皱构造观测点

描述:该平卧褶皱发育于石炭系薄层灰岩中,轴面和枢纽都近于水平。

图 4 - 39　平卧褶皱构造

图 4 - 40　穿风坳背斜

点号: X - 04

点位:穿风坳(图 4 - 40、图 4 - 41)

点性:背斜构造观测点

描述:背斜构造由 $D_3x^1 \sim D_3x^4$ 构成,背斜为北东 - 南西走向,沿 $\pi32$ 山坡向南西经铁矿小冶炼厂,延伸至同裕湾一带。其核部为陶塘段(D_3x^1)页岩,两翼为兔子塘段(D_3x^2),泥塘里段(D_3x^3)和马牯脑段(D_3x^4)。其中 D_3x^3 和 D_3x^4 在西翼被人工剥蚀,直接出露 D_3x^2 灰岩。东翼出露完整。该背斜轴面近于直立,枢纽向南西倾伏,为一直立倾伏褶皱。

点号: X - 05

点位:穿风坳背斜东翼马路边(图 4 - 42)

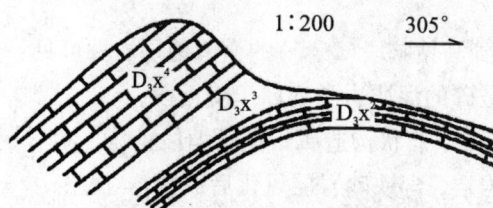

图 4 - 41　穿风坳背斜素描图

图 4 - 42　穿风坳背斜东翼兔子塘灰岩

点性：岩性观测点

描述：泥盆系锡矿山组兔子塘段(D_3x^2)泥质灰岩，风化面为土黄色，新鲜面为灰色。薄层－中厚层瘤状构造，含铁质斑点，微晶结构。岩层产状：140°∠15°。

点号：X－06

点位：老江冲上游水塘旁(图4－43～图4－46)

点性：岩性观测点

图4－43　陶塘段泥页岩

图4－44　兔子塘段瘤状灰岩

图4－45　泥塘里段含铁砂岩

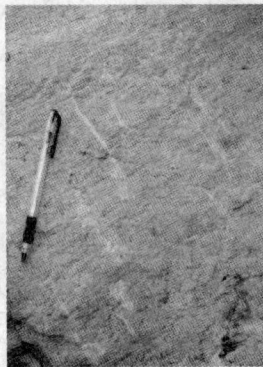

图4－46　马牯脑段雁列节理方解石充填

描述：此点泥盆系锡矿山组陶塘段(D_3x^1)到马牯脑段(D_3x^4)的全部地层岩性可见：

D_3x^1：简易公路下以及其上部土黄色，较破碎的泥质岩类均属于陶塘段；

D_3x^2：灰色、灰黑色中厚层灰岩，含铁质斑点，瘤状构造属于兔子塘段；

D_3x^3：黄褐色泥质页岩、泥灰岩夹含铁砂岩层，含铁砂岩层风化后成铁锈红色；

D_3x^4：灰色至深灰色中厚层灰岩，含方解石脉充填。

点号：X – 07

点位：老江冲水塘塘角处（图 4 – 47）

点性：老江冲 – 肖家岭断裂构造观测点

描述：该正断层位于老江冲水塘塘角处，沿走向向北延伸至 π34 和肖家岭地区，向南延伸至仙人界北坡，全长约 1.5 km，整体走向北东 – 南西，倾向北西，倾角约 50°。出露点上下盘均为马牯脑段（D_3x^4）灰岩。房屋后面能观察到断层角砾岩。

图 4 – 47　老江冲 – 肖家岭断裂

点号：X – 08

点位：老江冲简易公路三岔口处（图 4 – 48、图 4 – 49）

点性：老江冲 – 兰田湾断裂构造观测点

描述：该断层为正断层。该断层沿兰田湾沟口，经老江冲切断煌斑岩脉以及佘田桥段，形成大沟；右拐至老江冲上游，切断仙人界与老江冲背斜的兔子塘段灰岩。（另一解释：该断层沿兰田湾沟口，经老江冲大沟左拐，组成独立小屋对面地堑的左侧断层，沿 π36 与仙人界之间的鞍部地带进入七里江铁矿矿区）

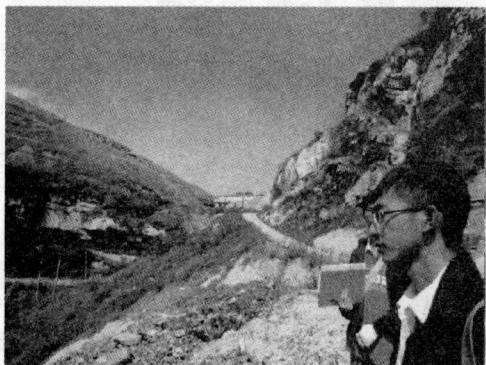

图 4 – 48　老江冲 – 兰田湾断裂错开兔子塘灰岩

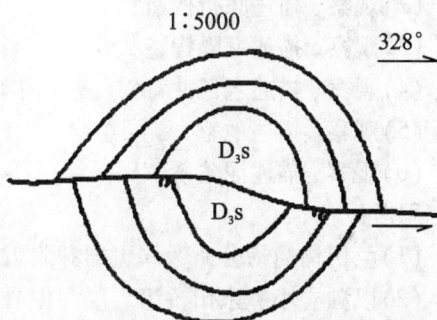

老江冲-兰田湾断裂平面素描图

1 : 5000

328°

D_3s

D_3s

图 4 – 49　老江冲 – 兰田湾断裂平面素描图

点号：X – 09

点位：兰田湾简易公路瓦房旁（图 4 – 50）

点性：煌斑岩脉观测点

描述：该煌斑岩脉被老江冲 – 兰田湾断层错断 2 ~ 3 m。在矿区出露长度约 2 ~ 3 km，出露宽度一般为 2 ~ 3 m，最宽处为 4 m。

点号：X – 10

点位：兰田湾简易公路瓦房附近（图 4 – 51）

点性：石香肠构造观察点

描述：软弱泥页岩层被压向两侧塑性流动，夹在其中强硬薄层灰岩岩层不易塑性变形而被拉断，构成平面上呈平行排列的长条状块段，即石香肠。

图4-50　煌斑岩脉侵入

图4-51　石香肠构造

（二）路线2：株木山-七里江铁矿-扯草坪-茶子坳-独立小屋

目的：了解该区域出露地层的岩性以及构造情况。

内容：

（1）观察、描述揉皱构造；

（2）观察、描述膝折构造；

（3）观察、描述穹隆构造；

（4）观察、描述老江冲背斜（复式褶皱）；

（5）观察、描述地堑、断层组合；

（6）观察、描述泥盆系佘田桥组（D_3s）硅化灰岩。

思考：

（1）兰田湾简易公路旁煌斑岩脉附近佘田桥组硅化灰岩露头与穹隆构造有何关系？

（2）以独立小屋佘田桥组岩层为中心，周围的岩层倾伏方向的变化（仙人界、水塔所在高地、老江冲背斜）与穹隆构造有何关系？

点号：X-11

点位：独立坟墓后（图4-52、图4-53）

点性：膝折构造观测点

描述：膝折构造典型特征是两翼长度差别很大。该膝折构造发育在陶塘段薄层状泥岩、泥灰岩、泥页岩内，膝折轴面走向在51°~70°之间。

点号：X-12

点位：扯草坪附近（图4-54）

点性：揉皱构造观测点

描述：揉皱构造由泥灰岩和泥质岩组成。该岩体塑性较强，在受到较大外力时，发生类似黏稠状流体一样的流动变形，从而形成复杂多变的褶皱。

图 4 – 52　膝折构造

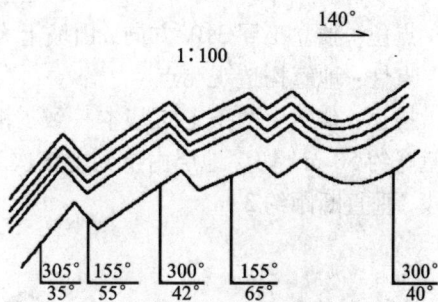

图 4 – 53　膝折构造素描图

点号：X – 13

点位：独立小屋 130°方向公路上方（图 4 – 55、图 4 – 56）

点性：复式褶皱（老江冲背斜）构造观测点

描述：此背斜为北东 – 南走向，核部为佘田桥组硅化灰岩，两翼为锡矿山组陶塘段、兔子塘段、泥塘里段和马牯脑段。此背斜轴面近直立，枢纽向北东倾伏，为一直立倾伏褶皱。背斜两翼有很多复式褶皱产生，尤其以兔子塘段灰岩最为明显，两翼岩层产状多变。背斜东翼有煌斑岩脉侵入。

图 4 – 54　揉皱构造

图 4 – 55　老江冲背斜东翼复式褶皱

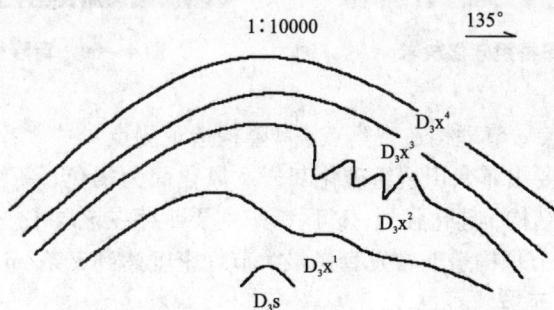

图 4 – 56　老江冲背斜整体素描图

点号：X-14

点位：独立小屋310°方向，山坡上大铁电杆与水泥电杆之间（图4-57、图4-58）

点性：地堑构造观测点

描述：地堑由两条走向基本一致、相向倾斜的正断层构成，有一个共同的下降盘。地堑宽约50 m，切穿地层由下到上依次为锡矿山组陶塘段、兔子塘段、泥塘里段和马牯脑段，垂直断距约3 m。

图4-57　地堑构造

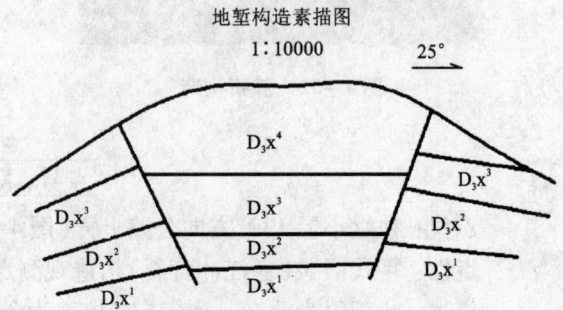

地堑构造素描图

1:10000

25°

D_3x^4

D_3x^3

D_3x^3

D_3x^3

D_3x^2

D_3x^2

D_3x^2

D_3x^1

D_3x^1

D_3x^1

图4-58　地堑构造素描图

点号：X-15

点位：独立小屋前（图4-59、图4-60）

图4-59　佘田桥组硅化灰岩

图4-60　穹隆核部佘田桥组

点性：岩性观察点、节理构造观察点、穹隆构造观测点

描述：该点位主要出露佘田桥组硅化灰岩。风化面为褐色，新鲜面为灰色，中厚层-巨厚层构造，微晶结构，硅化强烈，矿区锑矿主要赋存在该层中。

该点位硅化灰岩节理构造非常发育。最大节理密度达到3条/m，最大节理张开度达到2 cm，节理基本未充填。

该区域整体为一穹隆构造，该点位即为穹隆构造核部佘田桥组露头，因此岩层各方向的产状完全不同。该穹隆构造在独立小屋对面老江冲简易公路三岔口处能比较清楚地观察到。穹隆构造仿佛一个大锅盖，中间隆起部分风化严重，因此核部只剩下佘田桥组。四周岩层产状明显符合穹隆构造的特征。水塔所在的高地、老江冲背斜以及仙人界向斜三处岩层分别向不同的方向倾斜。而独立小屋背后的高地上灰岩已被剥蚀完，出露的全部是陶塘段。

点号：X - 16

点位：独立小屋下面简易公路旁（图 4 - 61、图 4 - 62）

图 4 - 61　球状风化（整体）

图 4 - 62　球状风化（局部）

点性：球状风化观察点

描述：该段泥页岩竖直方向和水平方向两组节理非常发育，岩石被节理切割成块状，沿着节理裂隙风化严重，最终形成球状风化。

4.3　棋梓桥主要实习点

一、实习点概况

棋梓桥位于湖南省湘潭市湘乡市以西约 35 km，地属华南湘赣丘陵区，地貌以丘陵山地为主，交通方便，经济发达。棋梓桥地区出露的地层主要是古生界泥盆系、石炭系等地层。区内岩浆岩、沉积岩和变质岩都有出露，特别是沉积岩、种类多、分布广；背斜、向斜、断层、节理、不整合面等构造现象丰富、典型。该区域出露的地层见图 4 - 63。

二、实习路线

（一）路线 1：棋梓宾馆 - 万罗山脚下

目的：了解该区域地层岩性、构造及工程地质现象。

内容：

（1）观察跳马涧组和棋梓桥组地层岩性；

（2）观察层面上波痕；

石炭系 {
  中、上统、壶天群(C₂₋₃)：白云岩、灰质白云岩、炭岩，上部含化石
  下统 {
    大塘阶(C₁d) {
      梓门桥组(C₁z)：泥灰岩、钙质砂岩，含珊瑚、腕足类化石
      测水组(C₁c)：石英砂岩、砂质页岩，夹煤两层，含植物化石
      石蹬子组(C₁s)：灰岩夹薄层泥灰岩，含珊瑚化石
    }
    岩关阶(C₁y)：下部泥灰岩、石英砂岩、页岩，含植物、腕足类化石
    中上部泥灰岩夹钙质砂岩，含珊瑚、腕足类化石
    下部泥灰岩、白云质灰岩夹页岩，含腕足类化石
  }
}

泥盆系 {
  上统 {
    锡矿山组(D₃x)：上部石英砂岩，夹砂质页岩、黑色页岩
    佘田桥组(D₃x)：下部砂岩；中部灰岩夹页岩
    上部钙质页岩，含珊瑚、腕足类化石
  }
  中统 {
    棋梓桥组(D₂q)：下部泥灰岩；上部灰岩夹白云岩，含珊瑚、腕足类化石
    跳马涧组(D₂t)：底部含砾砂岩、石英砂岩；中、上部石英砂岩、粉砂岩、泥质砂岩；顶部泥灰岩夹赤铁矿层，含鱼化石
  }
}

————————不整合————————

板溪群上亚群拉揽组第三段(P1bn21³)：灰绿色带状硅质板岩、硅质凝灰岩、黏土质板岩

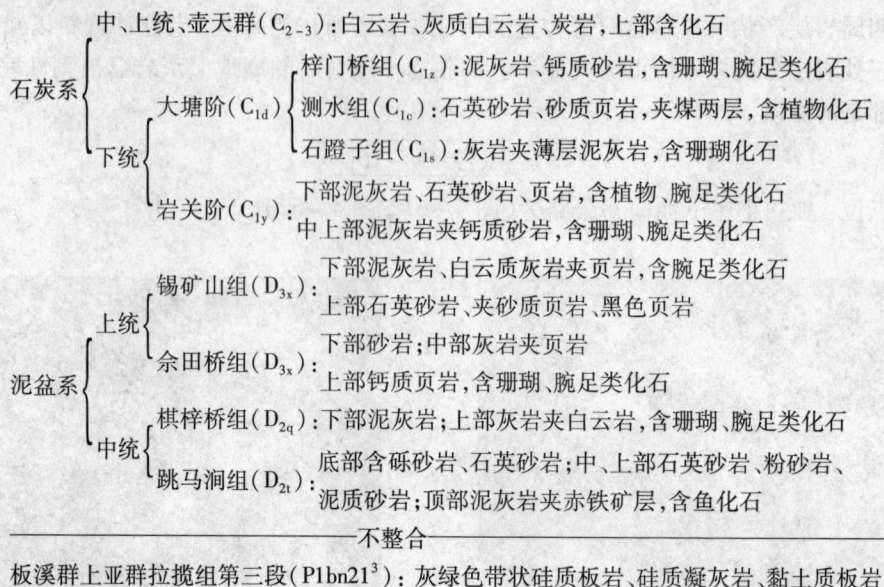

图 4 - 63　棋梓桥地区地层岩性情况简表

(3)观察断层、节理；

(4)了解顺向坡的稳定性。

思考：根据软弱面与斜坡临空面之间的关系，可分为平迭坡、逆向坡、横交坡、斜交坡和顺向坡。哪种情况下滑坡的可能性最大？

点号：Q - 01

点位：万罗山脚下公路转弯处(图 4 - 64 ~ 图 4 - 66)

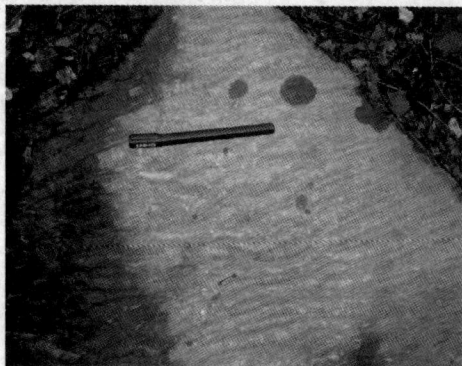

图 4 - 64　层面上的波痕

图 4 - 65　顺向坡

点性：地层岩性、层理、节理以及顺层边坡稳定性观察点

描述：此处出露地层为跳马涧组硅质石英砂岩，新鲜面为灰白色，风化面为灰黄色、

黄褐色,砂质结构,从粗砂、中
砂、细砂到粉砂岩都有出露,中
厚层构造。岩层裂缝中存在含
黄铁矿、方铅矿等的矿脉。砂
岩层面上有明显波痕,层面方
向与斜坡临空面方向一致,形
成顺向坡。另有两组节理发育。
因此此处容易发生危岩崩塌和
顺层滑坡,边坡的稳定性较差。
岩层产状为:354°∠53°。

图 4-66　两组节理和层理切割形成的危岩

点号: Q-02

点位:万罗山下预制场(图 4-67、图 4-68)

点性:岩性以及断层构造观察点

描述:跳马涧组硅质石英砂岩,砂质结构,中厚层构造。岩层产状为:354°∠53°。
此处存在一正断层,两组节理发育。断层处风化程度较高,芦苇丛生。断层面产状:
155°∠11°。

图 4-67　预制场正断层、水平节理及菱形危岩

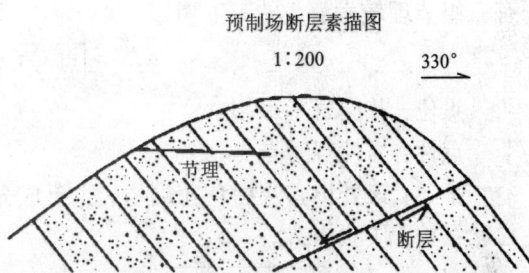

预制场断层素描图
1:200　　　330°

节理

断层

图 4-68　预制场断层素描图

点号: Q-03

点位:万罗山下公路边溪流边滩处(图 4-69)

点性:岩性观察点

描述:棋梓桥组灰岩,灰黑色,泥晶结构,块状构造,含珊瑚化石,节理被方解石脉
充填。

(二)路线2:棋梓宾馆-潭市风车桥-花岗岩小水坝

目的:了解该区域地层岩性。

内容:

(1)观察岩浆岩(花岗岩);

（2）观察变质岩（板岩）；

（3）观察花岗岩风化产物。

点号：Q-04

点位：铁路桥北西320°150 m处（图4-70）

点性：地层和岩性观察点

图4-69　棋梓桥组灰岩

图4-70　板溪群板岩

描述：该处为板溪群硅质板岩，主要矿物成分为石英、绿泥石、绢云母，新鲜面颜色为灰绿色、灰黑色，变余泥质结构，板状构造，层理明显，产状：297°∠68°。该处板岩有三组节理较发育，易产生崩塌。

点号：Q-05

点位：花岗岩小水坝

点性：岩性观察点

描述：该处出露灰白色花岗岩，主要成分为石英、钾长石、斜长石、黑云母，半自形粒状结构，块状构造。

点号：Q-06

点位：乡村道路交叉口处（图4-71）

点性：花岗岩风化产物观察点

描述：花岗岩风化产物呈松散砂土状。其中砂粒主要为抗风化能力强的石英。长石和云母抗风化能力弱，风化后变成高岭土等。花岗岩差异风化现象严重，松散物中存在花岗岩孤石。

（三）路线3：棋梓宾馆-火车站-采石场

目的：了解该区域地层岩性、构造及工程地质现象。

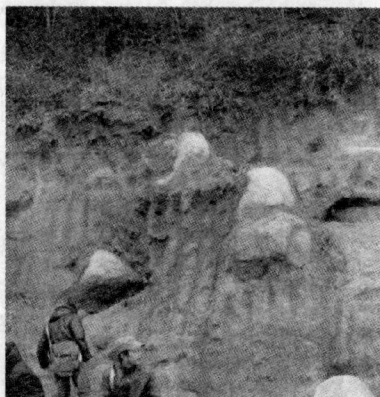

图4-71　花岗岩风化壳

内容:

(1)观察佘田桥、锡矿山、岩关阶以及大塘阶地层岩性;

(2)观察断层、向斜、背斜等构造现象;

(3)观察工程地质现象以及各类边坡防护措施。

点号: Q-07

点位:韶峰水泥厂边铁路旁(图4-72、图4-73)

点性:岩性观察点

描述:佘田桥组泥质灰岩、钙质泥岩、页岩,灰黑色,主要成分为方解石和黏土矿物,泥质结构,层状构造。

图4-72 佘田桥组泥质灰岩

图4-73 佘田桥组页岩

点号: Q-08

点位:韶峰水泥厂附近铁路线旁(图4-74)

点性:崩塌现象观察点

描述:该处主要出露佘田桥组泥页岩、泥灰岩等,中间夹一中厚层砂岩。坡面产生了较严重的崩塌现象。

图4-74 泥页岩崩塌现象

点号：Q－09

点位：火车站附近民居厕所旁小山坡上

点性：岩性观察点

描述：锡矿山硅质石英砂岩，灰白色，砂质结构，层理明显，砂岩呈透镜状。发育一组近垂直的节理。岩层产状：255°∠29°。

点号：Q－10

点位：火车站附近铁路线旁扳道房后（图4－75、图4－76）

点性：工程地质现象观察点、背斜观察点

描述：此处主要为灰岩和钙质泥岩互层，钙质泥岩易风化，遇水软化，容易发生崩塌或滑坡。为防止地质灾害发生，扳道房正后方采用重力式挡土墙支护，其他地方钙质泥岩处采用水泥砂浆抹面，防止雨水侵入。该处发育背斜现象，背斜核部放射状节理被方解石脉充填。

图4－75　背斜

图4－76　灰岩和钙质泥岩互层

点号：Q－11

点位：小采石场（图4－77～图4－81）

图4－77　小采石场全貌

图4－78　小采石场断层

图 4 – 79　断层擦痕和阶步

图 4 – 80　小采石场断层

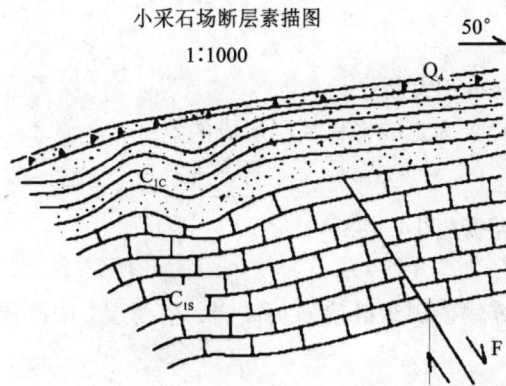

图 4 – 81　小采石场断层素描图

点性：岩性、地层分界以及构造现象观察点

描述：该处上部出露岩层为石炭系下统测水组砂岩，下部为石磴子组灰岩夹泥岩。该处岩层形成褶皱、断层。断层为正断层，钙质泥岩明显被错断，并产生位移，擦痕、阶步明显，断层角砾岩发育。

点号：Q – 12

点位：大采石场（图 4 – 82）

点性：穹隆构造观察点

描述：此处出露主要为石炭系石磴子组灰岩夹薄层页岩，岩层呈穹隆构造。穹隆构造的核部灰岩已经被开采，开采形成的灰岩崖壁上穹隆特征明显，各方向的岩层产状均不相同，宛如帽子的帽檐部分。

图 4-82 大采石场穹隆构造

（四）路线 4：棋梓宾馆-茅山-电视塔

目的：了解全区地层分布及构造形态。

内容：

（1）观察断层；

（2）观察全区地层分布和大断层。

思考：水府庙水库是否为走向平移断层形成的盆地？

点号：Q-13

点位：茅山脚下铁路旁（图 4-83）

点性：断层观察点

描述：该处主要出露锡矿山组硅质石英砂岩，呈薄层、中厚层状构造，岩层呈透镜体。断层发育。

图 4-83 断层

点号：Q – 14

点位：电视塔（图 4 – 84）

点性：区域构造观察点

描述：该处可以观察到整个区域的构造现象。整个区域为走向平移断层，走向与铁路线的延伸方向大概一致。

走向平移断层平面素描图

1∶100000

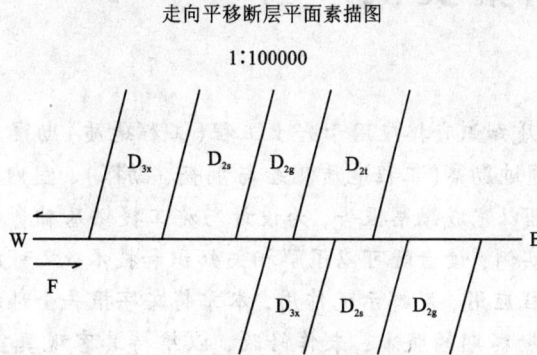

图 4 – 84　走向平移断层平面素描图

第 5 章

工程地质勘察实例

内容提要：工程地质知识直接应用于岩土工程（工程地质）勘察与治理。在具备工程地质知识的基础上，通过勘察（工程地质测绘与调查、勘探）、室内试验和原位测试，依据相关技术规范，就可以完成勘察报告，为设计与施工提供基础资料。本章给出桥梁和隧道方面的两项勘察实例，读者既可以了解相关知识和技术，又可以了解长沙市区的地质条件。为了突出工程应用、发挥示范作用，本章将文字报告全部给出（稍作删改），所引标准及规范均沿用勘察期的版本，未作修改，以维持其客观真实性。附件和图表较多，不便给出，需要时可以在勘察单位调阅。

5.1　长沙市福元路湘江大桥岩土工程详细勘察报告

目　录

第一部分　文字报告
1　前言

1.1　工程概况

长沙市福元路湘江大桥西接长望路、东接盛世路,下游距三汊矶大桥约 2.7 km,上游距银盆岭大桥约 2.9 km,全长约 3500 m,其中越江段长约 1400 m,桥梁净宽 31.5 m,是连接湘江东西两岸的特大桥。

根据设计单位 2009 年 11 月 16 日提供的《长沙市福元路湘江大桥工程详勘技术要求》,本工程在湘江河道范围内主航道采用 3 m×210 m 结合梁钢拱桥方案,两侧水中引桥配 85 m 结合梁,跨径布置(55 +85 +90)m +3 ×210 m +(90 +5 ×85 +60)m。按双向六车道城市干道设计,设置双向人行道。受长沙市城投基础设施建设项目管理有限公司委托,由长沙市勘测设计研究院承担该项目的勘察工作。本报告为跨湘江段之详细勘察报告。

1.2　勘察目的及依据

本次工程地质勘察的目的是在前阶段工作基础上,进一步加密桥址处的工程物理勘探及地质钻探,查清桥址处地层分布和工程地质、水文地质条件(特别是基岩顶面埋深、覆盖层及基岩性质、基岩风化程度、地下水动力和化学特性等),为桥梁施工图设计与施工提供地质依据。

本次勘察遵循的主要现行规范、规程为:
- 《公路工程地质勘察规范》(JTJ 064 -98);
- 《岩土工程勘察规范》(GB 50021 -2001)(2009 年版);
- 《公路桥涵地基与基础设计规范》(JTG D63 -2007);
- 《公路土工试验规程》(JTG E40 -2007);
- 《公路桥梁抗震设计细则》(JTG/T B02 -01 -2008);
- 《建筑工程地质钻探技术标准》(JGJ 87 -92);
- 《工程岩体分级标准》(GB 50218 -94);
- 《工业建筑防腐蚀设计规范》(GB 50046 -95);
- 《湖南省建设工程勘察现场见证管理暂行办法》;
- 《长沙市福元路湘江大桥工程详勘技术要求》。

1.3　勘察工作布置及主要工作量

根据 2009 年 11 月 17 日设计单位提供的初步设计桥式方案,参照规范 JTJ 064 -98 之 6.3 节要求,对跨江段钻孔按下列原则布置:

①四个主桥墩,按每墩 5 个钻孔布设,孔距 14.0 ~18.0 m,共计 20 个;

②湘江水中引桥桥墩 7 个,按每墩 2 个钻孔呈对角线布设,孔距约 12.0 m。其中 K1 +900 西侧桥墩利用初勘钻孔 KII -2,共计 13 个。

③钻孔深度不超过河床(地面)下 40 m。

本次勘察，共组织 XY – A100 钻机 8 台，上部松散土层采用冲击钻进，下部基岩采用循环给水套管及泥浆护壁钻进，于 2009 年 11 月 19 日组织进场测放钻孔及钻探施工，于 2009 年 12 月 20 日完成所有外业工作，主要工作量见表 5 – 1。主要钻孔参数详见《勘探点数据一览表》。

1.4　说明

1.4.1　本次勘察工作量布置符合国家及行业的现行规范、规程，满足强制性条文及设计要求。

1.4.2　报告中钻孔平面配置图的背景资料、平面线位和工程地质断面图上的背景资料，均采用 2009 年 11 月 16 日设计单位提供的图纸为准；钻孔点采用 GPS – RTK 定位，高程为黄海高程，平面坐标为长沙市独立直角坐标。

1.4.3　钻孔施工完成后对孔位进行了复测，报告中的钻孔坐标为复测坐标。

1.4.4　钻孔完成后，由专人负责，对其采用水泥砂浆封孔。

1.4.5　勘察野外资料均经业主代表现场检查、验收并签证。符合长沙市勘测设计研究院 ISO9001 质量体系有关程序文件要求，施工中未发生环境污染、健康、安全事故。

1.4.6　勘察成果整理按技术要求进行，质量可靠，满足规程、规范要求。

1.4.7　钻孔 ZK14 在孔底遗留 ϕ110 岩芯管 3.0 m。

表 5 – 1　主要勘察工作量统计表

序号	项目		单　位	数　量
1	钻孔	陆上	m/孔	119.70 m/3 孔
		水上		1305.20 m/30 孔(含水)
2	引用钻孔		m/孔	42.60 m/1 孔
3	原状土样		组	5
4	扰动土样		组	17
5	岩　样		组	115
6	腐蚀性分析水样		组	4
7	标准贯入试验		次	19
8	圆锥重型动力触探		m	8.4 m/6 孔
9	剪切波		m/孔	133 m/4 孔
10	超声波		m/孔	304.5 m/11 孔
11	水位观测		孔	33 孔
12	套管、泥浆护壁		m	1424.90
13	钻孔测量		组日	15

2 自然地理条件

2.1 地形、地貌

长沙市位于长(沙)平(江)盆地西南部,燕山运动造就了本区地貌骨架之雏形。在新构造运动影响下,湘江的侵蚀、堆积作用,塑造了河床、阶地及其两侧不同成因类型的地貌景观。地形起伏大,地貌类型多,全市总面积中山地占29.5%、丘陵占17.2%、岗地占23.3%、平原占25.1.3%。长沙市区处于湘江河谷台地上,西为丘陵、东为阶地,地势西南高、东北低。

勘察场地的地貌单元为河流侵蚀地貌,由河床、江心洲、漫滩及阶地组成。受浏阳河与湘江两河交汇冲刷影响,桥址区江面开阔,东汉漫滩杂呈,主航道在近西岸一侧。

2.2 气象、水文

长沙市属亚热带湿润季风气候区,四季分明、雨量充沛。多年平均气温17.4℃,年平均相对湿度79.5%,常年主导风向东南风,每年5—9月为雨季,多年平均降雨量1394.6 mm。

长沙市溪河纵横,水系发育,多属湘江流域,主要支流有浏阳河、捞刀河、沩水,流域总面积8922.13 km²,其他支流有靳江、龙王港、八曲河、沙河等。每年4—9月为汛期,5—7月为主汛期。

湘江为湖南省最大河流,长江七大支流之一。流经长沙时,由南而北纵贯城区。据长沙水文站观测资料,其最高洪水位39.18 m(1998年6月28日,吴淞高程),最低水位24.87 m(2009年10月31日,吴淞高程),年平均水位29.48 m,最大变幅度13.83 m,最大流量14700 m³/s(1954年6月30日),最小流量134 m³/s(1954年11月19日),多年平均流量2473 m³/s。最大流速1.26 m/s,最小流速0.12 m/s,多年平均水温18.7~19.5℃。

浏阳河自桥位东南约0.8 km处,由湘江右岸注入。据朗梨水文站观测资料,其最高洪水位40.23 m(1998年6月27日,吴淞高程),最低水位28.00 m(1990年9月30日,吴淞高程),年平均水位30.08 m,多年平均变幅8.19 m,多年平均流量100.9 m³/s,最大断面平均流速1.93 m/s,多年平均水温19.4℃。50年一遇洪水位(2%)为39.11 m(黄海基面)。

捞刀河自桥位东北约2.4 km由湘江右岸注入湘江,河流坡降0.78‰。

3 工程地质条件

3.1 地层

根据钻探揭露,桥位地层主要由第四系人工堆积物、河流冲积物(粉砂、粉质黏土、细砂、圆砾)和残积粉质黏土组成,下伏基岩为元古界冷家溪群板岩。

按钻探揭露顺序,自上而下详述于表 5-2 中。

表 5-2　福元路湘江大桥(跨江河段)地层特性表

地质年代	成因	土层及编号	层顶标高/m	层底标高/m	层厚/m	岩土特征描述
全新统	Q_4^{ml}	①人工填土	24.51~25.19	21.71~22.59	2.60~2.80	褐黄、褐灰色,湿,松散,可塑状黏性土为主,高压缩性,局部夹风化岩、建筑垃圾和砂卵石,软硬不均,工程性状差,堆填时间较短。仅见于东西堤岸
	Q_4^{al}	②粉质黏土	21.71~27.56	18.16~21.58	0.40~7.80	褐灰、灰黑色,软塑状为主,局部为流塑状,底部含粉细砂及云母片
		③粉土				褐灰夹灰绿色,湿,稍密状。含粉细砂,底部夹砾石,见于两岸,本报告未遇
		④中细砂	18.43~22.09	16.76~20.68	0.30~3.60	褐黄,饱和,松散-稍密状,混砾石,含云母,黏土充填
		⑤圆砾	17.48~21.31	16.83~19.22	0.30~3.00	褐黄色,饱和,稍密状。含量60%以上,含量60%~70%,粒径0.5~2cm,成分为硅质岩、脉石英、砂岩、石英砂岩,磨圆度较好,混卵石,中粗砂充填
	Q^{el}	⑧粉质黏土	18.96	18.16	0.80	褐黄、褐灰色,硬塑状为主,局部为坚硬状,原岩结构可辨,局部含黑色铁锰质氧化物
元古界	Pt	⑪强风化板岩	16.76~18.79	11.99~17.69	0.60~5.40	褐黄色、灰绿色,极软岩,节理裂隙发育,并为铁锰质氧化物浸染,岩芯呈碎裂状、碎块状,用手折可断
		⑫中风化板岩	11.99~20.68	-9.91~19.38	1.30~23.10	青灰色、灰绿色、软岩,岩芯呈块状、碎块状,少许短柱状。节理裂隙较发育,充填黑色铁锰质氧化物和石英脉
		⑬微风化板岩	-17.60~19.38	-23.43~2.51	2.00~36.90	青灰色,为较坚硬岩,岩芯呈长、短柱状和块状,锤击声脆。节理稍发育,局部为石英脉充填(照片23~31),夹中风化板岩⑬,厚度1.80~7.50m不等,性质同⑫

3.2　构造

长沙位于东南地洼区雪峰地穹系湘江地洼列幕阜地穹西南端的乌山洼凸区,经历了槽、台、洼三大构造演化阶段,现已进入余动期。中生代以来,形成了 NE-NNE 向展布的断隆、断陷。至燕山晚期,区域上处于整体缓慢间歇性抬升,缺失下第三系地层,长期的侵蚀、剥蚀,在近场地形成不同级别的剥夷面和低岗丘地,为第四系堆积准备了古地理条件。第四系构造运动以差异性升降运动为主,在场地内形成了四级阶地。

本区经历了武陵、雪峰、加里东、印支、燕山及喜山运动等多次构造运动,形成了北西向、东西向、北东向、北东向、南北向五个方向的断褶构造,构成了本区基本构造骨架。区内断裂构造以北东向极为发育,其次为北西向和东西向,再次为北东向和南北向。与本工程相距较近的构造有岳麓山向斜、张家嘴 – 滦湾镇 – 新塘湾断裂(F_{85})、葫芦坡 – 金盆岭 – 炮台子断裂(F_{101})。根据勘察成果结合区域地质资料及初勘物探成果,桥址区岩层层面较稳定、产状较平缓,勘察场地及其附近未发现影响场地稳定性的构造。

3.3　水文地质

3.3.1　地表水

本工程北距捞刀河入口约 2.4 km,南距浏阳河入口 0.8 km,为湘江、浏阳河、捞刀河三水汇流区域。地表水主要为湘江河谷中的江水。湘水流域内的地表水与地下水具双重关系,旱季形成地下水向湘江排泄,洪水季节江水反过来补给地下水。勘察期间湘江水位为 23.27 ~ 24.37 m,钻孔揭示水深在 1.50 ~ 5.60 m。

3.3.2　地下水

勘察期间,仅在两岸堤内钻孔 ZK1、ZK33、ZK34 三孔遇地下水,为孔隙水,其水位与湘江水位关联密切,季节性变化明显。勘察期间的水头埋深 1.80 ~ 3.20 m,水位为 1.38 ~ 24.36 m。

3.4　不良地质作用及特殊性岩土

3.4.1　勘察段地质条件较为简单,地层较均匀,基岩面起伏小。勘察期间未见断层、溶洞等影响场地稳定性的不良地质作用。

3.4.2　特殊性土主要为河床沉积物中的软塑 – 流塑状粉质黏土和稍密状的中细砂,对基槽开挖时的坡壁稳定存在一定影响。其次为板岩中局部分布充填较多的石英脉,硬度高,分布不均匀,对施工机具有一定影响。

3.4.3　湘江东岸堤内岸坡,布置有钢丝网串联的碎石防冲墙,对基础施工有一定影响。基础施工时,若处置不当,也可能对岸坡失稳带来影响。

3.5　地震

3.5.1　设计地震分组及抗震设防烈度

长沙隶属长江中下游地震亚区的麻城 – 岳阳 – 宁远地震带,史载本地区共发生过小于 5 级的地震 30 次。自 1978 年湖南省地震局建立全省地震台网以来共测得微地震 24 次,多发生于洞庭湖周围各县。

据中国地震局《中国地震动峰值加速度区划图》(GB 18306—2001)及《建筑抗震设计规范》(GB 50011—2001)(2008 年版),本地区设计地震分组为第一组,抗震设防烈度为6 度,设计基本地震加速度值为 0.05 g,地震动反应谱特征周期为 0.35 s。

3.5.2　抗震设防分类

根据《公路桥梁抗震设计细则》(JTG/T B02 – 01 – 2008),本工程为特大跨径桥梁,抗震设防类别为 A 类,其抗震设计应作专门研究。

3.5.3　场地土类型及场地类别

本次勘察钻孔 ZK1、ZK13、ZK30、ZK33 中进行了剪切波速测试,根据标准 JTG/T B02 – 01—2008 计算:湘江两岸 ZK1、ZK33 钻孔的覆盖层厚度为 6.20 ~ 9.20 m,等效剪

切波速 $V_{se} = 149.74 \sim 163.29$ m/s，属中软土，桥梁工程场地类别为Ⅱ类；河床中 ZK13、ZK30 的覆盖层厚度为 2.80 ~ 3.50 m、$V_{se} = 251.06 \sim 283.79$ m/s，属中硬土，桥梁工程场地类别为Ⅰ类。

按最不利因素考虑，建议本桥梁工程场地类别为Ⅰ类。

3.5.4　液化判定

长沙市区地震基本烈度为Ⅵ度，在此烈度下，场地下伏地层无可液化地层。勘察场地在 7 度地震力（按提高 1 度考虑）作用下，经判定为不液化地层。

4　岩土主要物理力学性质指标

4.1　原位测试成果

4.1.1　标准贯入试验及圆锥重型动力触探

第四系各土层的标准贯入试验及圆锥重型动力触探试验值统计见表 5 – 3。

表 5 – 3　标准贯入试验及圆锥重型动力触探试验

测试类型 统计项目 岩土名称	标准贯入试验 N				圆锥重型动力触探试验 $N_{63.5}$			
	范围值	平均值	均方差	变异系数	范围值	平均值	均方差	变异系数
①人工填土					2 ~ 7.9	3.6	0.815	0.098
②粉质黏土	3 ~ 8	5						
④中砂	4 ~ 7	5.2	4.4	0.223	1 ~ 4.3	3.1	0.768	0.167
⑤圆砾					5.5 ~ 16.7	9.9	3.40	0.343
⑧粉质黏土	23	23						
⑪强风化板岩	51	162	48.9	0.515				

注：个别离散性较大的值统计时被剔除；N 值未进行杆长修正。

4.1.2　波速测试

为划分场地土类型、判别工程场地类别，为抗震设计提供依据，勘察过程中，采用 XG – Ⅰ悬挂式波速测井仪在钻孔 ZK1、ZK13、ZK30、ZK33 中进行了剪切波速测试；同时，为划分场地基岩的完整性，弥补钻探过程中局部采芯率低，为风化分层提供佐证，在钻孔 ZK1、ZK4、ZK8、ZK13、ZK17、ZK21、ZK22、ZK27、ZK30、ZK31 和 ZK33 共 11 个钻孔中采用 RSM – SY5 声波仪进行了超声波测试。测试结果见附件，各岩土层的波速平均值见表 5 –4。

表 5-4 岩(土)层平均厚度及波速(均值)结果表

岩土名称	平均厚度 h/m	剪切波速 $v_\mathrm{s}/(\mathrm{m \cdot s^{-1}})$	超声波 $v_\mathrm{p}/(\mathrm{m \cdot s^{-1}})$	完整性系数 K_V	岩体基本质量指标 BQ
①人工填土	2.70	109			
②粉质黏土	4.02	137.5			
④中砂	1.88	239			
⑤圆砾	0.94	342			
⑧粉质黏土	0.80	367			
⑪强风化板岩	1.77	513	2067.44	0.18	144
⑫中风化板岩	9.61	638.2	3121.69	0.41	228
⑬微风化板岩	>22.0	761.8	4096.3	0.70	367.9

4.2 室内试验指标

4.2.1 黏性土物理力学性质指标

黏性土物理力学性质试验结果统计见表 5-5。

表 5-5 土壤物理力学性质试验结果统计表

土层及编号	指标 值域		天然含水量 W_0 /%	天然密度 ρ_0 /(g·cm⁻³)	比重 G_s	孔隙比 e	塑性指数 I_p	液性指数 I_L	压缩系数 $\alpha_{100-200}$ /(MPa⁻¹)	压缩模量 E_s /MPa
①人工填土	范围值	大	35.2	2.00	2.71	1.01	16.3	0.93	0.65	12.9
		小	16.8	1.76	2.67	0.662	10.8	−0.32	0.13	3.1
	平均值		25.3	1.91	2.70	0.805	12.2	0.25	0.33	7.0
	标准差		5.87	0.08	0.01	0.139	1.65	0.37	0.18	3.59
	变异系数		0.23	0.04	0.00	0.173	0.14	1.45	0.54	0.51
	样本数		11	11	11	8	11	11	8	8
②粉质黏土	范围值	大	62.4	1.92	2.71	1.459	15.4	3.10	1.24	5.6
		小	32.0	1.65	2.65	0.787	7.3	0.47	0.32	2.0
	平均值		45.9	1.785	2.68	1.085	11.6	1.42	0.67	3.58
	样本数		8	6	8	8	8	8	6	6

注:①人工填土试验成果引自"初勘报告";②粉质黏土引用了初勘 4 件试验,统计时对离散程度较大的值进行了剔除。

4.2.2　岩石物理力学性质

为评价场地岩石物理力学性质，通过场地取样进行室内常规试验，对无法进行抗压试验的岩块，则采取点荷载试验方法。主要物理力学性质指标统计见表 5-6。

表 5-6　岩石试验结果统计表

名　称	试验指标		天然含水量 W_0 /%	饱和密度 ρ_w /(g·cm⁻³)	比重 G_s	天然抗压强度 R_0 /MPa	饱和抗压强度 R_w /MPa	软化系数	点载荷试验换算强度 /MPa
⑪强风化板岩	范围值	大	/	2.51	2.78	/	4.06	/	/
		小	/	2.31	2.77	/	3.30	/	/
	平均值		/	2.39	2.78	/	3.56	/	/
	样本数		/	3	3	/	3	/	/
⑫中风化板岩	范围值	大		2.88	2.81		18.86		22.9
		小		2.38	2.78		11.33		14.6
	平均值		2.0	2.68	2.80	25.1	15.67		20.13
	标准差			0.12	0.01		2.60		2.88
	变异系数		/	0.04	0.00		0.17	/	0.14
	样本数		1	10	10	1	6	/	9
⑬微风化板岩	范围值	大	2.1	2.83	2.85	66.78	41.60	0.93	47.4
		小	0.4	261	2.80	22.93	22.29	0.63	20.9
	平均值		1.2	2.76	2.82	35.42	30.76	0.78	30.2
	标准差		0.53	0.04	0.01	15.96	6.95	0.10	7.38
	变异系数		0.45	0.02	0.00	0.45	0.23	0.12	0.24
	样本数		9	56	56	7	14	13	17

注：⑫中风化板岩的点载荷试验成果引自"初勘报告"。

4.2.3　地下水及土壤腐蚀性评价

为评价场地水、土对建筑材料的腐蚀性，初步勘察阶段取江水 3 组、孔隙水 1 组及场地土 2 件，详细勘察阶段取江水 2 组、孔隙水 1 组进行简易分析。主要参数见表 5-7。根据《岩土工程勘察规范》(GB 50021—2001)(2009 年版)第 12.2 节内容判定如下：

表 5 - 7　福元路湘江大桥水/土腐蚀性评价表

取样编号	取水位置	水样类型	离子含量	阳 离 子		阴 离 子				侵蚀性 CO_2	pH	腐蚀性评价	
				$K^+ + Na^+$	NH_4^+	Cl^-	SO_4^{2-}	HCO_3^-	NO_3^-			对混凝土结构	对砼结构中钢筋
1	KⅡ-3	江水	mmol/L	0.99	0.06	0.86	1.73	0.83	0.00	1.14	7.03	弱腐蚀	微腐蚀
			mg/L	22.76	1.08	30.49	83.09	50.65	0.00				
2	KⅡ-5		mmol/L	1.26	0.06	0.78	1.81	0.76	0.00	1.14	7.08	弱腐蚀	微腐蚀
			mg/L	28.97	1.08	27.65	86.93	46.38	0.00				
3	KⅡ-6		mmol/L	1.72	0.07	1.05	1.91	0.79	0.00	0.95	7.09	弱腐蚀	微腐蚀
			mg/L	39.54	1.26	37.22	91.74	48.21	0.00				
4	ZK5		mmol/L	0.50	0.11	0.58	1.95	0.70	0.01	3.23	6.97	弱腐蚀	微腐蚀
			mg/L	11.50	1.98	20.56	93.66	42.71	0.62				
5	ZK31		mmol/L	1.49	0.06	0.75	2.15	0.67	0.01	3.04	6.92	弱腐蚀	微腐蚀
			mg/L	34.26	1.08	26.59	103.26	40.88	0.62				
6	KⅡ-6	孔隙水	mmol/L	2.05	0.06	0.98	1.06	1.40	0.00	1.71	7.04	微腐蚀	微腐蚀
			mg/L	47.13	1.08	34.74	50.91	85.43	0.00				
7	ZK34		mmol/L	1.31	0.05	0.75	2.23	0.71	0.01	5.89	6.95	弱腐蚀	微腐蚀
			mg/L	30.12	0.90	27.65	107.11	43.32	0.62				
8	KⅡ-1	人工填土	mmol/kg	4.15	0.60	1.85	5.30	1.80	0.10	/	6.69	微腐蚀	微腐蚀
			mg/kg	95.41	10.80	65.58	254.56	109.84	6.20				
9	KⅡ-2	粉质黏土	mmol/kg	3.70	0.25	1.90	5.20	1.75	0.00	/	6.73	微腐蚀	微腐蚀
			mg/kg	85.06	4.50	67.36	249.76	106.79	0.00				

注：(1)场地水的环境类型为Ⅱ类，场地水、土对混凝土结构具微腐蚀；

(2)跨湘江段，混凝土结构直接临水，且该地段含水层为强透水层。按地层渗透性判别，河水及孔隙水对混凝土结构具 HCO_3^- 型弱腐蚀，对混凝土结构中的钢筋具微腐蚀；人工填土及粉质黏土对混凝土结构及混凝土结构中的钢筋具 pH 微腐蚀。

(3)水、土对建筑材料腐蚀的防护，应符合《工业建筑防腐蚀设计规范》(GB 50046—95)的相关规定。

5　工程地质评价

5.1　场地稳定性

5.1.1　区域内新构造运动以大面积整体性缓慢抬升为主，并兼有间歇性抬升运动、掀斜运动和断块差异运动；近场区内没有发生过破坏性的历史地震，因此近场区内不存在发震构造，属构造稳定地区。

5.1.2　勘察区段未见断裂、滑坡、泥石流、地面沉降等不良地质作用，物探结果亦无明显的断层构造异常反应，场地稳定。

5.1.3　桥址两岸均已完成岸坡防护工程，东岸设置有钢丝网防冲墙，现状稳定。

5.2　场地均匀性

拟建场地从地貌上属湘江I级阶地,属典型的河流相二元沉积结构。由人工填土、冲积粉质黏土、中砂、圆砾及卵石层组成;下伏基岩为元古界冷家溪群板岩,地层分布连续稳定,层面较平缓。场地地层结构较为简单,第四系地层变化较小,地层均匀性较好。

5.3　工程适宜性

拟建场地位于湘江冲积阶地上,基岩为冷家溪群板岩,属较破碎-较完整岩体,在勘探范围内及附近区域未发现不良地质作用及有毒气体或有毒物质。适宜建(构)筑物建设。

5.4　地基土工程特性评价

根据钻探揭露,结合室内及原位测试成果,将大桥所处位置各地层特性评价见表5-8。

表5-8　福元路湘江大桥(跨江段)岩土工程特性评价表

地质年代	成因	土层及编号	岩土工程特性评价
全新统	Q_4^{ml}	①人工填土	褐黄色,湿,黏性土为主,软-可塑状,高压缩性,工程性状差,堆填时间较短。不宜选作天然地基持力层。基槽施工时需做好支护
	Q_4^{al}	②粉质黏土	褐灰、灰黑色,软塑状为主,局部为流塑状。底部含粉细砂。具中等压缩性,仅局部分布,不宜选作地基持力层。易垮塌,施工时需做好支护
		④中细砂	褐黄,饱和,稍密状,混砾石,含云母,黏土充填。河床及堤岸钻孔中,强透水层,施工时应做好隔水、护壁措施
		⑤圆砾	褐黄色,饱和,稍密状。含量60%以上,石英质,磨圆度较好,混卵石。强透水层,施工时应做好隔水、护壁措施
更新统	Q_2^{al}		分布在湘江两岸,由粉质黏土和砂砾层组成,具二元结构。本报告段未见
	Q^{el}	⑧残积粉质黏土	为板岩残积土,坚硬状为主,原岩结构可辨。强度低,浸水易软化
元古界	Pt	⑪强风化板岩	灰绿色、褐黄色,极软岩,节理裂隙发育,岩体破碎,岩体完整性指数为0.18,岩体基本质量等级为Ⅴ类。厚度普遍较小,局部厚度较大,工程性状一般,一般不选作直接持力层
		⑫中风化板岩	青灰色、灰绿色,软岩,岩芯呈块状、碎块状,少许短柱状,节理裂隙较发育,岩体较为破碎,完整性指数为0.41,岩体基本质量等级为Ⅴ类。局部夹石英脉,岩质较硬,厚度大,分布稳定,工程性状较好,可选作基础持力层
		⑬微风化板岩	青灰色,为较坚硬岩,岩芯呈长、短柱状和块状,锤击声脆,节理稍发育,岩体较完整,完整性指数为0.70,岩体基本质量等级为Ⅲ类。岩质较坚硬,厚度大,工程性状好,是理想的基础持力层

5.5　岩土设计参数

根据原位测试及室内试验，结合场地勘察情况，参照有关规范及长沙地区经验，经综合分析，将场地各岩土层物理力学性质指标推荐见表 5-9，供设计施工时参考。

表 5-9　福元路湘江大桥（跨江段）岩土设计参数推荐表

地质年代及成因	土层及编号	地基承载力基本容许值 $[f_{a0}]$	天然密度 ρ_0	内摩擦角 φ	黏聚力 c	饱和单轴抗压强度 f_{rk}	钻、冲灌注桩侧土摩阻力标准值 q_{ik}	非岩石的比例系数	岩石地基系数 C_0
		kPa	g/cm³	°	kPa	MPa	kPa	MN/m⁴	MN/m⁴
Q_4^{ml}	①人工填土	70	1.90	8	10	/	35	2.5	/
Q_4^{al}	②粉质黏土	120	1.84	12	14	/	40	8.0	/
	④中细砂	180	1.80	15	0	/	55	4.8	/
	⑤圆砾	280	1.95	35	0	/	110	25	/
Q^{el}	⑧残积粉质黏土	260	1.82	30	18	/	40	20	/
Pt	⑪强风化板岩	450	2.70	30	50	1.5	/	/	600
	⑫中风化板岩	1500	2.75	40	300	10.0	/	/	6000
	⑬微风化板岩	3000	2.80	50	700	20.0	/	/	12000

注：岩石的抗剪指标为抗剪断强度经验值。

5.6　基础选型及持力层选择

根据详细勘察结果，本工程揭示的河床堆积物深度在 5.00 m 以内，基岩面较稳定，且受河流冲刷影响，强风化层厚度甚小，中风化层面起伏不大，其顶板标高为 16.76～18.79 m。因此，本工程具备采用天然地基或桩基础条件。

5.6.1　天然地基：可采用扩大基础，以⑫中风化板岩作基础持力层。本工程地处湘江、浏阳河、捞刀河三水汇流区域，河流间的相互作用使水力学性质更为复杂，一方面易产生泥沙淤积，另一方面会对下游河床及岸坡产生冲刷。采用天然地基时，需考虑河水涨落对施工的影响。

本河流段基岩的冲刷系数建议如下：⑪强风化板岩：易冲刷，冲刷系数 2.0；⑫中风化板岩：较易冲刷，冲刷系数 1.6；⑬微风化板岩：可冲刷，冲刷系数 1.2。

值得说明的是，长沙湘江水利枢纽工程的建设将抬高湘江的常年水位，江水的冲刷作用将会减弱。

5.6.2　桩基础：根据场地施工条件，可采用的桩基施工工艺可采用冲、钻孔灌注桩，持力层可根据桥梁荷载及各墩位的地层特征，选择⑫中风化板岩或⑬微风化板岩作持力层。

5.6.3　综合场地地质条件、施工环境及桥梁结构特征，建议优先采用大直径桩基，以⑫中风化板岩或⑬微风化板岩作为桩端持力层(表 5 - 10)。

表 5 - 10　福元路湘江大桥(跨江段)各墩位持力层推荐表

位　　置	持力层	持力层岩土特性
K1 + 850 ~ K1 + 900	微风化板岩	层位稳定,厚度大,无软弱夹层
K1 + 950 ~ K2 + 000	微风化板岩	层位稳定,厚度大,北线 ZK3 在标高 5.72 ~ 8.92 m 夹中风化板岩,建议穿过该层
K2 + 150 ~ K2 + 200	微风化板岩	层位稳定,厚度大,南线 ZK12 在标高 7.90 ~ 9.40 m 夹中风化板岩,建议穿过该层
K2 + 350 ~ K2 + 400	中风化或微风化板岩	微风化层面总体东倾,建议按中风化强度设计取值,其中 ZK14 在孔底遗留 3.00 m 岩芯管 1 根
K2 + 600 ~ K2 + 612	微风化板岩	层位稳定,厚度大
K2 + 650 ~ K2 + 700	微风化板岩	层位稳定,厚度大
K2 + 750 ~ K2 + 800	微风化板岩	层位稳定,厚度大
K2 + 850 ~ K2 + 872	微风化板岩	微风化层面稳定,ZK27 在标高 -4.91 ~ 0.09 m 夹中风化板岩,桩端不需穿过
K2 + 950 附近	中风化板岩	微风化层埋深大,中风化层厚度稳定
K3 + 000 ~ K3 + 050	中风化或微风化板岩	微风化层顶埋深南北差别大
K3 + 100 ~ K3 + 127	微风化板岩	微风化层面稳定,北线 ZK33 在标高 -4.99 ~ 2.50 m 夹中风化板岩,桩端不需穿过该夹层

5.7　施工应注意的工程地质问题

5.7.1　湘江两岸堤内岸坡,其东内堤布置有钢丝网串联的碎石防冲墙,对基础施工有一定影响。同时,当采用大型实体基础时,需考虑施工对两岸内堤失稳的潜在隐患。

5.7.2　成桩过程中,应做好井壁支护工作,应控制好泥皮厚度及桩底沉渣。防止孔壁坍塌,确保施工质量及人员安全。

5.7.3　成孔后应及时清底检查和封底浇灌,严防孔底岩石浸水软化。

5.7.4　施工废水、泥浆和废渣应按长沙市环境保护的有关规定处理,严禁直接排入湘江河中。

6　结论与建议

6.1　工程重要性等级为一级,工程地质条件和水文地质条件复杂程度中等,勘察等级甲级。

6.2　大桥沿线地层结构较为简单,基岩面起伏甚小,地表水系丰富,工程地质条件较好,未发现影响场地稳定性的不良地质作用,适宜建筑。

6.3 勘察结果表明,大桥沿线第四纪地层分布不稳定,基岩以中、微风化为主,中风化板岩为较破碎岩体,岩体基本质量等级为Ⅴ级;微风化板岩为较完整岩体,岩体基本质量等级为Ⅲ级。建议本工程优先采用桩基础,采用钻/冲孔灌注桩,以⑫中风化板岩或⑬微风化板岩作桩端持力层,设计参数见表9。

6.4 长沙地区地震设计分组为第一组,抗震设防烈度为6度,桥梁工程场地类别为Ⅰ类,特征周期值取0.35 s,属抗震一般地段。本工程抗震设防类别为A类,其抗震设计应作专门研究。

6.5 河水及孔隙水对混凝土结构具 HCO_3^- 型弱腐蚀,对混凝土结构中的钢筋具微腐蚀;人工填土及粉质黏土对混凝土结构及混凝土结构中的钢筋具 pH 微腐蚀。水、土对建筑材料腐蚀的防护,应符合《工业建筑防腐蚀设计规范》(GB 50046—95)的相关规定。施工中作好排水措施。

6.6 桩底沉渣应符合规范要求,应采用有效护壁措施,以防桩壁坍塌,保证施工安全。

6.7 基础施工中当遇地质异常时,请及时通知勘察单位派相关技术人员,协商解决。

6.8 基桩质量应按国家现行规范进行检测。

第二部分:附件(见参考文献[3])
第三部分:图表(见参考文献[3])

5.2 长沙市南湖路湘江隧道工程地质详细勘察报告

目 录

6.2　建议

第一部分：文字报告
1　前言

1.1　概述

长沙市南湖路湘江隧道位于橘子洲头以南约 100 m，南距猴子石大桥 3.10 km，北距橘子洲大桥约 3.20 km，工程全长 2300 m。西接阜埠河路，东连南湖路。南湖路过江隧道的建成，将解决大学城与南湖新城快速增长的交通需求，成为湘江两岸的集散通道。

本项目建设单位为长沙市城投基础设施建设项目管理有限公司，设计单位为湖南省交通规划勘察设计研究院。长沙市勘测设计研究院通过投标获得其初步勘察与详细勘察任务。初勘报告已于 2010 年 5 月提交。

　　根据 2010 年 7 月确定的最终设计方案，盾构接收井设置于潇湘大堤以西，在河西设置 A、B、C、D 四个匝道，盾构始发井设于湘江大道以东之南湖路上，沿书院路设 WN、WS 两个匝道。工程拟采用多种工法，包括敞开段、明挖暗埋和盾构法(表 5 - 11)。

表 5 - 11　长沙市南湖路湘江隧道盾构方案主要参数表

序号	里　程	施工方法	长度/m	底板高程/m	距地面/河床埋深
A 匝道	AK0 +300 ~ AK0 +410	敞开段	110.00	30.269 ~ 35.387	0.990 ~ 8.427
	AK0 +010 ~ AK0 +300	明挖暗埋段	290.00	25.332 ~ 30.269	8.427 ~ 17.486
B 匝道	BK0 +010 ~ BK0 +250	明挖暗埋段	240.00	19.994 ~ 35.387	3.746 ~ 17.766
	BK0 +250 ~ BK0 +470	敞开段	220.00	29.493 ~ 35.387	0.238 ~ 3.746
C 匝道	CK0 +013 ~ CK0 +270	明挖暗埋段	257.00	19.470 ~ 29.493	4.684 ~ 16.423
	CK0 +270 ~ CK0 +420	敞开段	150.00	29.493 ~ 35.387	0.026 ~ 4.684
D 匝道	DK0 +013 ~ DK0 +330	明挖暗埋段	317.00	20.925 ~ 31.075	5.603 ~ 14.964
	DK0 +330 ~ DK0 +450	敞开段	120.00	31.075 ~ 36.322	0.445 ~ 5.603
北线	AK0 + 010 ~ NK0 + 440.063	北线接收井	25.00	19.994	20.00
	NK0 +440 ~ NK1 +815	盾构段	1375.00	- 1.29 ~ 15.989	8.00 ~ 14.25
	NK1 +815 ~ NK1 +840	北线始发井	25.00	22.743	13.528
	NK1 +840 ~ NK1 +917	明挖暗埋段	77.00	26.445 ~ 30.015	6.346 ~ 12.109
	NK1 +917 ~ NK2 +017	敞开段	100.00	30.015 ~ 35.601	0.816 ~ 6.346
南线	DK0 + 013 ~ SK0 + 684.421	南线接收井	25.00	18.587	19.076
	SK0 + 684.421 ~ SK2 +032	盾构段	1347.579	- 3.137 ~ 13.703	9.759 ~ 14.841
	SK2 +032 ~ SK2 +057	南线始发井	25.00	20.085	18.447
	SK2 +057 ~ SK2 +415	明挖暗埋段	358.00	21.084 ~ 33.707	7.322 ~ 18.736
	SK2 +415 ~ SK2 +540	敞开段	125.00	33.707 ~ 38.708	2.602 ~ 7.322
WN 匝道	WNK0 + 068.65 ~ WNK0 +290	明挖暗埋段	221.35	27.623 ~ 31.966	4.849 ~ 8.522
	WNK0 + 290 ~ WNK0 +400	敞开段	110.00	31.966 ~ 36.413	0.402 ~ 4.849
WS 匝道	WSK0 + 037.524 ~ WSK0 +165	明挖暗埋段	127.476	31.234 ~ 32.332	4.981 ~ 5.284
	WSK0 + 165 ~ WSK0 +285	敞开段	120.00	32.332 ~ 36.666	0.545 ~ 4.981

该工程安全等级为一级，设计使用年限为 100 年，抗震设防类别为甲类。按《岩土工程勘察规范》(GB50021 - 2001)(2009 年版)，岩土工程勘察等级为甲级。为满足施工图设计要求，按南湖路湘江隧道工程范围(2010 年 7 月 5 日)与要求，编制南湖路湘江隧道详细勘察报告。

1.2　勘察目的、内容

1.2.1　勘察目的

详细查明隧址区域地质、水文地质及工程地质条件；查明隧址不良地质作用、特殊地质条件、特征、分布范围，在初勘基础上取得更深入、可靠的地质结论，提出正确的处理措施，为施工图设计提供充分地质资料。

1.2.2　勘察内容

(1)详细查明场地地貌特征、地层、地质年代、岩性、成因类型、地质构造特征、水文地质条件、地下有害气体。对不同地质单元或有施工特殊要求的地段，应分别进行详细勘察，并应提供评价及处理方案。

(2)详细查明隧道区域各层岩土的类别、分布、结构、厚度、坡度。查明岩土的物理力学性质，划分岩组和风化程度，确定地基承载力，提出基础类型及埋置深度、隧道围岩分类(分级)、土石工程等级(岩土可挖性分级)的意见，并对地基的稳定及承载能力作出评价。

(3)详细查明长、大活动断裂，特别是全新世活动断裂的位置、产状、规模和破碎带宽度及其对工程的危害影响程度，并提出治理意见。

(4)详细查明场地特殊土和不良地质单元(淤泥、淤泥质土、砂层、断裂、风化深槽、膨胀土、土洞等)的特征、分布、性质和规模，分析评价特殊土和不良地质单元对工程的危害程度和影响，并提出防治措施及处理意见。

(5)详细查明基岩的岩性、构造、岩面变化、风化程度，确定其坚硬程度、完整程度和基本质量等级，判定有无洞穴、破碎岩体或软弱岩层。

(6)详细查明沿线河、湖淤积物的发育、分布，以及古建筑遗址、古河道等，并结合工程要求提出评价。

(7)详细查明沿线范围的地表水水位、流量、历年最高水位、枯水位、水质等水文资料，以及补给、排泄条件与地下水的相互关系，预测施工期间出水状态、涌水量。

(8)详细查明场地地下水的类型、性质、埋藏条件、补排条件、变化幅度、地下水位、渗透性、流速、流向，判定地下水对建筑材料的腐蚀性，有无异常涌水、突水；查明孔隙承压水的水头高度及其地下水动态和周期变化规律，提出水质评价，进行水文地质分区，并确定施工图设计所需水文地质参数，对于矿山法和盾构法应进行隧道涌水量预测，提出控制地下水措施。需要降水施工时，应提出降水方法及有关计算参数，并预测降低水位对基底、坑壁及地面建筑物的影响。

(9)判定场地和地基的地震效应，详细查明软土震陷及可液化地层如饱和砂土和粉土的分布、埋深、厚度及性质，确定饱和砂土和粉土的地震液化可能性及液化等级，并计算液化指数，进行液化砂层分区，分析对建筑物稳定性影响及处理意见。

（10）对工程场地的稳定性和环境条件作出评价，分析施工和使用期间隧道工程对周围建筑物环境的影响，并提出处理措施建议。

（11）调查场地附近重要建筑物、地下构筑物及城市管线（网）的分布位置、地基条件、基础类型、上部结构和使用状态，分析其稳定性，并预测由于通道修建可能引起的变化及预防措施。

（12）根据场地工程地质和水文地质条件，结合勘察及施工方法的要求，按工程要求提出勘察所需要的技术参数。

1.3 依据的技术规范和标准

《公路工程地质勘察规范》（JTJ 064—98）

《公路隧道设计规范》（JTG D70—2004）

《公路桥涵地基与基础设计规范》（JTG D63—2007）

《公路路基设计规范》（JTG D30—2004）

《公路桥梁抗震设计细则》（JTG/T B02—01—2008）

《岩土工程勘察规范》（GB 50021—2001）（2009 年版）

《土工试验方法标准》（GB/T 50123—1999）

《工程岩体分级标准》（GB 50218—94）

《工程岩体试验标准》（GB/T 50266—99）

《城市工程地球物理探测规范》（CJJ 7—2007）

《浅层地震勘探规范》（DZ/JT J—85）

《建筑抗震设计规范》（GB 50011—2001）（2008 年版）

《建筑地基基础设计规范》（GB 50007—2002）

《建筑桩基技术规范》（JGJ 94—2008）

《建筑基坑支护技术规程》（JGJ 120—99）

《建筑工程地质钻探技术标准》（JGJ 87—92）

1.4 勘察过程

（1）2010 年 5 月完成由湖南省交通规划勘察设计研究进行可行性研究的岩土工程勘察，并提交可行性阶段勘察报告［工程编号：YT - 2010004 - 002(1)］。

（2）2010 年 5—6 月完成由湖南省交通规划勘察设计院进行初步设计的岩土工程勘察，并提交初步勘察报告（工程编号：YT—2010004—002）。

（3）2010 年 6—8 月完成施工图设计岩土工程勘察工作。

1.5 勘察方法

本阶段勘察工作以钻探为主，结合工程地质调查或测绘、地球物理勘探、原位测试及室内试验、资料整理等步骤进行。

勘探钻机为北京探矿机械厂生产的 XY - 1A 型钻机，开孔孔径 127 ~ 146 mm，终孔孔径 90 ~ 110 mm。采用套管、管径 127 ~ 146 mm，全井采用泥浆护壁钻进。土层采用套管护壁 SH - 30 钻机锤击钻进,套管护壁;岩层采用泥浆护壁、回转钻进。水上钻探采用驳船平台施工。共投入钻机 27 台,其中水上钻探租用 200 t 驳船 14 条,交通船 3 条,钻机 7 台,西岸钻机 14 台,东岸钻机 6 台。

地球物理勘探物探利用初勘成果,包括地震反射法和电测深法;原位测试包括标准贯入试验、重型动力触探试验、旁压试验、超声波测试、剪波速测试、钻孔电阻率测试、大地导电率测试、地温测试;水文试验主要有压水试验和注水试验;室内分析除进行常规岩、土、水样分析外,还进行了岩矿鉴定、热物理试验等。

钻孔定位采用 GPS - RTK 实地测放,钻探遵循《公路工程地质勘察规范》(JTJ 064—98)中工程地质详勘的要求;物理勘察参照规范 JTJ 064—98 中有关规定,土工试验执行《土工试验方法标准》(GB/T 50123—1999)、岩样试验执行《工程岩体试验方法标准》(GB 50266—99)。勘察成果满足《公路工程地质勘察规范》(JTJ 064—98)要求。

1.6　勘探工作量

1.6.1　勘探点布置原则

(1)敞开段及明挖暗埋段(简称明挖段):钻孔布置按《建筑基坑支护技术规程》(JGJ 120—99)第 3.2 节第 3.2.2 条执行;勘探点间距视地层条件在 15 ~ 30 m 内选择。勘探点尽可能布置在支护结构上,本次勘察孔距取 30 m。

(2)暗挖段:根据《公路工程地质勘察规范》(JTJ064 - 98)第 6.4.7 条水下隧道布孔要求及招标文件(招标编号:HNZJC2010 - FW - 035)第 46 页规定。同时,考虑初勘钻孔的充分利用,河床纵向布置 3 排钻孔,两岸纵向布置 2 排钻孔,隧道外侧详勘点孔距取 40 m;遇地质异常处钻孔加密,以查明不良地质为原则。横向距暗挖结构边线 10 m。

(3)当遇地质异常时,经与业主沟通,酌情增加勘探点,以保证异常地质现象的可追溯性。

1.6.2　勘探深度

(1)明挖段:钻孔深度不小于基坑深度的 2 倍,在此深度内遇有厚层坚硬黏性土、碎石土和岩层时,可根据岩土类型和支护勘察要求减小深度,当存在较厚的软土层、粉土夹层或因降水、隔渗勘察需要时,勘探深度应钻穿软土层或含水尽。当在要求的勘探深度内遇有基岩时,勘探深度宜穿过基岩的强风化层,至中风化层内不小于 3 ~ 5 m。

(2)暗挖段:钻孔深度按《公路工程地质勘察规范》(JTJ 064—98)第 6.4.7 条第 5 款执行,一般勘探孔深为隧道底板下 20 m(从河床底部计)。

(3)如遇断裂、洞穴、地下采空地段等,一般要求加深钻孔,应穿过断裂,连续进入完整岩层 3 ~ 5 m,应穿过洞穴、地下采空进入完整基岩或地层不小于 10 m。

(4)水文地质试验孔勘探孔深应进入基岩风化层内,以中深井、完整井形式分层(含水层)进行抽水试验。

(5)钻孔深度应满足取样、测试和抽水等技术要求。

1.6.3　测试取样

详勘技术孔数量不少于钻孔总数量的 1/2,取试验样品和进行原位测试的钻孔数量不少于勘探孔总数的 1/2。

1.6.4　原有勘察成果利用

（1）在书院路与南湖路交汇段之东北角，由于受交通条件和书院路箱涵影响，经业主同意，利用了我院在2008年完成的《湘江大道工程建设指挥部书院路箱涵（南湖路－水厂路）岩土工程详细勘察报告》（2008019）中的10个钻孔。

（2）2010年4月7日至6月28日，隧道方案多次调整，其中尚有部分勘探孔可资利用，本报告利用了其中的51个钻孔资料及地球物理勘探成果和大地导电率结果。

1.6.5　本次完成的勘察工作量

本次勘察工作量统计见表5－12。

表5－12　主要勘察工作量统计表

序号	项目		单　位	数　量	
				本次施工	引用
1	工程地质测绘		km²	1.25	／
2	钻　孔	陆上	m/孔	3884.4 m/143孔	392.2 m/19孔
		水上		2587.2 m/55孔	2444.52 m/46孔
3	工程物探	地震法	m/炮	水上2120 m/2122炮	初勘成果
		电测深	m/测点	水上100 m/14个测点、陆上2120 m/426个测点	
		大地导电率	点	2	
4	原状土样		组	126	6
5	扰动土样		组	60	8
6	岩样		组/块	236/547块	121
7	水样		组	10	／
8	标准贯入试验		次	145	3
9	圆锥重型动力触探		m/孔	29.0 m/57孔	3.7/5孔
10	声波测试		m/孔	543.0 m/16孔	／
11	电阻率测井		m/孔	142.2 m/3孔	／
12	测温		m/孔	161.4 m/3孔	／
13	水位观测		孔	198	／
14	套管、泥浆护壁		m	6471.6	2836.72
15	钻孔测量		组日	198	／

1.7　说明

（1）根据技术要求和勘察基础资料编制《岩土工程详细勘察实施大纲》，经设计业主批复后实施。

（2）钻孔孔口高程为黄海高程（河水位记述为吴淞高程外），平面坐标采用长沙市独立直角坐标。

（3）由于方案调整，钻孔编号相对复杂。隧道里程桩号及钻孔点根据各方案平、纵断面图确定，采用 GPS - RTK 定位。

（4）除钻孔 S41、S32 因风浪影响、套管折断而未能封孔外，其他钻孔施工完毕后均按防汛要求采用水泥砂浆全孔封堵，河岸钻孔采用标志予以标识。钻孔施工完毕后对坐标进行测量。

（5）钻孔 Z3 在钻孔内残留钻具及钻孔约 10 m，钻杆标高在 -2.50 m 处；S32 在河床下残留套管 0.90 m。

（6）各项工作均严格按照《公路工程地质勘察规范》（JTJ 064—98）及现行规范、规程的规定和要求进行，满足相关规程、规范要求，可供施工图设计使用。

（7）本次勘察符合我院质量、环境及职业健康安全管理体系要求，未发生环境污染和健康安全事故。

2　场地地理位置及气象、水文概况

2.1　地理位置

长沙位于湖南省东部偏北，湘江下游和长（沙）浏（阳）盆地西缘。地理坐标为：东经 111°53′~114°15′，北纬 27°51′~28°40′。南湖路湘江隧址位于橘子洲头以南、猴子石大桥以北，向西下穿潇湘大道后接阜埠河路，向东下穿接湘江大道接南湖路，两岸交通极为便利。

2.2　地形、地貌

长沙市地区的地貌单元主要为剥蚀形成的低山丘陵和河流侵蚀、堆积形成的平原地貌：西北为元古界浅变质岩系，东北为花岗岩低山丘陵，东部及东南为红层高丘。

南湖路湘江隧道地貌单元为典型的河流侵蚀地貌，两岸分别为近年建设完成的潇湘大道与湘江大道风光带。东岸为城市街区，地面标高 35.50~40.00 m，为白沙井组组成的Ⅲ级阶地。西岸为潇湘大道，地面标高 35.00~40.00 m，为高河漫滩及橘子洲组组成的Ⅰ级阶地。

湘江在隧道区河谷宽度约 1350 m，河道较为顺直，河床起伏较大（17.2~26.4 m），总体上西浅东深。勘察期间历经 4 次江水涨落，变幅达 7.20 m，水位为 27.08~34.28 m（黄海高程）。以橘子洲头为界，湘江被分为东、西两汊：

东汊——宽约 570 m，河床标高 17.2~20.1 m，基岩面标高 15.94~22.38 m；

西汊——宽约 630 m，河床标高 20.1~26.4 m，基岩面标高 15.96~19.41 m。

2.3 气象

长沙市属亚热带湿润季风气候区,四季分明,雨量充沛。据长沙市气象站资料统计:多年平均气温17.4℃,日平均最高气38.1℃,日平均最低气温0.4℃,7月份平均气温28.5℃,极端最高气温40.6℃(1963年8月31日),1月份平均气温6.1℃,极端最低气温−10.1℃(1977年1月30日);年平均相对湿度79.5%,年最小相对湿度14.2%,常年主导风向为东南风,每年5—9月为雨季,多年平均降雨量1394.6 mm。

2.4 水文

长沙市溪沟纵横,多属湘江流域。湘江发源于广西临桂海洋河,全长856 km,是洞庭湖水系中最大的河流。湘江由南而北纵贯长沙城区,呈NE3°流经隧址区,工作段江面宽约1400 m,河道较为顺直,主航线在橘子洲头至湘江东岸一侧。据长沙水文站观测资料,每年4—9月为丰水期,最高洪水位39.18 m(1998年6月28日,吴淞高程),最低水位24.87 m(2009年10月31日,吴淞高程),年平均水位29.48 m(吴淞高程),最大变幅度13.83 m,多年平均变幅达10 m,最大流量14700 m^3/s(1954年6月30日),最小流量134 m^3/s(1954年11月19日),多年平均流量2473 m^3/s。最大流速1.26 m/s,最小流速0.12 m/s,多年平均水温18.7～19.5℃。

3 场地工程地质条件

3.1 区域地质背景

长沙位于东南地洼区雪峰地穹系湘江地洼列幕阜地穹西南端的乌山洼凸区,经历了槽、台、洼三大构造演化阶段。基底为中元古界冷家溪群浅变质岩。褶皱构造主要有岳麓山向斜和杨泗庙 – 观音港向斜;断裂构造以北东向极为发育,其次为北西向和东西向,再次为北东向和南北向(见图5 – 1所示)。

3.2 地质构造

区域地质资料表明,南湖路湘江隧道西部地处岳麓山向斜东南翼,有一北东向F_{85}断层斜贯;东部位于杨泗庙 – 观音港向斜北西翼,有北东向F_{101}断层斜贯。

3.2.1 褶皱

(1)岳麓山向斜

位于湘江西岸岳麓山,分布在岳麓洼凹构造区内,半椭圆形,轴向NE35°,长约3 km,核部为石炭系、三叠系及侏罗系地层,翼部为泥盆系地层,向斜南东翼被区域主干断层(F_{85})破坏(现仅保留北西翼),北西翼岩层倾角15°～30°,为一残缺不全的宽展型褶皱。

(2)杨泗庙 – 观音港向斜

湘江东岸分布在长沙洼陷构造区内,向斜轴向呈NE40°～45°,核部地层为第三系枣市组,翼部为白垩系东塘组、戴家坪组、神皇山组。岩层倾角平缓,一般为15°～25°,属

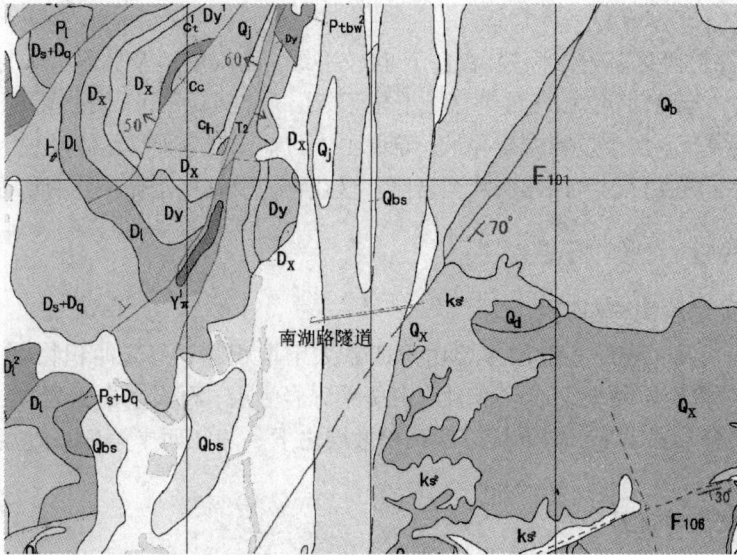

图 5 - 1　长沙隧道地质构造示意图(据 1:50000 长沙区域地质图改编)

平缓型褶皱,系永安复式向斜的次级构造。

3.2.2　断裂

(1)张家嘴 - 溁湾镇 - 新塘湾断裂(F_{85})

斜贯场区西部,由师大南院 - 溁湾镇 - 新河三角洲沿北东向延伸,长约 68 km,断裂沿线挤压强烈,擦痕发育,产状直立,切割冷家溪群至中新统前地层,活动最明显的地段主要在长沙市伍家岭至溁湾镇一段,北西盘岳麓山向斜南东翼已基本破坏,另新开铺组砾石层与泥盆系砂岩呈断层接触,断裂产状 295°∠60°。本次勘察钻孔未遇到该组断裂构造痕迹。

(2)葫芦坡 - 金盆岭 - 炮台子断裂(F_{101})

斜贯场区东南侧,由湘江猴子石大桥西 - 南门口 - 松桂园沿北东向延伸穿越市区,走向北东 30°,全长约 60 km,北东段为长沙洼凹西缘的边界断裂,截切了冷家溪群泥盆 - 石炭系及白垩系地层等,挤压破碎带沿线可见,在松桂园地段经钻孔揭露该断层为挤压破碎带。在本次勘察范围内未遇到该组断裂构造痕迹。

3.2.3　新构造运动

(1)升降作用

第四纪以来,随着区域掀斜运动伴生间歇性升降,第四系地层自老至新、由南向北掀斜呈规律分布:下更新统洞井铺组高差约为 120 m,中更新统新开铺组高差约 78 m,白沙井组高差约 57 m,马王堆组高差约 25 m,至白水江组的高差则只有 10 m 左右,一次较一次弱。

(2)第四系地层中的小断裂

长沙地区的新开铺组与洞井铺组地层中多见小断裂,断距不大。新开铺南郊公园、长沙铝厂、桐梓坡等地均有所见。热释光测年结果在 10 万～20 万年之间，不属于全新活动断层。

综上所述，隧址区基岩层面较稳定、产状较平缓，勘察场地及其附近未见有影响场地稳定性的构造。毋庸讳言，由于隧址区域上位于断层 F_{101}、F_{85} 之间，两断裂的历次活动，必然在隧道范围内产生次生裂隙或破碎带，导致岩体的整体性变差，具体表现为风化分带的不均匀性和沿裂隙发育的溶蚀作用甚至岩溶。这在物探及钻探工作中均有所证实。

3.3　地层岩性

3.3.1　地层结构与组成

根据钻探揭露：隧址区地层主要由第四系人工堆积物、河流冲积物(粉质黏土、细砂、圆砾)和残积粉质黏土组成。基岩以白垩系砾岩为主，石炭系白云岩次之，二者在橘子洲头以不整合形式出现，均下伏第四系松散层之下。湘江西岸第四系地层具明显的河流相二元结构。

3.3.2　岩土特征及分布

隧址区地层主要特征见表 5 – 13，典型岩芯照片见图 5 – 2。

3.3.3　岩石结构、构造及矿物含量

(1)结构、构造

角砾状构造，角砾体积含量约 60%～65%，成分复杂，包括石英砂岩、泥质粉砂岩、绢云母片岩、绿泥石片岩、石英岩、脉石英、玉髓团块和灰岩等。角砾多为棱角不甚明显的次圆形、椭圆形，部分为不规则状。角砾粒径变化较大，粗者可达 3.0 cm，一般在 0.5～1.0 cm 之间。角砾之间的胶结物主要是微细粒方解石、石英和铁质物，并夹杂少量绢云母和绿泥石。不同程度地被铁质物浸染。样品具杂基支撑，基底式 – 接触式胶结的结构特征。泥质粉砂岩则以孔隙式胶结为主。

白云岩呈灰色、肉红色、灰白色，细晶 – 隐晶结构，厚层状构造，节理、裂隙发育，岩性坚硬，结构较为均匀。白云石常为自形、半自形粒状，菱面体解理发育，晶体粒度大多介于 0.2～0.8 mm 之间，少数粗者可至 2.0 mm 左右，晶粒相互紧密镶嵌，具中粗粒结构，方解石常呈细脉状、网脉状集合体沿裂隙充填交代白云石，局部细脉交汇处可达 0.6 mm 左右(引自《长沙市劳动路湘江隧道岩土工程详细勘察报告》2008 年 12 月)。

(2)矿物含量

经镜下鉴定和 X 射线衍射分析：砾岩组成矿物以石英和方解石为主，其次是长石、绢云母、绿泥石和高岭石及少量褐铁矿；钙质砾岩中主要组成矿物为方解石，其次是石英、伊利石(包括绢云母)、高岭石和褐铁矿，其他微量矿物尚见绿泥石、锆石、磷灰石、白云母、金红石、榍石和电气石等；白云岩的组成矿物种类较为单一，主要是白云石(77%～93%)，次为方解石，但含量很低，未发现石英和黏土质等陆源碎屑矿物。

各岩类主要矿物含量分析结果见表 5 – 14。

表 5 - 13 南湖路湘江隧道地层的工程特征及分布表

地质年代	成因	土层及编号	层顶标高/m	层底标高/m	层厚/m	岩土工程主要特征
全新统	Q_4^{ml}	①杂填土	23.01~42.36	27.99~31.59	0.30~10.50	褐黄、杂色，湿，松散-稍密状，以黏性土混砖渣、煤渣、砼块及少量砾石。顶部约50 cm为混凝土路面。硬质杂物含量30%~40%
		②素填土	23.50~43.58	21.30~41.63	1.0~10.10	褐黄、褐红色，湿，松散-很湿。松散，黏性土为主，局部含砾石、砖渣，西岸钻孔该层底部夹耕土。硬质杂物含量25%~30%
	Q_4^{al}	③粉质黏土	27.72~34.36	21.22~29.55	0.50~12.50	褐黄色，可塑-硬塑状，含少量粉细砂及云母片，风黑色色铁锰质氧化物
		④粉土	22.49~30.23	20.49~27.67	1.00~5.50	褐黄灰色，湿，稍密状，含粉细砂，中砂及云母片。摇振反应中等，无光泽反应，干强度低，韧性低
		⑤细砂	17.44~31.41	13.94~27.23	0.80~12.70	褐黄色，湿-饱和，稍密-中密状。含云母片、混砾石，黏性土充填
		⑤₁粗砂	18.01~26.89	15.91~25.89	0.30~2.10	褐黄色，湿-饱和，松散-稍密状。含云母片、混砾石，砂质充填
		⑥圆砾	17.11~27.44	14.71~23.04	0.40~11.10	黄、褐黄色，饱和，中密状，砾石含量50%以上，粒径0.5~2 cm，不均匀系数23.32~71.34。成分为石英质，磨圆度较好，中粗砂充填，多夹卵石，混少量黏性土
		⑥₁卵石	16.49~27.16	13.20~20.89	0.40~10.80	黄、褐黄色，饱和，中密状，卵石含量约55%，粒径3~5 cm，最大粒径达7~10 cm。成分为石英质，磨圆度较好，中粗砂充填
更新统	Q_2^{al}	⑦粉质黏土	27.03~37.98	25.53~36.65	0.90~4.80	褐黄色，湿，硬塑状为主，局部夹砂砾石。摇振反应中等，具光泽反应，干强度中等，韧性中等
		⑧圆砾	22.84~31.56	19.54~28.44	1.50~4.00	褐黄、黄，很湿-饱和，中密状。石英质，砾石含量50%~60%，粒径0.5~1.50 cm，粒径达4 cm，局部夹卵石。中粗砂充填
	Q^{el}	⑨粉质黏土	16.03~40.75	15.03~40.35	0.30~3.50	褐红色，稍湿，硬塑-坚硬状，板结等。系碎屑岩风化残积而成，含砾石30%左右，粒径0.5~5 cm，成分为砂岩、板岩等，多风化。干强度中等，韧性中等

续表

地质年代	成因	土层及编号	层顶标高/m	层底标高/m	层厚/m	岩土工程主要特征
白垩系	K	⑩强风化砾岩	-10.50~45.12	-30.59~40.12	0.40~37.80	褐红色，碎屑结构，厚层状构造，胶结程度差，泥质胶结，板软岩。含砾石20%~40%，成分以石英，板岩为主，粒径2~4cm，大者近20cm。节理裂隙发育，岩芯呈碎块状，短柱状，岩石质量指标差，$RQD=35~45$。岩体破碎，岩石质量等级为V类。共有9个钻孔夹中风化砾岩⑪$_1$，厚度1.6~15.80m
		⑪$_1$中风化砾岩	0.20~23.98	-10.50~20.98	1.60~15.80	褐红色，碎屑结构，厚层状构造，泥质胶结为主，局部含钙质，软岩。局部为泥质粉砂岩。碎石含量30%~60%，石英和板岩为主，粒径0.3~5cm，大者达18cm。岩芯呈短柱状，碎块状。岩石质量指标较差，$RQD=55~70$。岩体较破碎，岩体基本质量等级IV类
		⑩$_2$溶洞	4.91~7.85	1.95~5.22	2.30~5.90	发育于砾岩中，无充填物或底部充填粉质黏土或软塑状~软塑状粉质黏土。根据S17采用砂卵石及混凝土封孔情况可确定，该部位见溶洞的5个钻孔探无返水。具有连通性
		⑪$_1$中风化砾岩	-18.84~40.35	-32.26~35.85	1.20~43.40	褐红色，碎屑结构，厚层状构造，泥质胶结，胶结程度较好，软岩。砾石成分以石英，局部为粉砂质泥岩。含砾石一般35%，粒径一般0.5~4cm，大者达15cm。节理裂隙较发育，岩芯呈短柱状，长柱状，块状，少数为碎块状。岩石质量指标较差，岩芯呈柱状。$RQD=60~75$。岩体较破碎，岩体基本质量等级IV类。ZK7底部砾石成分以白云岩为主，钙质胶结，具溶蚀现象，漏水
		⑪$_1$强风化砾岩	-13.54~35.85	-18.84~31.65	1.80~10.00	岩性同⑩强风化砾岩
石炭系	C	⑫中风化白云岩	-25.76~1.91	-30.86~-1.69	2.40~17.50	灰白色，中厚层状构造，细晶-隐晶结构，均匀，硬岩。硬质，结构坚硬，结构较为均匀。基岩面起伏不大，溶蚀现象普遍。岩芯柱状，长柱状，岩性坚硬，岩芯破碎，岩体破碎，岩体基本质量等级为IV类
		⑫$_2$溶洞	-21.96~4.40	-25.76~1.90	0.40~3.80	发育于白云岩中，无充填物，漏水，封孔时混凝土流失严重

图 5 – 2　典型岩芯照片

(a)第四纪地层；(b)强风化砾岩；(c)中风化砾岩；(d)中风化白云岩；
(e)原北线 N19 中强风化砾岩；(f)原北线 NY20 白云岩中溶蚀发育

表 5 – 14　南湖路湘江隧道岩石中矿物含量分析表(%)

钻孔	深度/m	白云石	石英、玉髓	方解石	长石	绿泥石	绢云母	铁质物	其他	岩石名称
N29	50.0~51.0	/	51.7	15.6	10.3	9.8	9.6	2.0	1.0	钙质泥质砾岩
ZY05	58.0~59.0	/	54.3	13.7	9.5	10.2	8.7	2.6	1.0	含砾钙质粉砂岩
S08	41.2~41.8	/	52.7	19.1	7.8	8.9	9.3	1.2	1.0	钙质砾岩
ZK11	15.0~16.0	77.8	/	21.7	微量	/	/	/	0.5	中粗粒灰质白云岩

注：ZK11 引自《长沙市劳动路湘江隧道岩土二期工程详细勘察报告》。

3.4 地球物理勘探

3.4.1 地球物理勘探方法与原理

为查明南湖路湘江隧道基岩面起伏形态、风化层厚度、隐伏断裂空间展布特征及不同岩性接触带位置，综合考虑隧址区范围内介质的物性差异，本次南湖路湘江隧道地球物理勘探采用电测深法及地震反射波法。

(1)电测深勘探原理

电阻率测深以岩、矿石之间电学性质的差异为基础，方法是通过供电电极向地下供入直流电流，建立起电场，通过改变供电(A、B 极)、测量装置(M、N 极)的排列、大小和相对位置来改变电流在地下的分布情况，在地面测量电场的变化，就可以推断出地层电阻率深度的变化，达到测深目的。

(2)地震反射勘探原理

浅层地震法是利用介质的波阻抗($\rho \cdot v$)差异来从事勘探，归属于平面(即射线平面)勘探范畴，所反映的是由激发点、接收点和射线构成的平面内的信息，具有较高的分辨率，选择适当的观测系统完全可获取测线下的地质情况，并且浅层地震反射方法具有勘探深度大、精度高和反演获取物性参数等优点。

3.4.2 测线布置及工作量

根据业主批复的《南湖路湘江隧道物理勘探项目采集施工方案设计》，沿拟建南湖路湘江隧道共计布置三极电测深测线两条(N、S)，地震反射测线两条(ZF1、ZF2)，平面位置详见附件《长沙市南湖路过江隧道物探技术报告》，共计完成地球物探勘探工作量见表5－15、表5－16。

3.4.3 物探资料解译

(1)南湖路湘江隧道 N、S 电测深成果分析

南湖路湘江隧道 N 测线电测深二维反演视电阻率剖面图如图5－3 所示，S 测线电测深二维反演视电阻率剖面图如图5－4 所示。

表5－15　南湖路湘江隧道地球物理勘探电测深工作量统计表

测线		测线起止位置	测点范围	工作量 (m/点)	备注
电测深 AB/2 = 140 m	N	N－25 ~ N－1110	N－5 ~ N－222	1085/218	水上电测深
		N－1110 ~ N－1140	N－223 ~ N－228	30/4	陆地电测深
	S	S－25 ~ S－1060	S－5 ~ S－212	1035/208	水上电测深
		S－1060 ~ S－1130	S－213 ~ S－226	70/10	陆地电测深
合计		陆地电测深 100 m/14 个测点、水上电测深 2120 m/426 个测点			

表 5 – 16　南湖路湘江隧道地球物理勘探地震反射工作量统计表

测　　　线		测线起止里程	测点范围	工作量(m/炮)	备　注
地震反射 陆地_覆盖次 数 = 12 次	ZF1	N – 015 ~ N – 090 段	ZF1 – 0 ~ ZF1 – 2150	1075/1076	水上反射
水上_覆盖次 数 ≥ 6 次	ZF2	S – 015 ~ N – 060 段	ZF2 – 0 ~ ZF2 – 2090	1045/1046	水上反射
合计		水上地震反射 2120 m/2122 炮			

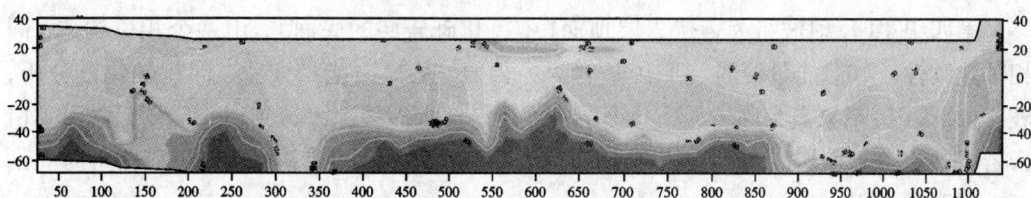

图 5 – 3　N 测线 N – 25 ~ N – 1140 段电测深二维反演视电阻率剖面

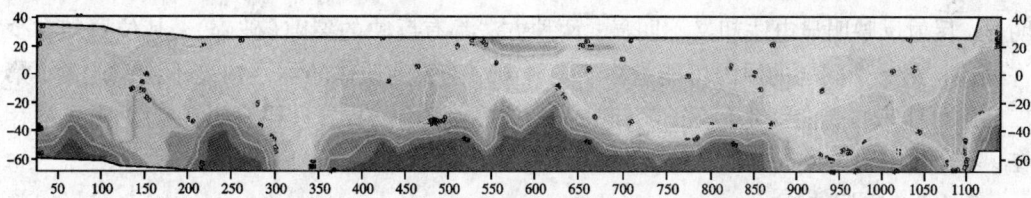

图 5 – 4　S 测线 S – 25 ~ S – 1130 段电测深二维反演视电阻率剖面

　　二维反演视电阻率剖面图上地层大致呈四层结构,横向分布大致相似,底部电阻率最高可达到 $400\Omega \cdot m$ 以上。结合钻探及区域地质资料分析,底部高阻推断为白云岩类高致密高阻抗。从白云岩岩面起伏状况可以看出,白云岩岩面附近裂隙极为发育且表面侵蚀、溶蚀程度大,裂隙发育从浅部向下贯穿到深部。测段内,砾岩经受长期的风化作用及中远期构造运动作用的双重影响,其完整性及刚性极差。白云岩顶面附近,受裂隙干扰、水侵蚀作用的影响,存在不同程度的溶蚀作用,这些溶蚀的存在或多或少影响了砾岩的完整性。

　　测线 N – 1090、S – 1060 附近,存在不同于测线在其他地方的电性异常,低阻带呈倾斜状向下灌入白云岩,电阻率与其他裂隙发育特征不同。考虑该处为东岸斜坡地带,受地形、附近水厂人文设施的影响,推测为测量偏差所致。

　　(2)南湖路湘江隧道 ZF1、ZF2 测线地震反射成果分析

　　由 ZF1、ZF2 测线浅层地震时间剖面可知,所有测线的剖面上,基本上都存在四组振幅较强(T1 ~ T4)、连续性较好的反射波同相轴:

第一组 T1 反射波组为河床底面，江水纵波速度 $v = 1400 \sim 1500$ m/s，反射波同相轴基本由两个相位构成，相位数目基本不变，反射波同相轴有一定的起伏，但比较平稳，总体呈西浅东深；

第二组 T2 反射波组为强风化砾岩层顶面(砂、圆砾的底面)，砂、圆砾的纵波速度 $v = 600 \sim 800$ m/s，反射波同相轴有一定的起伏，说明江底物性横向有一定的变化；砂、圆砾的埋深 $3.0 \sim 14.0$ m；

第三组 T3 反射波组为中风化砾岩层顶面，多由两个相位构成，同相轴连续性变化较大，说明中风化砾岩附近存在较大的横向物性变化；湘江西岸到橘子洲头段局部连续性比较差，推断为岩性破碎有关；橘子洲头至东岸局部连续性较差，存在两处杂乱反射现象，推断为局部砾岩破碎影响；

第四组 T4 反射波组为下伏岩层顶面(中风化砾岩层的底面)，由两个相位构成，同相轴连续性较好但能量较弱。下伏基岩为白云岩，从横向能量变化、同相轴错乱分析，破碎(或裂隙)现象贯穿砾岩至下伏基岩，可能是江水沿裂隙渗透到白云岩附近，引发白云岩溶蚀。由于地震波到达下伏岩层面附近时能量已大量衰减，溶蚀现象在反射时间剖面上无明显表现。

（3）异常综合分析

对比地震反射剖面及电测深剖面发现：少数电测深反映明显的裂隙(破碎)反射并不明显，反射反映明显电法却又不明显；两种方法都有反映的裂隙(破碎)，其位置却有少许偏差。第一个问题的原因可能是由于两种方法考察地质体的物性角度不同引起的，第二问题可能来自受湘江水位涨落引起的偏差了。不论怎样，只要有反映就说明异常存在，不会影响对地质问题的最终评估。

3.4.4　物探结论

（1）测区内上覆基岩为砾岩，下伏基岩为白云岩。白云岩顶面在东、西河床呈现南浅北深趋势，橘子洲头附近呈现北浅南深状。砾岩风化程度高，南线比北线风化程度略低。

（2）区内裂隙(或破碎带)发育，多数裂隙发育纵贯上、下两层基岩，横穿两条测线。且多属于规模较大的裂隙(或破碎)带。裂隙影响基岩风化程度，导致砾岩层完整性及稳定性都较差。

（3）白云岩顶面附近，受裂隙及地下水作用，产生裂隙型或侵蚀型溶蚀。因其顶面埋深偏大，不能准确划定溶蚀的大小和规模。

（4）经钻探验证：N 测线的 N-1090 至 S 测线的 S-1060 异常应为东岸斜坡地形及附近水厂人文设施影响，为测量偏差所致。西岸附近两个裂隙及橘子洲头附近两侧的裂隙，是小规模的次生断裂构造，具体表征为风化程度的差异性。设计、施工中有必要引起重视。

3.5 场地水文地质条件

3.5.1 区域水文地质结构与边界

长沙市地处湘中丘陵与洞庭湖平原的过渡地带,溪河纵横,水系发育,河流水系大多属湘江流域,对长沙市区水域起控制作用。主要支流有浏阳河、捞刀河、靳江河、龙王港等。

本场地包含松散岩层孔隙水类型、岩溶水及基岩风化裂隙水三大类型。

3.5.2 地表水

湘江在隧道区河谷宽度 1300 ~ 1400 m,河床标高 17.80 ~ 21.30 m(黄海高程),河床断面呈不对称的 U 形,河堤高程 39.0 m 左右,最高洪水位 39.18 m(1998 年 6 月 28 日,吴淞高程),最低水位 24.87 m(2009 年 10 月 31 日,吴淞高程),多年平均流量 2473 m³/s,最大平均流速 1.26 m/s,最小平均流速 0.12 m/s。

3.5.3 环境类型及分类

拟建场地地下水的环境类型为 Ⅱ 类。隧址区地下水按含水层性质分为上层滞水、潜水、承压水、砾岩、裂隙水、岩溶水。

(1)上层滞水

赋存于人工填土中,主要靠大气降水和地表水下渗补给,以蒸发或向下渗透到潜水中的方式排泄,水量小,季节变化大,不连续。其稳定水位与含水层的埋藏深度相关,并与其地形坡降基本一致。局部地段含水层与杂填土之间缺失稳定隔水层,故上层滞水下渗极易形成稳定的潜水面。勘察期间上层滞水稳定水位 28.44 ~ 35.88 m。

(2)潜水

赋存于河床中及漫滩的粉质黏土或含砂质黏土,透水性较弱,属弱 – 微透水地层,给水性较差。其下的粉土、粉细砂、圆砾及卵石含水量丰富,给水性和透水性相对良好,属强透水地层。

(3)承压水

在湘江西岸覆盖层底部的粉质黏土底部杂有粉细砂的土层段、圆砾层为承压水含水层,与其上的潜水含水层有一定的水力联系,主要补给来源为地下径流以及上层孔隙潜水的越流补给,以地下径流为主要排泄方式。

(4)砾岩裂隙水

勘察时在砾岩中多孔出现不返水现象,停钻后,孔内水位与江水水位持平,说明裂隙水与江水互为连通,具有承压性。

(5)岩溶水

赋存于石炭系白云岩及白垩系砾岩中,富水性和渗透性受岩溶、裂隙发育程度、连通性及裂隙充填情况影响,差异性大。勘察所遇溶洞,多无充填物,钻至岩层即漏水,水量较大,透水性较好,连通性好,一般具强透水性,涌水量大。

因岩溶水与湘江河水有较为密切的水力联系,隧道施工时可能出现地下水沿溶蚀裂隙突涌,设计和施工过程中应特别注意。

3.5.4　地下水补给、径流、排泄条件

地下水主要接受大气降水、地下管线渗漏补给，亦和周边地表水体呈互补关系，补给及外围侧向补给。枯水期时，地下水由两侧向湘江径流，以侧向渗流运动方式向河流排泄；汛期时，河流水位急剧抬升，河水向两侧补给地下水。

地下水以蒸发和侧向径流排泄为主。水位和水量随季节性变化，地下水动态变化较大。由于湘江防洪堤及堤内防渗帷幕的实施，一定程度上削弱了浅层地下水与地表水的水力联系。

3.5.5　场地土的渗透性

为评价场地各岩土层的透水性、获取水文地质参数，勘察过程中现场进行压水试验及注水试验，对第四系地层进了室内渗透试验，结果参见附表。各主要地层的渗透系数见表 5 – 17。

表 5 – 17　南湖路湘江隧道地层渗透系数表

地层及编号	透水率/Lu	渗透系数/$(m \cdot d^{-1})$	渗透性强弱	数据来源
①杂填土		1.25	中等透水	经验值
②素填土		1.20	中等透水	经验值
③粉质黏土		0.02	弱透水	室内试验
④粉土		1.05	中等透水	室内试验
⑤细砂		7.5	强透水	注水试验
⑤₁粗砂		8.00	强透水	经验值
⑥圆砾		17.8	强透水	注水试验
⑥₁卵石		24.0	强透水	注水试验
⑦粉质黏土		0.02	微透水	室内试验
⑧圆砾		25.0	强透水	注水试验
⑨粉质黏土		0.011	弱透水	室内试验
⑩强风化砾岩	2.83 ~ 6.37	0.16	弱透水	压水试验
⑪中风化砾岩	3.21 ~ 5.67	0.11	弱透水	压水试验
⑫中风化白云岩		0.21	弱透水	劳动路隧道

3.5.6　场地环境水腐蚀性评价

勘察时，对各环境水取分析样 8 件进行简易水质分析。据水质分析结果，按 GB 50021 –2001（2009 年版）有关标准判定如下（表 5 –18）：场地环境类型为Ⅱ类。湘江河水对混凝土结构具微腐蚀，对钢筋混凝土结构中的钢筋具微腐蚀；上层滞水对混凝土结构具微腐蚀，对钢筋混凝土结构中的钢筋具微腐蚀；孔隙水对混凝土结构具弱腐蚀，为 SO_4^{2-} 型腐蚀，对钢筋混凝土结构中的钢筋具微腐蚀。

表 5 – 18　南湖路湘江隧道地下水腐蚀性评价表

钻孔编号	取水深度/m	水样类型	离子含量	阳离子		阴离子				侵蚀性 CO_2	pH	腐蚀性评价	
				$K^+ + Na^+$	NH_4^+	Cl^-	SO_4^{2-}	HCO_3^-	NO_3^-			对混凝土结构	对砼结构中钢筋
S12	1.00		mmol/L	0.65	0.08	0.87	3.54	0.75	0.01	4.56	6.98	微腐蚀	微腐蚀
			mg/L	14.94	1.44	30.84	170.03	45.77	0.62				
S36	0.60	河水	mmol/L	0.93	0.07	0.85	4.32	0.81	0.01	2.05	7.12	微腐蚀	微腐蚀
			mg/L	21.38	1.26	30.13	207.49	49.43	0.00				
S41	0.5		mmol/L	0.62	0.06	0.84	3.77	0.79	0.00	3.65	6.98	微腐蚀	微腐蚀
			mg/L	14.25	1.08	29.78	181.07	48.21	0.00				
A20	3.80	上层滞水	mmol/L	0.98	0.11	0.91	3.81	1.00	0.02	1.14	7.09	微腐蚀	微腐蚀
			mg/L	22.53	1.98	32.26	182.99	61.02	1.24				
D25	7.00		mmol/L	0.04	0.11	0.82	6.00	3.70	0.01	0.91	7.04	微腐蚀	微腐蚀
			mg/L	0.92	1.98	29.07	288.18	225.77	0.62				
D19	6.30		mmol/L	1.17	0.10	0.88	6.90	1.53	0.01	4.33	6.93	弱腐蚀	微腐蚀
			mg/L	26.90	1.80	21.20	331.41	93.36	0.62				
A21	11.00	孔隙水	mmol/L	2.19	0.12	1.77	5.35	1.85	0.02	1.82	7.16	微腐蚀	微腐蚀
			mg/L	50.35	2.16	62.75	256.96	112.89	1.24				
B3	9.50		mmol/L	2.26	0.10	1.59	6.06	1.83	0.01	2.05	7.04	微腐蚀	微腐蚀
			mg/L	51.96	1.80	56.37	291.06	111.67	0.62				

3.5.7　地下水对工程的影响

(1)流沙：湘江西岸，砂砾层厚度大，富含地下水。特别是粉土和粉细砂中，0.01 mm 的颗粒含量 >30%，且含云母等片状矿物，当施工降水时，在水流作用下易产生流砂或潜蚀。

(2)管涌：在湘江西岸匝道和盾构井中，局部为粗粒土(圆砾和卵石)，级配不均匀，在该层中开挖降水时细颗粒可能会受水头作用而在粗颗粒间隙中滩出产生管涌。

(3)坑底突涌：根据设计断面，结合场地地层分布特征分析，根据开挖标高估算，西岸匝道部含水层上层，当未采取止水措施时，当含水层覆土自重不足以抵消水头压力时，将在基坑底部产生突涌。

(4)隧道突水：隧道主要在湘江河床下砾岩中穿越，节理裂隙较发育，裂隙多闭合，裂隙水不丰富，掌子面以渗水或管道流为主。但局部距溶洞很近，隧道侧壁水囊及上覆河水在水压力作用下均有产生突涌的可能。

综上所述：南湖路隧道西岸匝道及盾构井位于厚层砂砾层中，地下水充沛，与湘江河水联系密切，基坑开挖时必须采取隔水和降水措施，以保证施工安全。对岩溶发育地段，须进一步查明隧道与溶洞的相互关系，并对该地段水文地质条件进行专门勘察和处理。

3.6 岩土层物理力学指标统计与分析

3.6.1 室内试验

（1）颗粒分析

为了解粗粒土的粒级组成、为地基提供依据，以及对砾岩中颗粒大小进行评价，本次勘察中对粗粒土和砾岩均进行了大样本的颗粒分析。卵石和圆砾颗粒分析结果统计见表5–19，粉细砂和粉土黏粒含量分析结果统计见表5–20，砾岩中颗粒分析结果统计见表5–21。

（2）黏性土壤物理力学性质试验

本次勘察共取原状土样126件进行室内常规试验，其结果统计见表5–22。

（3）岩石物理力学性质试验

本次勘察共取岩样236组/547块，进行室内常规物理力学试验、抗剪断试验及崩解、膨胀试验，其结果统计见表5–23。

表5–19 卵石和圆砾颗粒大小组成（%）分析结果统计表

名称	值域	卵石	砾/mm			砂粒/mm			粉土粒/mm
			粗	中	细	粗	中	细	
		20~40	20~10	10~5	5.0~2.0	2.0~0.5	0.5~0.25	0.25~0.075	0.075~0.005
卵石	样本数	21	21	21	21	21	21	21	21
	最大值	88.4	20.0	12.2	12.0	8.2	5.3	3.5	3.2
	最小值	53.7	3.3	2.5	1.5	1.2	1.4	0.6	0.7
	平均值	59.4	13.1	7.7	6.2	6.1	3.6	2.3	1.6
	标准差	7.18	3.65	2.69	2.18	1.69	0.88	0.62	0.59
	变异系数	0.12	0.28	0.35	0.35	0.28	0.24	0.27	0.37
圆砾	样本数	14	15	15	15	15	15	15	15
	最大值	43.1	31.2	30.9	17.3	13.8	9.9	16.9	4.0
	最小值	4.5	17.6	8.2	5.2	7.9	5.5	3.0	1.7
	平均值	20.1	25.7	18.2	10.6	11.3	7.1	5.4	2.8
	标准差	12.04	3.83	8.57	3.33	1.91	1.26	3.40	0.86
	变异系数	0.60	0.15	0.47	0.31	0.17	0.18	0.63	0.31

表 5 - 20　粉细砂和粉土黏粒含量分析结果统计表

名称	值域	砾/mm		砂粒/mm			粉土粒/mm	黏土粒/mm	
		中	细	粗	中	细	0.075 ~ 0.005	0.005 ~ 0.002	< 0.002
		> 10 ~ 5	5.0 ~ 2.0	2.0 ~ 0.5	0.5 ~ 0.25	0.25 ~ 0.075			
粉细砂	样本数	5	8	20	31	34	34	34	34
	最大值	15.2	15.9	24.3	40.3	93.5	25.8	7.1	14.6
	最小值	1.1	2.8	0.2	0.3	27.8	2.4	0.5	0.4
	平均值	5.9	5.9	6.4	12.1	66.1	8.6	2.7	5.6
	标准差	6.06	4.23	6.55	12.72	17.08	6.24	1.68	3.88
	变异系数	1.02	0.72	1.03	1.05	0.26	0.73	0.63	0.69
粉土	样本数	1	1	1	7	12	12	12	12
	最大值	2.9	3.7	2.1	1.2	30.5	67.2	17.1	34.5
	最小值	2.9	3.7	2.1	0.4	5.7	36.7	8.2	13.5
	平均值	2.9	3.7	2.1	0.8	14.1	46.7	12.1	25.9
	标准差				0.33	8.64	8.69	3.28	5.88
	变异系数				0.41	0.61	0.19	0.27	0.23

表 5 - 21　砾岩颗粒大小组成(%)分析结果统计表

值域	砾/mm		砂粒/mm			粉土粒/mm	黏土粒/mm	
	中	细	粗	中	细	0.075 ~ 0.005	0.005 ~ 0.002	< 0.002
	> 10 ~ 5	5.0 ~ 2.0	2.0 ~ 0.5	0.5 ~ 0.25	0.25 ~ 0.075			
样本数	44	65	73	73	73	73	73	73
最大值	32.5	34.3	17.8	10.7	18.3	62.4	16.0	30.8
最小值	0.4	0.4	0.8	0.6	3.2	4.8	1.5	8.1
平均值	8.9	12.0	8.0	3.3	11.5	39.1	7.1	14.9
标准差	7.126	9.908	4.566	1.863	3.323	16.148	3.545	5.144
变异系数	0.80	0.83	0.57	0.57	0.29	0.41	0.50	0.34

表 5-22　黏性土物理力学性质指标统计表

岩土名称、编号	统计项目	质量密度 ρ/(g·cm⁻³)	天然含水量 W_0/%	比重 G_s	天然孔隙比 e	重度 γ/(kN·m⁻³)	孔隙度 n/%	饱和度 S_r/%	干密度 ρ_d/(g·cm⁻³)	饱和重度 γ_{at}/(kN·m⁻³)	液限 ω/%	塑限 ω_p/%	液性指数 I_L	塑性指数 I_p	内摩擦角 φ/(°)	黏聚力 C/kPa	$\alpha_{0.1-0.2}$/MPa	$E_{s0.1-0.2}$/MPa
①杂填土	统计个数	7	20	21	6	7	7	6	7	7	21	20	19	21	2	2	7	7
	范围值	1.85~2.05	5~24.4	2.7~2.71	0.576~0.747	18.5~20.5	36.5~48.8	86.9~90.7	1.38~1.72	18.7~20.9	17.7~40.2	12.2~22.6	-0.52~0.5	4.7~12.7	20.6~21.1	63~68	0.12~0.54	3.62~13.44
	平均值	1.96	17.3	2.71	0.68	19.6	41.6	88.8	1.58	20	28.6	18.2	-0.01	10	20.9	65.5	0.253	9.18
	标准差	0.068	5.717	0.005	0.079	0.678	4.141	1.651	0.114	0.734	5.679	3.047	0.268	2.354			0.167	4.431
	变异系数	0.035	0.33	0.002	0.115	0.035	0.1	0.019	0.072	0.037	0.198	0.167	46.352	0.236			0.661	0.483
②素填土	统计个数	3	11	10	3	3	3	3	3	3	11	10	10	11	1	1	3	3
	范围值	1.84~1.98	10.9~29.8	2.7~2.71	0.663~0.905	18.4~19.8	39.9~47.5	87~88.9	1.42~1.63	18.9~20.3	28.1~36.7	17.4~21.9	-0.25~0.42	10.7~12.9	17.5	54	0.26~0.37	4.85~6.4
	平均值	1.9	20.3	2.71	0.787	19	43.9	87.9	1.52	19.6	32.1	19.8	0.06	11.9	17.5	54	0.327	5.56
	标准差		4.954	0.005							2.6	1.536	0.204	0.773				
	变异系数		0.244	0.002							0.081	0.077	3.638	0.065				
③粉质黏土	统计个数	48	48	49	45	48	47	46	47	48	43	43	44	45	29	29	46	42
	范围值	1.76~2.03	14.8~39.4	2.68~2.71	0.539~1.041	17.6~20.3	35~52.9	86.1~100	1.26~1.76	17.7~21.1	29.1~39.2	16.8~28	-0.12~0.61	10.6~14	13.8~21.1	8~71	0.11~0.67	2.89~10.85
	平均值	1.92	26.8	2.7	0.784	19.2	44.2	93.5	1.51	19.5	35.4	23.2	0.28	12.2	17.3	38.7	0.319	5.88
	标准差	0.07	4.933	0.01	0.106	0.696	3.693	4.103	0.102	0.705	2.251	1.827	0.159	0.795	1.916	15.558	0.145	2.013
	变异系数	0.036	0.184	0.004	0.135	0.036	0.084	0.042	0.068	0.036	0.056	0.062	0.572	0.065	0.111	0.402	0.456	0.342

续表

岩土名称、编号	统计项目	质量密度 ρ/(g·cm⁻³)	天然含水量 W_0/%	比重 G_s	天然孔隙比 e	重度 γ/(kN·m⁻³)	孔隙度 n/%	饱和度 S_r/%	干密度 ρ_d/(g·cm⁻³)	饱和度 γ_{at}/(kN·m⁻³)	液限 ω/%	塑限 ω_p/%	液性指数 I_L	塑性指数 I_p	内摩擦角 φ/(°)	黏聚力 C/kPa	$\alpha_{0.1-0.2}$/MPa⁻¹	$E_{s0.1-0.2}$/MPa
④粉土	统计个数	21	20	20	21	21	20	20	20	20	21	21	20	21	13	10	21	18
	范围值	1.75~2.08	18.8~42.5	2.67~2.71	0.493~1.146	17.5~20.8	37~53.4	85.6~100	1.25~1.7	17.8~20.7	25.5~42.9	16.8~27.9	0.21~1.14	7.4~15.9	9.1~21.3	18~30	0.12~0.69	3.08~6.17
	平均值	1.88	32	2.69	0.882	18.8	47	94.7	1.43	19	34.7	23.4	0.7	11.3	13.9	25.2	0.418	4.41
	标准差	0.094	6.77	0.011	0.192	0.939	5.12	4.288	0.141	0.901	5.257	3.375	0.264	2.656	3.63	3.967	0.146	0.864
	变异系数	0.05	0.212	0.004	0.218	0.05	0.109	0.045	0.099	0.048	0.152	0.144	0.376	0.236	0.261	0.157	0.349	0.196
⑦粉质黏土	统计个数	10	10	11	10	10	10	10	10	10	11	9	11	11	8	8	11	11
	范围值	1.95~2.04	18.4~21.5	2.69~2.73	0.591~0.704	19.5~20.4	37.1~41.3	83.3~92.3	1.58~1.7	20~20.8	27.8~33.1	17.5~19.4	0.04~0.39	10.3~13.1	16.7~22.3	42~95	0.1~0.35	4.79~16.85
	平均值	1.99	20.1	2.71	0.644	19.9	39.1	86.7	1.65	20.4	30.4	18.5	0.15	11.9	19.7	67.1	0.2	9.94
	标准差	0.035	0.926	0.014	0.039	0.35	1.46	3.317	0.043	0.258	1.795	0.638	0.074	0.872	2.164	22.087	0.092	4.546
	变异系数	0.018	0.046	0.005	0.061	0.018	0.037	0.038	0.026	0.013	0.059	0.034	0.348	0.074	0.11	0.329	0.461	0.457
⑨残积粉质黏土	统计个数	5	5	5	5	5	5	5	5	5	5	5	5	5	1	1	4	4
	范围值	1.95~2.12	11.4~26.8	2.7~2.73	0.448~0.756	19.5~21.2	30.9~43	61.4~95.8	1.54~1.89	19.7~21.9	27~34.6	16.5~23.1	-0.8~0.32	9.2~13	22.8	49	0.10~0.36	4.7~15.16
	平均值	2.03	17.9	2.72	0.583	20.3	36.5	81.7	1.73	20.9	30.1	19.4	-0.19	10.7	22.8	49	0.222	8.73

注：统计修正系数 $\gamma_S = 1 - \left(\dfrac{1.704}{\sqrt{n}} + \dfrac{4.678}{n^2}\right)\delta$。

表5-23　岩石物理力学性质指标统计表

岩土层编号	统计项目	天然含水量 ω/%	天然密度 ρ/(g·cm^{-3})	饱和密度 ρ'/(g·cm^{-3})	比重 G_s	天然抗压强度 f_∞/MPa	烘干抗压强度 f_r/MPa	饱和抗压强度 f_c/MPa	抗拉强度 f_d/MPa	抗剪断强度（天然）c/MPa	抗剪断强度（天然）φ/(°)	弹性模量 $E\times10^4$/MPa	泊松比 u	膨胀压力 P_s/MPa	侧向约束膨胀率 V_{HP}/%	轴向自由膨胀率 V_H/%	径向自由膨胀率 V_D/%	耐崩解性 I_{d2}/%	软化系数 K_d/%
强风化砾岩⑩	样本数	28	28	28	35	29	/	/	/	/	/	/	/	/	/	/	/	/	/
	范围值	2.7~15.5	2.19~2.53	2.28~2.61	2.77~2.79	0.70~14.20	/	/	/	/	/	/	/	/	/	/	/	/	/
	平均值	6.4	2.40	2.47	2.78	4.85	/	/	/	/	/	/	/	/	/	/	/	/	/
	标准差	3.582	0.089	0.09	0.007	3.967	/	/	/	/	/	/	/	/	/	/	/	/	/
	变异系数	0.551	0.037	0.036	0.002	0.818	/	/	/	/	/	/	/	/	/	/	/	/	/
中风化砾岩⑩$_1$	样本数	6	6	6	6	6	/	/	/	/	/	/	/	/	/	/	/	/	/
	范围值	2.5~5.4	2.32~2.48	2.42~2.55	2.77~2.79	1.47~11.10	/	/	/	/	/	/	/	/	/	/	/	/	/
	平均值	3.5	2.43	2.5	2.78	6.41	/	/	/	/	/	/	/	/	/	/	/	/	/
	标准差	1.235	0.065	0.058	0.008	3.762	/	/	/	/	/	/	/	/	/	/	/	/	/
	变异系数	0.351	0.027	0.023	0.003	0.587	/	/	/	/	/	/	/	/	/	/	/	/	/
中风化砾岩⑪	样本数	254	248	285	299	292	31	42	39	13	13	13	13	4	4	4	4	24	32
	范围值	0.8~5.3	2.39~2.56	2.45~2.63	2.76~2.79	0.40~17.80	9.70~34.40	0.70~12.00	0.10~1.02	1.12~2.46	36.3~50.1	0.739~1.54	0.25~0.27	0.02~0.022	0.19~0.53	0.12~0.48	0.07~0.24	57.0~87.3	0.11~0.61
	平均值	2.8	2.48	2.54	2.78	8.80	20.76	5.53	0.54	1.75	38.08	1.098	0.26	0.018	0.875	0.383	0.278	74.16	0.31
	标准差	0.967	0.035	0.035	0.008	3.502	7.067	2.613	0.234	0.32	3.62	0.328	0.009	/	/	/	/	9.62	0.128
	变异系数	0.308	0.013	0.014	0.003	0.398	0.340	0.472	0.432	0.183	0.095	0.298	0.035	/	/	/	/	0.130	0.415
强风化砾岩⑪	样本数	3	3	3	3	3	/	/	/	/	/	/	/	/	/	/	/	/	/
	范围值	4.1~8.0	2.39~2.43	2.44~2.48	2.77~2.78	1.30~5.50	/	/	/	/	/	/	/	/	/	/	/	/	/
	平均值	5.8	2.42	2.46	2.77	3.23	/	/	/	/	/	/	/	/	/	/	/	/	/
	标准差	/	/	/	/	/	/	/	/	/	/	/	/	/	/	/	/	/	/
	变异系数	/	/	/	/	/	/	/	/	/	/	/	/	/	/	/	/	/	/
中风化白云岩⑫	样本数	3	3	3	15	3	5	13	/	2	2	2	2	/	/	/	/	3	5
	范围值	0.4~1.4	2.56~2.79	2.6~22.79	2.79~2.83	21.90~52.90	41.60~68.40	19.10~70.90	/	4.30~4.93	42.9~52.6	2.9~3.48	0.22~0.24	/	/	/	/	94.5~95.7	0.64~0.92
	平均值	0.9	2.68	2.71	2.81	37.17	54.66	47.02	/	4.62	47.75	3.19	0.23	/	/	/	/	95.07	0.79
	标准差	/	/	/	0.011	/	/	18.567	/	/	/	/	/	/	/	/	/	/	/
	变异系数	/	/	/	0.004	/	/	0.395	/	/	/	/	/	/	/	/	/	/	/

注：统计修正系数 $\gamma_s = 1 - \left(\dfrac{1.704}{\sqrt{n}} + \dfrac{4.678}{n^2}\right)\delta$

（4）室内渗透试验

对细粒土进行了室内渗透试验，统计结果见表 5-24。

表 5-24　室内渗透试验渗透系数 K_{20}（cm/s）结果统计表

地层	粉质黏土③	粉细砂⑤	粗砂⑤₁	圆砾⑥	卵石⑥₁
样本数	10	12	1	6	7
最大值	0.000029	0.009	0.0087	0.0980	0.330
最小值	0.000011	0.0007	/	0.086	0.190
平均值	0.000014	0.003	/	0.094	0.283
标准差	0.516	0.002	/	0.0043	0.050
变异系数	0.368	0.884	/	0.046	0.178

（5）岩石热物理试验

隧道主要在基岩中穿越，为确定隧道穿越段岩土热物理参数，采用热流计法进行了试验，试验结果统计见表 5-25。

表 5-25　岩石热参数测试结果统计表

名称	值域	密度 ρ kg/m³	导热系数 λ W/(m·K)	比热容 C_p kJ/(kg·K)	导温系数 a m²/h
砾岩	样本数	15	15	15	15
	最大值	2540	2.436	1.316	0.003234
	最小值	2450	1.347	0.956	0.001877
	平均值	2489.33	2.09	1.13	0.0026848
	标准差	27.64	0.26	0.12	0.00036894
	变异系数	0.01	0.13	0.11	0.1374
白云岩	样本数	5	5	5	5
	最大值	2800	2.386	1.105	0.002911
	最小值	2600	2.071	1.015	0.00271
	平均值	2686	2.206	1.061	0.00278
	标准差	79.87	0.121	0.033	0.00008
	变异系数	0.03	0.055	0.031	0.02963

3.6.2 原位试验

（1）标准贯入试验

现场进行了标准贯入试验 162 次、动力触探试验 44.30 m/57 孔，其统计结果见表 5 –26。

表 5 –26　标准贯入试验及圆锥重型动力触探试验结果统计表

岩土名称	标准贯入试验				圆锥重型动力触探试验			
	范围值	平均值	方差	变异系数	范围值	平均值	方差	变异系数
杂填土①	6 ~ 12	8.6	2.27	0.26	2.0 ~ 11.9	4.1	1.3	0.17
素填土②	11 ~ 12	11.8	0.46	0.04	/	/	/	/
粉质黏土③	7 ~ 15	11.2	1.82	0.16	10.4 ~ 16.2	12.3	1.25	0.07
粉土④	9 ~ 11	9.7	0.79	0.08	/	/	/	/
粉细砂⑤	5 ~ 16	10.6	2.47	0.23	/	/	/	/
粗砂⑤₁	9 ~ 12	10.5	/	/	/	/	/	/
圆砾⑥	/	/	/	/	3.8 ~ 11.6	7.2	1.83	0.26
卵石⑥₁	/	/	/	/	5 ~ 14.8	8.9	2.55	0.28
粉质黏土⑦	12 ~ 18	15.2	2.73	0.18				/
圆砾⑧	/	/	/	/	9 ~ 14	12.0	0.99	0.05
残积粉质黏土⑨	17 ~ 21	19.3	/					
强风化砾岩⑩	19 ~ 67	49.6	6.32	0.06	/	/	/	/

注：$N_{63.5}$ 值已经杆长校正。

（2）波速测试、电阻率及地温测试标准贯入试验

为判定场地土类别、评价围岩分级，为隧道提供岩土电阻率和温度参数，本次勘察共进行波速测试 543.0 m/16 孔、电阻率测井 142.2 m/3 孔、地温 161.4 m/3 孔，其平均值见表 5 –27。

表 5 –27　南湖路湘江隧道波速、电阻率、地温测试结果（均值）统计表

岩土名称及编号	视电阻率	地温	纵波速度	横波速度
	$/(\Omega \cdot m)$	/℃	$v_P/(m \cdot s^{-1})$	$v_S/(m \cdot s^{-1})$
杂填土①	52	$\dfrac{19.0 - 19.7}{19.3}$	/	$\dfrac{121 - 136}{128}$
素填土②	45			$\dfrac{114 - 122}{118}$
粉质黏土③	46	/	/	$\dfrac{162 - 194}{182}$

续表

岩土名称及编号	视电阻率 /($\Omega \cdot m$)	地温 /℃	纵波速度 v_p/(m·s^{-1})	横波速度 v_S/(m·s^{-1})
粉土④	/	/	/	$\dfrac{130-177}{167}$
粉细砂⑤	$\dfrac{62-82}{72}$	/	/	$\dfrac{211-246}{224}$
粗砂⑤$_1$	$\dfrac{69-89}{79}$			
圆砾⑥	$\dfrac{69-127}{99}$	/	/	$\dfrac{363-386}{375}$
卵石⑥$_1$	$\dfrac{99-108}{105}$	$\dfrac{19.0-19.7}{19.3}$	$\dfrac{19.0-19.7}{19.3}$	$\dfrac{399-431}{415}$
粉质黏土⑦	/	/	/	$\dfrac{337-351}{343}$
圆砾⑧	/	/	/	377
残积粉质黏土⑨	/	/	/	334
强风化砾岩⑩、⑪$_1$	$\dfrac{70-213}{105}$	$\dfrac{19.0-19.7}{19.3}$	$\dfrac{2247-3174}{2598}$	$\dfrac{522-614}{540}$
中风化砾岩⑪、⑩$_1$	$\dfrac{59-238}{122}$	$\dfrac{21.5-21.8}{21.63}$	$\dfrac{2941-4081}{3162}$	$\dfrac{677-875}{744}$
中风化白云岩⑫	304	/	$\dfrac{1449-4347}{2908}$	/

注：①N$_{63.5}$值已经杆长校正。②栏中数值为：$\dfrac{范围值}{平均值}$。

（3）大地导电率测试

大地导电率测试利用初勘阶段成果，详细成果见附件，测试结果统计见表5－28。

表5－28　南湖路湘江隧道大地导电率测试结果统计表

序号	位置	800Hz($\times 10^{-3}$ s/m)	50Hz($\times 10^{-3}$ s/m)	备注
1	南湖路东岸	29.3	13.1	由于东岸及西岸外侧存在干
2	南湖路西岸	31	16.3	扰，数据有一定的畸变

（4）旁压试验

旁压试验设备为加拿大生产的 TEXAM 型预钻式旁压仪，其目的在于确定采芯率低、取样困难的围岩承载能力、旁压模量和侧向基床系数。共完成3孔6段试验，统计结果见表5－29。

表 5 - 29　南湖路湘江隧道旁压试验结果表

钻孔	岩石名称	试验深度/m	f_0/MPa	E_m/MPa	Kx/(MPa·m^{-1})
S19	强风化砾岩	16.4	5.42	237.82	2758.75
S19	强风化砾岩	19.4	5.73	254.56	2877.46
Z14	强风化砾岩	19.6	5.72	100.65	1122.41
Z14	强风化砾岩	24	6.80	100.05	1107.43
S32	中风化砾岩	25.2	>6.30	>387.71	4127.75
S32	中风化砾岩	27.5	>6.07	>443.11	4462.76

（5）水文地质试验

为获取场地各岩土层的渗透系数，对强透水层进行注水试验 4 次，对基岩进行压水试验 6 次/2 孔，结果见表 5 - 30。

表 5 - 30　南湖路湘江隧道主要含水层水文试验结果表

孔号	位置	地层名称	透水率/A	渗透系数 m/d	透水性	试验方法
A21	潇湘大道	圆砾		24.82	强透水	注水试验
C4	阜埠河路	卵石		23.13		
D1	B、C、D 交汇	细砂 + 圆砾		12.57		
N9	西漫滩	细砂		17.80		
N15	NK0 + 850	强风化砾岩	2.83	0.068	弱透水	压水试验
		中风化砾岩	3.21	0.068		
		中风化砾岩	5.33	0.083		
S36	SK1 + 500	强风化砾岩	6.37	0.162		
		中风化砾岩	5.67	0.112		
		中风化砾岩	3.92	0.067		

3.7　地震效应

3.7.1　历史地震背景

长沙隶属长江中下游地震亚区的麻城 - 岳阳 - 宁远地震带，为全国 11 个地震重点监视防御城市之一。史载长沙地区共发生过小于 5 级的地震 30 次，最近的一次发生在 2008 年 5 月 12 日，为小于 4 级的有感地震。

3.7.2　地震安全性评价

根据场地地震安全性评价报告：近场区大部分断裂在中更新世中、晚期活动，中更新世晚期以来活动逐渐减弱。场址区内未发现活动断层。该工程场地所处的区域范围和近场区范围处于历史平均地震活动水平，未来一百年内存在发生 5~6 级地震的可能性，发生 6 级以上地震的可能性较小。

3.7.3　地震设计分组及设防烈度

据《中国地震动参数区划图》（GB 18306—2001）、《建筑抗震设计规范》（GB 50011—2001）（2008 年版），长沙市城区抗震设防烈度为 6 度，设计基本地震加速度 $a=0.05g$，地震动反应谱特征周期为 $T_g=0.35$ s，设计地震分组为第一组。

3.7.4　场地类别划分

根据剪切波速，按《建筑抗震设计规范》（GB 50011—2001）（2008 年版计算各试验孔的等效剪切波速 $V_{se}=141.5~386$ m/s（表 5-31）；考虑到规范 GB 50011—2001 未覆盖隧道工程的抗震内容，采用《铁路工程抗震设计规范》（GB 50111—2006）进行了计算。

表 5-31　场地土等效剪切波速计算结果

试验位置	试验孔号	GB 50011—2001(2008 年版)			GB 50111—2006		
		计算深度 d_o/m	等效剪切波速 v_{se}/(m·s^{-1})	场地类别	计算深度 d_o/m	等效剪切波速 v_{se}/(m·s^{-1})	场地类别
湘江东岸	ZK11	2.30	141.5	I 类	25.0	474.89	II 类
	ZK17	4.50	143.6	II 类	25.0	409.03	II 类
	N32	8.7	121	II 类	25.0	257.63	II 类
	S47	4.2	125	II 类	25.0	374.03	II 类
	S53	3.1	128	II 类	25.0	437.93	II 类
	WN16	9.5	174.79	II 类	25.0	321.91	II 类
	WS8	7.8	182.41	II 类	25.0	369.16	II 类
	Z21	10.0	138.58	II 类	25.0	264.01	II 类
湘江河谷	ZK6	7.0	237	II 类	25.0	595.70	I 类
	ZK7	2.8	326	II 类	25.0	803.69	I 类
	ZK18	2.70	386	I 类	25.0	704.77	I 类
	SS17	5.5	279.01	II 类	25.0	312.73	II 类
	Z1	6.2	260.29	II 类	25.0	483.12	II 类
湘江西漫滩	A6	19.20	176.0	II 类	25.0	210.0	III 类
	A11	20.00	153.8	II 类	25.0	180.7	III 类
	A23	18.50	193.0	II 类	25.0	231.1	III 类
	B7	14.60	179.38	II 类	25.0	251.4	II 类
	C4	15.70	202.83	II 类	25.0	262.55	II 类
	ZK24	14.20	175.2	II 类	25.0	258.85	II 类
	ZK29	13.80	185.9	II 类	25.0	271.06	II 类

按 GB 50011—2001（2008 年版）判定，场地类别为Ⅱ类；按 GB 50111—2006 西岸漫滩为Ⅲ类，河谷中局部为Ⅰ类外，亦主要为Ⅱ类场地。

3.7.5　抗震地段划分

综合场地地形、地质条件及剪切波速测试结果判定：工程场地为可进行建设的一般场地。

3.7.6　地基液化及软弱土层的震陷评价

根据勘察成果，在 6 度地震设防烈度下，河漫滩及一级阶地地段可不考虑砂土液化影响。考虑到本工程的重要性，下面提高 1 度，按 7 度设防烈度对场地的可能液化地层进行液化判定。

隧道在本地段的饱和砂土及粉土其黏粒含量，按《建筑抗震设计规范》（GB 50011—2001）（2008 年版）第 4.3.3 条可知：在 7 度抗震设防烈度下，该土层可判为不液化地层。

隧道基础底板部分地段分别位于填土、粉质黏土、砾岩中，各孔等效剪切波速均大于 90 m/s。按《岩土工程勘察规范》（GB 50021—2001）（2009 年版）5.7.11 条说明以及表 5.5，拟建场地可不考虑地震作用下松软土层的震陷影响。

3.8　不良地质现象和特殊性岩土

3.8.1　岩溶

（1）岩溶形成条件

隧址区岩溶的发育基本条件有三：其一是岩性条件，石炭系白云岩中白云石含量大于 75%，砾岩中局部方解石等可溶性矿物含量接近 20%。其二是构造条件，隧道位于区域性断裂张家嘴 – 滦湾镇 – 新塘湾断裂（F_85）与葫芦坡 – 金盆岭 – 炮台子断裂（F_101）之间，受其影响，衍生有次级裂隙，岩体较破碎，白垩系砾岩与石炭系白云岩呈陡倾角不整合接触。其三位于湘江河谷中，具有较好的径流条件。

（2）岩溶的基本特征与分布范围

由物探及钻探结果可知，隧道南线白云岩顶面比北线普遍要浅，除橘子洲头附近局部隆起外，埋深普遍大于 55 m。

钻探揭示表明岩溶发育地段分为两种情况：

其一为隧道北线以北橘子洲头前（NK1 +050 ~ NK1 +150）中砾岩与白云岩不整合面［图 5 –5（a）］及白云岩中［图 5 –5（b）］，发育强烈，表现为溶洞，为埋藏型岩溶，无充填物。钻探揭露白云岩的钻孔 10 个中遇溶洞者 3 个，钻孔见洞率为 30%，其中揭露两层岩溶以上的钻孔 2 个，溶洞发育在中风化白云岩中。

其二为砾岩中的溶洞［图 5 –5（c）、（d）］，分布于 SK1 +050 ~ SK1 +100 钻孔 S17 附近。溶洞埋深一般在河床以下 13.0 ~ 20.20 m。经在该区域增加的 9 个钻孔揭示，溶洞距隧道南线的最近距离小于 6 m。S17 往西 1 m（SZ17）、孔深达 50 m 未遇溶洞；S17 往东分别为 1 m（SY17）、3 m（SYY17）均遇溶洞，继续往东 3 m（SYYY17）则未揭示溶洞；S17 往北 2 m（SN17）、SYY17 往北 3 m（SYE17）均未遇洞；而 S17 往南则遇洞，且规模有增大趋势（图 5 –6）。溶洞无充填物，据 S17 封孔情况反映，该 5 个钻孔系同一洞体，连通性好。

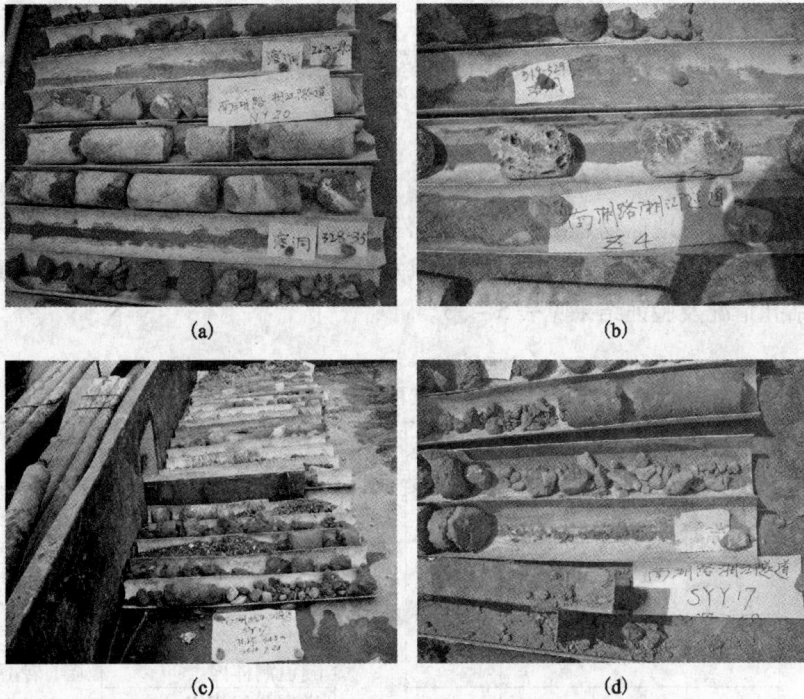

图 5 - 5　南湖路隧道溶洞岩芯

(a)NY20；(b)Z4；(c)SY17；(d)SYY17

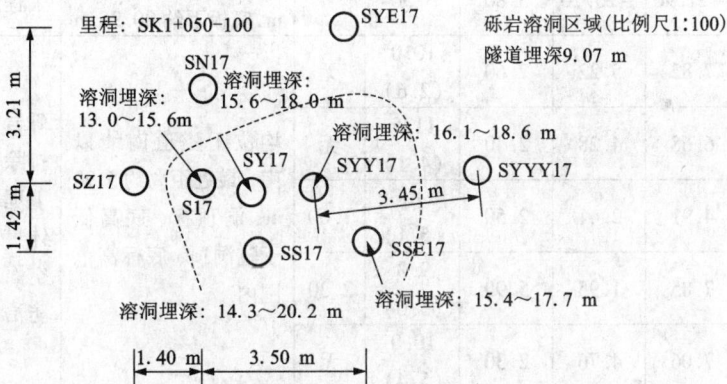

图 5 - 6　南湖路隧道南线岩溶分布图

(3)溶洞与隧道的空间关系及影响

溶洞的规模、空间形态、充填物情况及与隧道的关系详见表 5 - 23。

当溶洞顶板厚度小、洞体未充填时，在外力作用扰动下，极易造成顶板塌落，地面发生岩溶塌陷，影响场地稳定性，对抗震稳定性很不利。所幸的是业主及时对方案进行了调整,一定程度上规避了白云岩中岩溶的风险。

但砾岩中的溶洞距隧道南线仅6m左右,且富地下水,不排除有细微通道或节理裂隙与隧道岩体贯通,其侧向临空面对隧道稳定及防治水有影响。

考虑到岩土条件的不确定性,建议在后续工作中增加钻探密度,采用多种测试手段如CT、地震等方法综合分析。

3.8.2 破碎带

南湖路湘江隧道地球物理勘探结果(附件6)表明,隧址区存在多条裂隙(破碎)带。根据电法资料及反射资料,推测出9条裂隙发育带(中心位置,以白云岩面为参照),它们与对应钻孔情况及验证结果见表5-33。

表5-32 岩溶发育情况统计一览表

钻孔	形态	洞顶高程/m	洞底高程/m	洞体高度/m	洞体顶板岩层厚度/m	充填物特征	与隧道相互关系	初步评价
N20		-3.80	-4.20	0.40	23.7		隧道北线以北43 m,低于底板标高3.2 m	6月18日以后方案在一定程度上规避了岩溶对隧道工程的影响
NZ20		4.40	1.90	2.50	13.3	无	隧道北线以北42 m,隧道洞体内	
		-1.69	-3.90	2.20	0.8		隧道北线以北42 m,结构底板下约1.5 m	
Z4	溶洞	-18.56	-19.56	1.00	37.90		隧道北线以北约10 m,底板下约18.56 m	按普氏卸荷拱理论初步估计,对隧道工程影响甚微
		-21.96	-25.76	3.80	3.30		隧道北线以北约10 m,底板下约20.96 m	
S17		7.82	5.22	2.60	10.0(2.6)	无	均位于隧道南线以南,最近距离约5.90 m;洞顶标、底高低于隧洞顶、底标高范围内	砾岩中,富水,不排除有细微通道或节理裂隙与隧道岩体贯通,其侧向临空面对隧道稳定及防治水有影响
SY17		6.68	4.28	2.40	11.5(4.1)	无		
SYY17		4.91	2.41	2.50	11.0(5.1)	1.60		
SS17		7.85	1.95	5.90	9.3(5.0)	2.30		
SSE17		7.06	4.76	2.30	10.0(5.4)	无		

由表5-33可知:少数电测深反映明显的裂隙(破碎)但地震反射并不明显,反射明显的电法异常却又不明显;两种方法都有反映的裂隙(破碎),其位置存在少许偏差。可以确定的是在测段内裂隙(或破碎带)多数横贯两条测线发育,发育方向大致为北东方向。

表 5－33　地震法与电法测定的裂隙(破碎)异常照及钻探对照表

N 测线异常位置					S 测线异常位置				
地震法	电法	两者的对应性	测线间的对应性	相应钻孔	地震法	电法	两者的对应性	测线间的对应性	相应钻孔
					95	95	对应	对应 N－160	
					140	140	对应	对应 N－200	S12
160	160	对应	对应 S－95	N13					
					180		无对应	无对应	
200	200	对应	对应 S－140	N14、Z26					
					220	210	对应	无对应	
					305	300	对应	对应 N－340	S8、S21
340	340	对应	对应 S－305	S23					
					395	395	对应	对应 N－455	S17
455	455	对应	对应 S－395	原 ZK4					
					490	490	对应	无对应	S19
					520	520	对应	对应 N－540	S27
	540	不对应	对应 S－520	S27					
590	585	对应	对应 S－590	NZ20、Z4					
					590	600	对应	对应 N－590	S61
635	640	对应	对应 S－640	NY20、ZY4					
					640	645	对应	对应 N－635	
					705	710	对应	对应 N－710	S26
710	710	对应	对应 S－705	N21					
900	900	对应	无对应						
					950		不对应	无对应	
					990		不对应	对应 N－1020	
1020	1020	对应	对应 S－990	N25	1020			无对应	

　　从钻探结果分析,除 S400－N450、S600－N595 两处异常带发现岩溶外,其他各处表征并不明显,主要表现为强风化层厚度变化大。推测为 F_{101} 的次生断层。该断层虽不影响场地的稳定性,但受其影响,上覆岩体较破碎,透水性较强,补给、径流条件较好,施工时须采取有效措施,以防止涌水及坍塌。

　　必须说明的是,进行物理勘探时线路根据设计招标三个方案范围笼统确定,初设方案调整后,物探覆盖范围已在 2010 年 6 月 18 日方案及后续方案南线之北,其结果仅供参考作用,必要时应增加物探测线。

3.8.3　岩层不整合面

隧道北线 NK1 +056 ~ NK1 +110 之钻孔 ZZ4、Z4,南线 SK1 +278.8 钻孔 ZK18、SK1 +042.76 钻孔 S16 均揭示白垩系砾岩类与石炭系白云岩的不整合接触,接触面不规则,倾角因地段而异,岩面起伏大,砾岩风化极为不均,岩体强度变化较大,且地下水普遍较为丰富,对暗挖法施工不利,在设计和施工中应引起充分重视。

3.8.4　砾岩的软化与崩解

砾岩为白垩系内陆湖相沉积的软岩,水理性质较差,具有遇水易软化、失水干裂的特点。岩石组成物质不均匀、裂隙发育程度的差异以及地下水的作用等,使得各岩层风化带中存在不同程度的不均匀风化。因此,隧道施工时,掘进面可能出现岩层强度突变或软硬相间现象,应采取有效措施,预防盾构施工偏位或刀口折断等事故。

3.8.5　砾石粒径与强度的分异性

砾岩中,最大粒径可达 15 ~ 20 cm,不均匀性差(图 5 –7)。其中石英砾较多(图 5 –8)。经采用点载荷试验对 ZK4、ZK8 中 31 组砾石进行了试验,点载荷强度为 0.51 ~ 5.21 MPa,换算其单轴抗压强度为 13.68 ~ 78.65 MPa(图 5 –9),明显高于砾岩强度。对盾构机刀盘会有一定影响。

图 5 –7　ZK 中的板岩砾石

图 5 –8　N20 中的石英砾及砂岩砾

3.8.6　人工填土

湘江两岸分布有厚层人工填土,成分复杂,结构松散,强度低,易变形。当其作为坑壁土层时易产生失稳,作为隧道底板持力层时不能满足其承载力要求,应予以进行加固、补强。

3.8.7　地下构筑物与管网

(1)湘江西岸:阜埠河路有电信、电力及自来水 DN400 各一根,并有一重要排污压力管横穿,其南侧有赵洲港排污泵站;潇湘大道两侧有电信、电力各一根;隧道南线与盾构接收井附近受横贯潇湘大道的赵洲港涵闸及其电排(6 m × 4 m)与直排(5 m × 4 m)影响;潇湘中路与阜埠河路交汇处西北角有新澳燃气加气站。

(2)湘江东岸:南湖路北边有长沙市第一水厂,沿南湖路由东往西分布有一燃气管

点载荷强度概率分布

单轴抗压强度概率分布

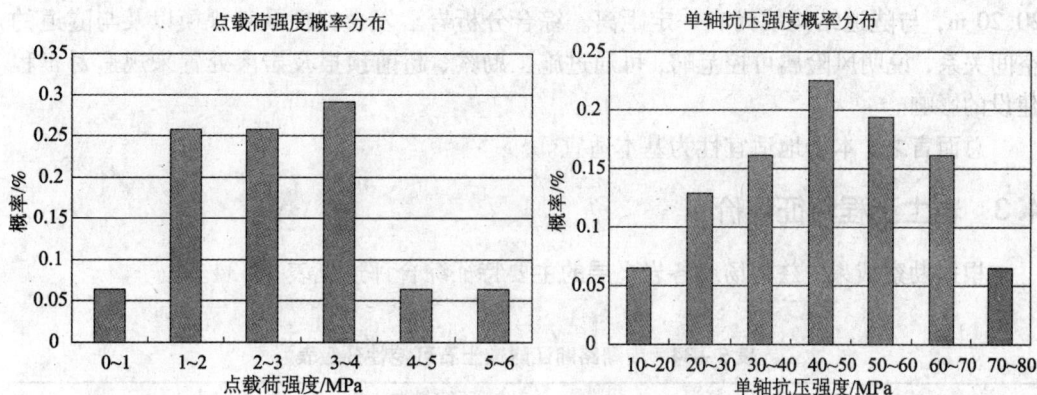

图 5 - 9 砾石点载荷强度及换算抗压强度直方图

道在书院路一分为三,由西往东则有一军用光缆;沿书院路和南湖路存在排水箱涵、电力和电信管线,在南湖路与书院路叉口有地下通道等。

综上,南湖路湘江隧道两岸为城市主要交通道路,地下管线密布。隧道在两岸范围施工多为明挖暗埋或敞开,最大开挖深度超过 20 m。施工过程中的降水、排水以及基坑支护体系的侧向变形均有可能导致地面及建筑物、地下管线的沉降变形。必须引起重视。

4 隧道区岩土工程评价

4.1 场地稳定性

(1)地震安全性评价表明:场址区内未发现活动断层,场地所处区域范围未来一百年内存在发生 5 ~ 6 级地震的可能性,发生 6 级以上地震的可能性较小。

(2)地质灾害评估表明:现状条件下,评估区没有地质灾害,现状评估为地质灾害危险性小。

(3)详细勘察表明:场地地层结构复杂,第四系地层变化较大。但隧道沿线河床底面起伏不大,河床标高 17.2 ~ 26.4 m,基岩面相对稳定,近场区断层不属于工程活动断裂,场地区属构造稳定地区。

(4)湘江东、西岸坡均为人工填筑的防护堤,经历多年洪水考验,岸坡稳定。

4.2 工程适宜性

(1)按《建筑抗震设计规范》GB 50011—2001)(2009 年版),勘察揭示场地覆盖层厚度为 1.8 ~ 17.80 m,下伏基岩由白垩系砾岩、石炭系白云岩构成,岩体为破碎 - 较完整,场地基本稳定,适宜建设。

(2)勘察深度和范围内发现的不良地质作用为岩溶,分布于 NK1 + 050 ~ NK1 + 150

的白云岩与 SK1 +050 ~ SK1 + 100 钻孔 S17 附近砾岩中。溶洞埋深在河床以下 13.0 ~ 20.20 m，与隧道结构线尚有一定距离。综合分析岩溶发育特征及其规模以及与隧道的空间关系，说明风险属可控范畴，可通过施工勘察、超前预报及岩溶处置来规避对工程建设的影响。

　　总而言之，本场地适宜性为基本适宜。

4.3　岩土工程特征评价

　　根据勘察成果，兹将场地各岩土层的主要特征综合评述见表 5 –34。

表 5 –34　南湖路湘江隧道土石可挖性分级表

土层及编号	状态	湿度	压缩性与透水性	岩土工程特性评价
杂填土①	松散 – 稍密	湿 – 饱和	高压缩性	作为基坑坑壁土层，自稳能力弱，易坍塌，未经处理不能作为道路路基
素填土②	松散 – 稍密	湿 – 很湿		
粉质黏土③	可塑 – 硬塑	湿	中低压缩性	为坑壁土层时自稳能力弱，易坍塌，易产生潜蚀，未经处理不能作为道路路基
粉土④	稍密状	湿		
细砂⑤、粗砂⑤$_1$	稍密 – 中密	湿 – 饱和	强透水	为坑壁土层时自稳能力弱，易产生管涌
圆砾⑥、卵石⑥$_1$、圆砾⑧	中密	饱和	强透水	无支护时会出现坍塌，未隔水时易产生流砂
粉质黏土⑦、粉质黏土⑨	可塑 – 硬塑状	湿	中低压缩性	围岩易坍塌，处理不当会出现大坍塌，侧壁经常小坍塌
强风化砾岩⑩、⑪$_1$	极软岩，破碎	稍湿	低压缩性	拱部无支护时可产生小坍塌，侧壁基本稳定，爆破过大易坍塌
中风化砾岩⑪、⑩$_1$	软岩，较破碎	稍湿		
中风化白云岩⑫	较硬岩，溶蚀现象发育，岩体破碎	稍湿		拱部无支护时可产生小坍塌，侧壁基本稳定，爆破过大易坍塌

4.4　土石可挖性分级

　　隧址处于湘江河床、湘江冲积形成的漫滩及Ⅰ –Ⅱ阶地，东岸为Ⅱ级阶地沉积物，西岸主要为高漫滩沉积，根据《公路工程地质勘察规范》(JTJ 064 –98)土石工程分级，兹将岩土可挖性分级见表 5 –35。

表 5－35　南湖路湘江隧道土石可挖性分级表

土层及编号	状态	土、石类型	可挖性分级	开挖稳定性评价
杂填土①	湿－饱和，松散－稍密	松土	Ⅰ级	围岩极易坍塌变形，有水时常发生涌土或涌砂，浅埋时易坍塌至地表
素填土②	湿－很湿，松散－稍密	松土	Ⅰ级	
粉质黏土③	湿，可塑－硬塑	松土	Ⅰ级	
粉土④	湿，稍密状	松土	Ⅰ级	
细砂⑤、粗砂⑤₁	湿－饱和、稍密－中密	普通土	Ⅱ级	
圆砾⑥、卵石⑥₁	饱和、中密	普通土	Ⅱ级	围岩易坍塌，无支护时会出现大坍塌
粉质黏土⑦	湿、软塑－可塑	松土	Ⅰ级	围岩易坍塌，处理不当会出现大坍塌，侧壁经常小坍塌，浅埋时易出现地表下陷或坍塌至地表
圆砾⑧	很湿－饱和、中密	普通土	Ⅱ级	
粉质黏土⑨	稍湿、硬塑－坚硬	普通土	Ⅱ级	
强风化砾岩⑩、⑪₁	极软岩，岩体破碎	硬土	Ⅲ级	拱部无支护时可产生小坍塌，侧壁基本稳定，爆破过大易坍塌
中风化砾岩⑪、⑩₁	软岩，岩体较破碎	软石	Ⅳ级	
中风化白云岩⑫	较硬岩，溶蚀现象发育，岩体破碎	次坚石	Ⅴ级	拱部无支护时可产生小坍塌，侧壁基本稳定，爆破过大易坍塌

4.5　隧道围岩分级

（1）土体隧道中的围岩分级

根据《公路隧道设计规范》（JTG D70－2004），结合南湖路隧道土体段的岩土类型、密实状态等定性特征，判定结果如表 5－36。

表 5－36　南湖路湘江隧道工程土体围岩分级表

土层及编号	湿度	状态	围岩分级
杂填土①	湿－饱和	松散－稍密	Ⅵ级
素填土②	湿－很湿	松散－稍密	Ⅵ级
粉质黏土③	湿	可塑－硬塑	Ⅵ级
粉土④	湿	稍密状	Ⅵ级
细砂⑤、粗砂⑤₁	湿－饱和	稍密－中密	Ⅵ级
圆砾⑥、卵石⑥₁	饱和	中密	Ⅴ级
粉质黏土⑦	湿	软塑－可塑	Ⅳ级
圆砾⑧	很湿－饱和	中密	Ⅴ级
粉质黏土⑨	稍湿	硬塑－坚硬	Ⅴ级

(2)岩体隧道中的围岩分级

根据规范 JTG D70 – 2004,隧道围岩基本分级由岩石坚硬程度和岩体完整程度两个因素确定。岩体完整程度根据结构面特征、结构类型及划分。初步分级岩石强度及波速划分的基础上进行;详细分级考虑围岩特征、岩层产状、地下水、初始应力状态、环境等因素。隧道工程围岩分级见表5 – 37。

表 5 – 37　南湖路湘江隧道工程岩体围岩分级表

岩石名称		强风化砾岩⑩、⑪₁	中风化砾岩⑪、⑩₂	中风化白云岩⑫
坚硬程度		极软岩	软岩	较硬岩
完整程度	结构面类型	以层面、风化裂隙为主	以节理、风化裂隙为主,裂隙多	以节理、溶蚀孔洞
	结合程度	裂隙多呈密闭型,部分为微张型,黏土有充填	呈密闭型,部分为微张型,黏土充填	裂隙多呈密闭型,方解石脉充填;但溶蚀孔洞发育,多见方解石晶体,无充填物
	结构类型	块状结构	块状结构	块状结构
	完整指数 K_V	0.37	0.54	0.34
	完整程度	较破碎	较破碎	破碎
初步分级	抗压强度 R_c/MPa	4.5	8.8	37.5
	纵波速度 V_p/(m·s⁻¹)	2500	3021	2908
	BQ	196	251.4	286
	围岩基本质量级别	V	IV	IV
详细分级	地下水状态	埋深小,风化裂隙较发育,地下水较贫乏,局部呈滴状	埋深较小,风化裂隙不甚发育,局部夹强风化岩块。地下水贫乏,局部呈滴状	裂隙发育段有少量地下水,以滴状流水为主;溶蚀孔洞区地下水丰富,会呈股状或管状
	围岩级别	V	V	V

4.6　涌水量预测

4.6.1　隧道正常涌水量估算

南湖路湘江隧道与河流正交,主要在河床底部砾岩中通过,地下水主要受岩性及裂隙控制,地表水体与含水层水力联系密切。分别采用大岛志洋公式、佐藤邦明经验公式估算,计算时基岩部分含水体均按强风化砾岩考虑、土 – 岩复合地层按砂层考虑,隧道洞顶按设计断面最低值 11.68 m(表5 – 38)。

表 5 - 38　南湖路湘江隧道正常涌水量估算表

工况	隧道穿越的含水体	渗透系数 $K/(m \cdot d^{-1})$	水面至洞顶距离 H/m	洞身等价半径 r_0/m	洞身直径 d/m	涌水量 $q_0/(m^3/d \cdot m)$	计算方法
常年水位（吴淞高程，27.00 m）	细砂、圆砾	30	6.88			383.60	佐藤邦明经验公式
	强风化砾岩	0.20	13.44	5.50	11.0	8.09	
最高洪水位（吴淞高程，39.18 m）	细砂、圆砾	30	19.06			1379.06	大岛志洋公式
	强风化砾岩	0.20	25.62			10.92	

注：吴淞高程 = 黄海高程 +1.801。

4.6.2　隧道掌子面涌水量预测

隧道掌子面涌水量按断面法计算，计算模型根据《水文地质手册》（地质出版社1978）第 679 页达尔西公式计算。根据水文地质条件沿线隧道掌子面涌水量计算见表 5 - 39。

表 5 - 39　隧道掌子面涌水量初步计算表

岩土层	计算公式	渗透系数 $/(m \cdot d^{-1})$	水力梯度	掌子面截面积 $/m^2$	掌子面计算涌水量 $/(m^3 \cdot d^{-1})$
细砂、圆砾	$Q = KI\omega$ Q—开挖面地下水涌水量；K—掌子面岩土层的渗透系数；I—水力梯度，取决临界水力梯度，$I \approx 1$；ω—过水断面面积	20			1899.8
强风化砾岩		0.20	1	94.99	19.0
中风化砾岩		0.12			11.4
含溶洞地层		200			18998

影响隧道涌水量的因素包括渗透性、水头压力、围岩裂隙发育程度、方向及充填状态、大气降水、施工工法等，上述涌水量均为预估值。实际施工时，应根据条件变化结合施工中积累的经验选择正确预测模型校正，以确保隧道施工顺利进行。

4.6.3　明挖基坑涌水量预测

按设计单位提供的图件，结合勘察成果，施工需要考虑地下水问题的主要在湘江西岸的 A、B、C、D 匝道和盾构接收井。湘江东岸含水层为弱透水性的人工填土，水量有限，故不作专门验算。

（1）盾构接收井基坑涌水量估算

因基坑位于湘江河西岸，距离 30~200 m。湘江水位取常年水位 27.68 m（黄海高程），盾构接收井的最大降深达 10.0 m。按最不利条件考虑及湘江水位的影响，根据《建筑基坑支护技术规程》（JGJ 120—99）附录 F，采用均质含水层承压完整井涌水量公式计算。计算时。计算公式及参数如下：

$$Q = \frac{2.73KHS}{\lg(2b/r_0)} \qquad (b < 0.5R)$$

式中：Q——基坑涌水量(m^3/d)；

$\quad\quad k$——渗透系数(m/d)；

$\quad\quad r_0$——基坑等效半径(m)，$r_0 = 0.29(A + B)$；

$\quad\quad b$——基坑中心至河岸的距离(m)；

$\quad\quad R$——影响半径，按 $R = 10S\sqrt{k}$ 计算，(m)；

$\quad\quad H$——含水层厚度(m)；

$\quad\quad S$——设计水位降深(m)，假定水位降至结构底板处或含水层底板下1 m。

南、北线盾构井的基坑涌水量计算参数及结果见表5－40。

表5－40　南湖路隧道基坑涌水量计算表

计算分段	计算参数							基坑总涌水量	建议设计涌水量
	$K_m/$ $(m \cdot d^{-1})$	H/m	b/m	S/m	A/m	B/m	r_0 $/m$	Q $(m^3 \cdot d^{-1})$	Q $(m^3 \cdot d^{-1})$
北线盾构接收井	30	9.20	45.0	8.7	20.0	18.5	19.25	9783.99	12000
南线盾构接收井	30	13.1	45.0	10.1	20.0	18.5	19.25	15398.73	18000

（2）湘江西岸明挖暗埋段基坑涌水量估算

南湖路湘江隧道西岸 A、B、C、D 匝道均采用明挖法施工，距湘江河岸45～150 m不等。由表1可知，其相当部分开挖深度超过了含水层，基坑开挖时，须进行基坑止水或降水。降深4～10 m。根据《地下铁道、轨道交通岩土工程勘察规范》(GB 50307—1999)第8.5节，按流向切穿含水层的条形基坑公式计算。计算公式及参数如下：

$$Q = \frac{2kMLS}{R} + \frac{2.73kMLS}{\lg R - \lg \dfrac{B}{2}}$$

式中：Q——基坑涌水量(m^3/d)；

$\quad\quad k$——渗透系数(m/d)；

$\quad\quad L$——条形基坑长度(m)；

$\quad\quad B$——条形基坑宽度(m)；

$\quad\quad R$——影响半径，按 $R = 10S\sqrt{k}$ 计算(m)；

$\quad\quad M$——承压含水层厚度(m)；

$\quad\quad S$——设计水位降深(m)，假定水位降至结构底板下 1.0 m 处或含水层底板下1 m。

湘江西岸各开挖基坑涌水量估算结果见表5－41。

表 5 – 41　南湖路隧道湘江西岸基坑涌水量估算表

计算分段		计算参数						基坑总涌水量	建议设计涌水量
		k /(m·d^{-1})	M/m	L/m	S/m	R/m	B/m	Q/ (m^3·d^{-1})	Q/ (m^3·d^{-1})
A 匝道	AK0 + 0 ~ 160		8.30	160	8.7	476.52		4567.54	6000
B 匝道	BK0 + 0 ~ 150	30	10.3	150	5.0	273.86	12.0	4234.30	5000
C 匝道	CK0 + 0 ~ 150		11.5	150	9.5	520.34		6506.22	8000
D 匝道	DK0 + 0 ~ 240		9.5	240	4.20	230.04		4561.12	6000

4.6.4　地下水的处理措施

（1）湘江东岸盾构始发井与明挖基坑

湘江东岸开挖段地层为杂填土①、素填土②、粉质黏土⑦、圆砾⑧、残积粉质黏土⑨、强风化砾岩⑩、中风化砾岩⑪。其圆砾⑧呈透镜状分布，多为黏性土充填，渗透性较弱。地下水以人工填土中的上层滞水为主，可通过明沟或水泵抽排措施排水。

（2）湘江西岸盾构接收井与明挖基坑

湘江西岸在开挖深度内的地层杂填土①、粉质黏土③、粉土④、细砂⑤、圆砾⑥、卵石⑥₁、残积粉质黏土⑨、强风化砾岩⑩，第四系覆盖层最厚达 19.40 m。渗透性较弱。地下水以砂、砾石层的孔隙水为主，含水层厚度一般在 10.0 m 左右，水量丰富。按湘江常年水位(27.68 m，黄海高程)估算，其降水深度最深 17.60 m。从涌水量估算可知，水量充沛，且含水层中细粒成分多，若不采取隔止水措施，地下水的抽降必然会产生管涌、流砂现象，影响施工质量和潇湘大堤安全。因此，建议先进行止水处理，并与基坑支护方案综合考虑之。

对盾构接收井，建议优先考虑地下连续墙；对深度大于 8.00 m 的匝道段建议采用帷幕止水与桩锚支护相结合方式或地下连续墙。

（3）盾构段地下水的影响与对策

南湖路隧道主要在白垩系砾岩中穿越，在湘江西岸漫滩还会遇到土－石复合地层，其南、北两线附近区域均在勘察中发现岩溶现象。隧道多位于地下水位线以下时，地下水会不同程度地降低围岩强度和稳定性，恶化围岩的工程性质，对盾构施工产生不良影响。突(涌)水是隧洞施工中常见的工程地质问题，突涌水对盾构施工的影响主要表现如下：

①由于水－岩相互作用，隧道围岩强度和稳定性降低，工作面发生坍塌，大刀盘的旋转力矩，降低施工效率；

②洞壁坍塌，撑靴反力不足，致使盾构无法正常推进，同时造成管片衬砌装困难，不能及时进行支护作业；

③涌水淹灭机体，使设备不能正常工作并危及洞内工作人员生命安全；

盾构施工中的突(涌)水的防治措施主要有疏导和封堵两种思路。可采用措施安全通过：

①掘进前，采用超前钻探，探测钻孔出水量、水压、涌水点位置等。水量不大、水压小时，可在做好排水系统的情况下继续掘进；若水量较大、水压不减，对特别软弱围岩地段，采用超前注浆堵水处理后再掘进，避免涌水后可能造成掌子面或洞壁坍塌。

②掘进后，及时排除工作面的涌水、安装混凝土管片衬砌。

③对掘进过程中的突（涌）水，涌水量较小时，利用盾构机的排水设备变被动排水为主动排水，继续正常掘进；如涌水量较大，则酌情增加排水设备提高排水能力，或可以采用围岩注浆方法将地下水封堵在洞周外一定范围围岩内。

④对于岩溶和断层破碎带发育地段，应加强对涌水量的监测，防止重大突水灾害发生。

4.7 敞开段、明挖段及盾构井岩土工程评价

4.7.1 周边环境及安全等级

湘江东岸南湖路隧道于南湖路上 NK1 + 800/SK2 + 032 开始采用明挖施工，明挖法施工段的底面标高为 20.09 ~ 36.67 m，埋置深度在现地面下 0.55 ~ 18.45 m。隧道施工涉及道路有南湖路、书院路。道路地面之下均有地下管线、排水箱涵和人行地道，周边环境复杂。按《建筑基坑支护技术规程》（JGJ 120 - 99）表 3.1.3 判定，基坑侧壁安全等级评价见表 5 - 42。

表 5 - 42　长沙市南湖路湘江隧道明挖段地质环境表

位置	工段	里程	环境条件	坑壁地层	水文地质条件	开挖深度 /m	基坑安全等级
湘江东岸	盾构始发井	NK1 +815 ~ NK1 +840	沿南湖路、书院路展开。涉及地下管线、排水箱涵和人行地道，周边环境复杂	杂填土①、素填土②、粉质黏土⑦、圆砾⑧、残积粉质黏土⑨、强风化砾岩⑩、中风化砾岩⑪。覆盖层最厚近 10.40 m	主要为填土中的上层滞水，受地下沟管渗漏补充，水量甚少	13.53	一级
		SK2 +032 ~ SK2 +057				18.45	
	北线	NK1 +815 ~ NK2 +017				0.82 ~ 13.53	
	南线	SK2 +032 ~ SK2 +540				2.60 ~ 18.45	
	WN 匝道	WNK0 + 068.65 ~ WNK0 +400				0.40 ~ 8.52	二级
	WS 匝道	WSK0 + 037.524 ~ WSK0 +285				0.55 ~ 5.28	

续表

位置	工段	里　　程	环境条件	坑壁地层	水文地质条件	开挖深度/m	基坑安全等级
湘江西岸	A 匝道	AK0 +010 ~ AK0 +410	沿阜埠河路、潇湘大道展开。涉及赵洲港涵闸的电排、直排和新澳燃气加气站，周边环境复杂	杂填土①、粉质黏土③、粉土④、细砂⑤、圆砾⑥、卵石⑥₁、残积粉质黏土⑨、强风化砾岩⑩、中风化砾岩⑪。覆盖层最厚达19.40 m	主要为砂、砾石层的孔隙水，受大气降水和地下径流补给，与湘江水位相关。含水层厚度大，水量丰富	0.99 ~ 17.49	一级
湘江西岸	B 匝道	BK0 +010 ~ BK0 +470				0.24 ~ 17.77	
湘江西岸	C 匝道	CK0 +013 ~ CK0 +420				0.026 ~ 16.42	
湘江西岸	D 匝道	DK0 +013 ~ DK0 +450				0.45 ~ 14.96	
湘江西岸	盾构接收井	AK0 +010 ~ NK0 +440.0				20.00	
湘江西岸	盾构接收井	DK0 +013 ~ SK0 +684.4				19.08	

4.7.2　基坑支护方案

湘江东岸沿南湖路向东须采用明挖法施工的工点有工作井、明挖暗埋段、敞开段，开挖深度内的地层见表30。其中的杂填土①、素填土②、粉土④、细砂⑤强度低、压缩性高、易产生蠕变等特征，基坑开挖易产生侧向变形。而场地毗邻湘江，湘江西岸含水层厚度大，地下水将是制约基坑稳定的关键。隧道施工时开挖深度较大，地质条件复杂，考虑周边现存构筑物、地下管线和湘江堤防的安全，必须进行专门的支护设计。

支护方案可根据各工段的结构形式、开挖深度及对变形控制的要求有的放矢地选择。结合场地条件及长沙地区经验，可供选择的方案有：土钉墙、排桩(+ 支锚或内支撑) + 止水帷幕、地下连续墙等。

明挖暗埋段：在浅开挖段(开挖深度 < 5 m)，在条件许可时，可采用放坡或土钉墙支护，一般坡比可取 1:1.20；当开挖深度≥5 m，且需垂直开挖时建议采用桩 + 支锚；盾构井：采用钻/挖孔灌注桩 + 锚/撑联合方案或地下连续墙方案。

按岩土条件及开挖深度分段建议见表 5 – 43。

表 5 – 43　长沙市南湖路湘江隧道明挖段支护方案建议表

序号	里　　程	施工方法	开挖深度/m	支护建议方案
A 匝道	AK0 +300 ~ AK0 +410	敞开段	0.99 ~ 8.43	放坡或土钉墙
A 匝道	AK0 +010 ~ AK0 +300	明挖暗埋段	8.43 ~ 17.49	桩 + 锚/内支撑 + 帷幕止水
B 匝道	BK0 +010 ~ BK0 +250	明挖暗埋段	3.75 ~ 17.77	桩 + 锚/内支撑 + 帷幕止水
B 匝道	BK0 +250 ~ BK0 +470	敞开段	0.24 ~ 3.75	放坡或土钉墙

续表

序号	里　程	施工方法	开挖深度/m	支护建议方案
C 匝道	CK0 +013 ~ CK0 +270	明挖暗埋段	4.68 ~ 16.42	桩 + 锚/内支撑 + 帷幕止水
	CK0 +270 ~ CK0 +420	敞开段	0.03 ~ 4.68	放坡或土钉墙
D 匝道	DK0 +013 ~ DK0 +330	明挖暗埋段	5.60 ~ 14.96	桩 + 锚/内支撑 + 帷幕止水
	DK0 +330 ~ DK0 +450	敞开段	0.45 ~ 5.60	放坡或土钉墙
北线	AK0 +010 ~ NK0 +440.06	北线接收井	20.00	桩 + 内支撑 + 帷幕止水或地连墙
	NK1 +815 ~ NK1 +840	北线始发井	13.53	桩 + 内支撑或地连墙
	NK1 +840 ~ NK1 +917	明挖暗埋段	6.35 ~ 12.11	桩 + 锚/内支撑
	NK1 +917 ~ NK2 +017	敞开段	0.82 ~ 6.35	放坡或土钉墙
南线	DK0 +013 ~ SK0 +684.42	南线接收井	19.078	桩 + 内支撑 + 帷幕止水或地连墙
	SK2 +032 ~ SK2 +057	南线始发井	18.45	桩 + 内支撑或地连墙
	SK2 +057 ~ SK2 +415	明挖暗埋段	7.32 ~ 18.74	桩 + 锚/内支撑
	SK2 +415 ~ SK2 +540	敞开段	2.60 ~ 7.32	放坡或土钉墙
WN 匝道	WNK0 +068.65 ~ WNK0 +29	明挖暗埋段	4.85 ~ 8.52	土钉墙或桩 + 锚
	WNK0 +290 ~ WNK0 +400	敞开段	0.40 ~ 4.85	放坡或土钉墙
WS 匝道	WSK0 + 037.524 ~ WSK0 +165	明挖暗埋段	4.98 ~ 5.28	土钉墙或桩 + 锚
	WSK0 +165 ~ WSK0 +285	敞开段	0.55 ~ 4.98	放坡或土钉墙

4.7.3　基坑支护设计参数

根据本次勘察成果,按照《建筑基坑支护技术规程》(JGJ 120—99)及其他相关国家行业标准,并结合地区经验,基坑支护参数建议按表 5 – 44 采用。

表 5 – 44　南湖路湘江隧道基坑支护参数建议值

地层	重度	黏聚力	内摩擦角	基底摩擦系数	渗透系数	抗拔系数	岩土体与锚固体极限摩阻力标准值	比例系数	岩石地基抗力系数	钻、挖、冲孔灌注桩	
	γ	c	φ	f	K	λ	q_s	m	C_0	q_{pk}	q_{sik}
	kN/m³	kPa	°		m/d			MN/m⁴	MN/m⁴	kPa	kPa
①杂填土	19.5	12	8	0.15	1.25	0.50	18	8.0	/		25
②素填土	19.0	10	6	0.18	1.20	0.60	16	7.5	/		24
③粉质黏土	19.2	12	15	0.22	0.012	0.60	36	8.5	/		38

续表

地层	重度	黏聚力	内摩擦角	基底摩擦系数	渗透系数	抗拔系数	岩土体与锚固体极限摩阻力标准值	比例系数	岩石地基抗力系数	钻、挖、冲孔灌注桩	
	γ	c	φ	f	K	λ	q_s	m	C_0	q_{pk}	q_{sik}
	kN/m^3	kPa	°		m/d			MN/m^4	MN/m^4	kPa	kPa
④粉土	18.5	10	12	0.20	1.20	0.55	40	20	/		50
⑤细砂	19	5	18	0.22	7.5	0.60	40	15	/		45
⑤₁粗砂	19.5	5	28	0.25	8.00	0.50	80	35	/		80
⑥圆砾	21	0	35	0.35	17.8	0.50	135	200	/		135
⑥₁卵石	21.5	0	38	0.40	24.0	0.75	200	280	/		200
⑦粉质黏土	19.5	35	18	0.25	0.02	0.70	85	48	/		85
⑧圆砾	21	0	40	0.35	25	0.70	145	248	/	3500	145
⑨粉质黏土	19.9	40	15	0.30	0.011	0.75	95	65	/	1600	95
⑩强风化砾岩	23.5	/	38*	0.35	0.16	0.70	180	180	/	4200	180
⑪中风化砾岩	24.3	/	55*	0.45	0.11	0.60	400	/	5600	6500	400
⑫中风化白云岩	26.3	/	60*	0.50	0.21	0.55	560	/	24000	8500	560

注：加 * 号为岩石抗剪断强度。

4.7.4　抗浮设防水位及措施

湘江西岸，按濒江临河时抗浮设防水位取道路地面标高，建议取 34.00 m；湘江东岸，地面标高可参照书院路路面标高，即 36.00 m。

当结构自重不能满足抗浮要求时，可采用抗浮桩或抗浮锚杆。

4.7.5　设计、施工注意事项

(1)湘江两岸均有地面管网及地下建筑，施工前应予以调查清楚并处置。

(2)湘江两岸，在隧道底板设计标高尚有部分地段为松散的人工填土和承载力低易受扰动液化的粉土，不能满足作为道床的持力层要求，应予以加固补强。

(3)湘江西岸覆盖层主要为全新统地层，分布不均，含水层厚度大，地下水丰富，与地表水体联系密切。施工时需考虑湘江水位对开挖的影响，必须做好隔水措施，为控制支护结构的水平位移和沉降变形，明洞两厢支护结构应嵌入基岩内一定深度。

(4)湘江东岸，覆盖层厚度小，盾构始发井开挖地层主要为黏土质砾岩，属极软岩～软岩。具有遇水易软化、失水易崩解等特点。基坑开挖后在及时做好支护结构的同时，应及时护面，避免岩体裸露、软化崩解而导致坑壁失稳。

(5)基坑开挖应采用分层开挖，开挖高差不应太大，在基坑外侧堆载重物不能超过设计限值，以防产生土体坍塌、滑坡。

（6）根据场地水文地质条件，结合隧道底板标高，基坑抗浮设计水位建议按第4.7.4节考虑。

（7）应注意敞开段和明挖暗埋段的墙背及明挖暗埋段的拱壁回填土的工艺要求和质量，以保护拱脚和拱壁，增加其稳定性。

（8）加强基坑监测工作，做到信息化施工。

4.8　暗挖段岩土工程评价

4.8.1　地层结构及工程特性

根据2010年7月5日设计单位提供的南、北线纵断面图，盾构区间隧道顶板埋深为8.00~14.84 m，底板标高为-3.14~15.99 m；根据本次勘察结果，隧道主要穿越地层：除湘江西岸漫滩存在细砂⑤、圆砾⑥和卵石⑥₁外，南北两线主要为强风化砾岩⑩和中风化砾岩⑪，围岩分级为Ⅴ级。

4.8.2　施工方案评价

（1）暗挖法比选

南湖路湘江隧道过江段采用暗挖法施工，该工法包括矿山法及盾构法，各工法在类似工程地质条件下均有成功案例可循，其优缺点对比见表5-45。

表5-45　盾构法与矿山法施工技术优缺点对比表

工法		盾构法	矿山法
优点		开挖、出渣、支护及灌浆同步进行，一次成洞，施工效率比较高，可缩短工期，总体上经济	不受断面尺寸和形状限制，适用于各类围岩，对不良地质条件适用能力较强
		对围岩扰动小，开挖面平整，基本无超挖现象，施工质量较高	当地质条件变化时，可随时对设计调整，施工工艺随之变化
		施工噪声小，环境污染小	设备便于组装、运输、重复利用
		在护盾和衬砌保护下，有利于施工安全	技术成熟，工艺系统，经验丰富
		劳动强度低，有利于节约劳动力	对中短隧道造价低
缺点		对不良地质条件适应性差	工序多，相互干扰大，速度慢，质量控制难度大
		设备投入费用高	对围岩扰动大，超挖严重，稳定问题突出
		对施工技术人员素质要求高，管理组织复杂	安全性差，施工环境恶劣，劳动强度大
		对短隧道不能发挥其优势	长隧道施工时，辅助坑道增加造价
案例		广州地铁2号线市二宫-江南西区间隧道、广州地铁2号线越三区间隧道	湘江大道浏阳河隧道、武广高速铁路浏阳河隧道（泥质粉砂岩）

（2）水底隧道顶板覆盖层厚度确定

湖南省交通规划勘察设计研究院在其编制的《长沙市南湖路湘江隧道工程可行性研究报告》（2010年5月）中对此进行了专门分析：

①矿山法：根据挪威法、日本最小涌水量法和国内顶水采煤经验公式计算，得出其隧道顶板覆盖层厚度需要的覆跨比分别为 2.76、2.89、1.61。并结合长沙市已建、在建水底隧道经验，确定矿山法施工的最小顶板厚度为 15 m，开挖宽度 11.50 m，覆跨比 1.3。

②盾构法：根据国内外盾构法施作水底隧道成功经验，从湘江主航道河槽地形、水深、工程地质、水文地质、开挖断面等角度出发，确定最小顶板厚度为 7 m，开挖宽度 11.28 m，覆跨比 0.62。

根据上述分析，兹将类似条件的工程及不同工法可能遇到的影响因素分析如下（表 5-46）。从安全、经济角度综合考虑，建议采用盾构法施工。

表 5-46　不同工法的代表性工程及影响因素分析

工法	工程实例	跨径/m	围岩性质	覆土厚度/m	覆跨比	本工程的影响因素
盾构法	德国易北河第四隧道	14.20	黏土和砾石或砾岩	7.00	0.49	①砾石成分、粒径的分异性；②西漫滩的土-岩组合；③河床中的中-微风化砾岩强度差异；④南线可能受附近砾岩中富水溶洞影响
	武汉长江隧道	14.90	黏土、粉细砂、中粗砂及卵石	10.60	0.93	
	广州地铁 2 号线区间	6.300	全风化-微风化砂砾岩	13.50	2.14	
钻爆法	湘江大道浏阳河隧道	11.50	强-中风化砾岩	14	1.22	①增加辅助工程量；②西漫滩须穿越河床中的饱水砂、砾石；③风化程度不均的砾岩中局部透水；④为满足最低覆土要求，北线因此可能受白云岩中溶洞影响
	武广高速铁路浏阳河隧道	15.00	强-中风化泥质砂岩、泥质粉砂岩	19.1	1.27	
	营盘路湘江隧道	12.10	强-中风化板岩	16.0	1.32	

（3）不同盾构的适用条件与建议

从原理上讲，盾构法又分为土压平衡盾构与泥水平衡盾构两大类，其适用条件见表 5-47，推荐采用泥水平衡盾构。

4.8.3　隧道设计参数

长沙市南湖路湘江隧道属浅埋隧道，根据勘察结果，隧道设计参数推荐见表 5-48。

表 5 - 47 不同盾构适应条件分析

项目	土压平衡盾构	泥水平衡盾构
适用地层	能适应黏土、砂土、沙砾、岩石等各种地质。需要向开挖仓中注添加剂，改善渣土的性能，使其成为具有良好塑流性、低的摩擦系数及止水性的渣土	能适应粉质黏土、粉细砂、中粗砂、卵石层、岩层等各种地质。需向开挖仓中注入泥浆，适合开挖面难以稳定、含水砂层、砂粒层、含水量高的地层及隧道上方有水体的场合
主要地层的影响	对于砾岩、泥质粉砂岩夹砂岩、页岩开挖破碎可能会有大颗粒渣土，需要考虑螺旋输送机通过粒径能力	对于砾岩、泥质粉砂岩夹砂岩、页岩开挖破碎可能会有大颗粒渣土，排泥管路需要考虑破碎设施
措施	需采用特殊措施	适应性好
结论	较差	最好

表 5 - 48 长沙市南湖路湘江隧道设计参数推荐表

地层	承载力特征值	重度	黏聚力	内摩擦角	渗透系数	泊松比	静止侧压力系数	基床系数	弹性模量	单轴抗压强度	岩土体与锚固体极限摩阻力标准值
	f_{a0}	γ	c	φ	K	u	K	K	$E \times 10^4$	f_{rk}	q_s
	kPa	KN/m³	kPa	°	m/d	u		MPa/m	MPa	MPa	
①杂填土	60	19.5	12	8	1.25	0.35	0.54	3.5			18
②素填土	70	19.0	10	6	1.20	0.35	0.54	5.0			16
③粉质黏土	90	19.2	12	15	0.012	0.35	0.50	5.0			36
④粉土	100	18.5	10	12	1.20	0.40	0.67	4.5			40
⑤细砂	110	19	5	18	7.5	0.30	0.43	12			40
⑤₁粗砂	150	19.5	5	28	8.00	0.35	0.54	15			80
⑥圆砾	280	21	0	35	17.8	0.28	0.39	25			135
⑥₁卵石	320	21.5	0	38	24.0	0.25	0.38	50			200
⑦粉质黏土	260	19.5	35	18	0.02	0.32	0.30	35			85
⑧圆砾	380	21	0	40	25	0.28	0.47	54			145
⑨粉质黏土	270	19.9	40	15	0.011	0.28	0.39	45			95
⑩强风化砾岩	420	23.5	/	38*	0.16	0.25	0.33	200		4.5	180
⑪中风化砾岩	1500	24.3	0.50*	35*	0.11	0.22	0.28	500	1.10	8.8	400
⑫中风化白云岩	2800	26.3	1.5*	40*	0.21	0.20	0.25	1750	3.2	37	560

注：对强风化砾岩，加 * 号为岩体等代内摩擦角，对中风化砾岩和中风化白云岩加 * 号者为岩石抗剪断强度。

4.8.4　隧道抗浮与防水

（1）抗浮设计

综合场地地表水、地下水水位及补排情况分析，埋深低于湘江水头的地下结构将受到承压水的浮托力，易通过隧道底板形成水力连通，对底板造成浮托破坏，造成底板开裂渗水，影响其正常使用功能。结构设计抗浮应按最不利情况（湘江历史最高水位）进行抗浮稳定验算，验算时，地下结构抗浮设计地下水位建议 37.38 m。

（2）防水措施

由于拟采用盾构法施工，防水措施主要从结构及施工等方面来进行，如采用高精度、低渗透的钢筋混凝土管片的前提下，设计制作特定结构形式的框形橡胶圈，管片接缝满足衬砌接缝防水要求等。区间隧道盾构进出口是防水设计的重点，建议采取高压注浆或冻结法等措施，以确保隧道施工顺利进行。

4.8.5　盾构设计施工注意事项

（1）在湘江西岸近河堤段掘进面为第四系地层，当盾构机在松软的第四系地层中掘进时可能会因地基强度不足而产生栽头现象。

（2）在湘江西岸漫滩中掘进面为第四系地层与砾岩的上软下硬界面，对盾构机刀口磨损大，盾构机易发生抬头。

（3）围岩软弱，水理性质差，易软化或崩解，支护要求较严格。

（4）砾岩中，组成矿物以石英和方解石为主，石英含量为 51.7% ~ 54.3%，会对刀口有一定磨损。

（5）砾岩中砾石最大粒径可达 15 ~ 20 cm，单轴抗压强度可达 13.68 ~ 78.65 MPa，与胶结物及围岩强差异大，对盾构机刀盘会有一定影响。

（6）北线隧道在 NK1 + 025 ~ 150 在隧道底板下 14 ~ 18 m 下分布有溶洞，洞体高 1.00 ~ 3.80 m；南线 SK1 + 050 ~ 100 在隧道结构线外约 6 m 发现较大的砾岩中的溶洞，其顶、底标高在隧道开挖深度范围中，空间分布尚不清楚，有待进一步查明。处置不当可能致使突水或盾构机栽头。

5　环境地质评价

5.1　环境现状

南湖路隧道为双线布置，设计直径 11.0 m，拟采用的施工方法有明挖、明挖暗埋和盾构法。隧址区湘江堤防两侧均进行了防洪堤建设，一般情况下，不存在洪涝灾害。两岸均为高度城市化，无崩塌、滑坡、泥石流和地面塌陷等地质灾害。

5.2　环境问题

南湖路隧道在施工和运营过程中可能产生如下环境问题：

（1）隧道施工引发的地表变形；

（2）盾构穿越湘江大堤时可能对防洪堤的稳定带来隐患；

表 5－49　南湖路湘江隧道岩土层物理力学指标推荐表

时代及成因	岩(土)层名称	承载力特征值 f_{ak}/kPa	重度 γ/(kN·m^{-3})	压缩模量 E_s/MPa	变形模量 E_0/MPa	内摩擦角 φ/(°)	黏聚力 C/kPa	基底摩擦系数 μ	泊松比 ν	静止侧压力系数 K_0	渗透系数 k/(m·d^{-1})	基床系数 K/(MPa·m^{-1})	岩体抗剪断强度 C/MPa	岩体抗剪断强度 φ/(°)	弹性模量 $E\times10^4$/MPa	单轴抗压强度 f_{rk}/MPa	比例系数 m/(MN·m^{-4})	岩石地基抗力系数 C_0/(kN·m^{-4})	隧道围岩分级
Q_4^{ml}	杂填土①	60	19.5	3.5	/	8	12	0.15	0.35	0.54	1.25	3.5	/	/	/	/	8.0	/	VI
	素黏土 2	70	19.0	3.6	/	6	10	0.18	0.35	0.54	1.20	5.0	/	/	/	/	8.0	/	VI
	粉质黏土③	90	19.2	3.8	/	15	12	0.22	0.35	0.50	0.012	5.0	/	/	/	/	8.5	/	VI
Q_4^{al}	粉土④	100	18.5	2.7	/	12	10	0.20	0.40	0.67	1.20	4.5	/	/	/	/	20	/	VI
	细砂⑤	110	19	/	15	18	5	0.22	0.30	0.43	7.5	12	/	/	/	/	12.5	/	V
	粗砂⑤$_1$	150	19.5	/	20	28	5	0.25	0.35	0.54	8.00	15	/	/	/	/	28	/	V
	圆砾⑥	280	21	/	38	35	0	0.35	0.28	0.39	17.8	25	/	/	/	/	200	/	V
	卵石⑥$_1$	320	21.5	/	55	38	0	0.40	0.25	0.38	24.0	50	/	/	/	/	280	/	V
Q_2^{al}	粉质黏土⑦	260	19.5	5.8	/	18	35	0.25	0.32	0.30	0.02	35	/	/	/	/	48	/	VI
	圆砾⑧	380	21	7.0	55	40	0	0.35	0.28	0.47	25	54	/	/	/	/	248	/	V
Q^{el}	残积粉质黏土⑨	270	19.9	/	/	15	40	0.30	0.28	0.39	0.011	45	/	/	/	/	65	/	V
K	强风化岩⑩、Ⅱ$_1$	420	23.5	/	68	38*	/	0.35	0.25	0.33	0.16	200	/	/	/	4.5	180	/	V
	中风化砾岩⑪、Ⅲ$_1$	1500	24.3	/	240	55*	/	0.45	0.22	0.28	0.11	500	0.50	35	1.1	8.8	/	5600	V
C	中风化白云岩⑫	2800	26.3	/	7	60*	/	0.50	0.20	0.25	0.21	1750	1.5	40	3.2	37.0	/	24000	V

(3)盾构井与明挖施工降水和基坑稳定问题；

(4)施工机械振动或爆破产生的噪声、振动、粉尘对居民生活的影响；

(5)施工弃渣或泥浆可能引发的环境污染；

(6)抽吸地下水引发的地面沉降；

(7)施工对地下管网的破坏；

(8)施工对湘江—水厂取水水质的影响。

5.3　环境保护措施与注意事项

(1)切实掌握地质资料，对不良地质发育地段进行施工勘察、超前预报和预处理；

(2)加强支护结构设计、施工监测，进行信息化施工，保证地面沉降、变形在可控范围内，避免对防洪大堤的安全及地下管线造成破坏；

(3)合理安排施工时间，带有振动的设备尽量做到夜间不施工、特殊时段不施工，做好防振措施；

(4)选好弃土场，必要时对弃土场进行勘察评价与地质灾害危险性评估，避免产生新的地质灾害；

(5)无论是暗挖施工还是明挖施工，均应采取止水、隔水措施，必要时采用回灌措施，避免施工降水引发地面沉降；

(6)在洞室及基坑内应经常量测空气中是否存在有害气体，加强送风排气措施，做好防尘措施；

(7)做好运渣土车的防护工作，保持地面清洁，做到文明施工；

(8)在施工前，施工单位应查清各类地下管网，会同各部门做好管网的迁移工作，确保其安全。

6　结论与建议

6.1　结论

6.1.1　勘察结果表明，南湖路湘江隧道隧址区工程地质条件和水文地质条件复杂，场地等级为一级，场地地基等级为一级，工程重要性等级为一级，岩土工程勘察等级为甲级。

6.1.2　根据勘察成果，结合区域地质资料，南湖路隧址区属构造稳定地区。现状条件下无地质灾害发生。隧址水文地质条件和工程地质条件均属复杂类型。

6.1.3　根据湖南省防震减灾工程研究中心《长沙市南湖路湘江隧道工程场地地震安全性评价报告》，本项目抗震设防烈度为7度，峰值加速度值取0.10 g，地建筑场地类别为Ⅱ类。为可进行建设的一般地段。

6.1.4　场地地表水(湘江水)、潜水、承压水对混凝土有微腐蚀性，对钢结构有弱腐蚀性，对钢筋混凝土结构中钢筋有微腐蚀性。

据地区经验，场地土对建筑材料的腐蚀性程度为微腐蚀。

6.1.5　各岩土层的视电阻率、场地大地导电率指标请参照表 5 - 27、表 5 - 28。

6.1.6　当采用基坑降水措施时,基坑出水量参照表 5 - 40、表 5 - 41 取值。对地下水的处理措施建议详见第 4.6.4 条。

6.1.7　基坑设计相关参数请见表 5 - 44,抗浮水位湘江东岸取 36.00 m、西岸取 34.00 m。

6.1.8　隧道设计相关参数见表 5 - 48,抗浮水位建议按湘江历史最高水位取值,即 37.38 m。

6.1.9　根据试验结果,结合《公路桥涵地基与基础设计规范》(JTG D63—2007)、《公路隧道设计规范》(JTG D70 - 2004)以及地区经验,岩土层的主要指标汇总见表 5 - 49。

6.1.10　基坑和隧道施工须注意的相关事项详见第 4.7.5 条和第 4.8.5 条。

6.2　建议

6.2.1　隧道沿线的不良地质作用主要为岩溶,经设计方案调整一定程度上规避了岩溶对隧道工程的影响。必须说明的是,因隧道方案调整,物理勘探之覆盖范围已未完全覆盖拟采用线路(在南线之北),物探结果仅能提供参考作用。在下一步勘察中应加强物探和钻探工作,查明其分布范围,深化相关工作的研究。在断层影响区域内,建议对岩体进行灌浆预处理。

6.2.2　由于砾岩成岩时间晚,风化程度差异大,裂隙较发育,岩体完整性较差,建议施工时在洞内进行超前勘探,进一步查明前方地质状况,并做好预支护措施。

6.2.3　地下水的处理建议采用"隔、堵、止"措施,不建议采用降水处理。由于圆砾⑥的不均匀系数 $Cu = 23.32 \sim 71.34$,卵石⑥₁的不均匀系数 $Cu = 31.8 \sim 87.65$,变化值大,须进行可灌性试验,以指导帷幕施工。

6.2.4　做好变形观测工作和突水事故的紧急预案工作。

6.2.5　加强施工验槽工作,以及时解决施工过程遇到的地质问题。

第二部分:图表(见参考文献[4])
第三部分:附件(见参考文献[4])

附　录

附录 I　地层符号

地层与地质时代表见附表 1-1，第四纪地层的成因类型符号见附表 1-2。

附表 1-1　地层与地质时代表

界	系	统	代号	同位素年龄(Ma)	构造运动(幕)		地质事件	岩浆活动	色谱	特征化石
新生界 Cz	第四系 Q	Qh 全新统	Q₄	0.01	喜马拉雅运动(晚)	喜马拉雅阶段	联合古陆解体阶段	γ₆	淡黄	人类
		Qp 上更新统	Q₃							
		中更新统	Q₂							
		下更新统	Q₁	2.60						
	新近系 N	上新统	N₂	5.3					鲜黄	马、象
		中新统	N₁	23.3						
	古近系 E	渐新统	E₃	32	喜马拉雅运动(早)				老黄	三趾马
		始新统	E₂	56.5						
		古新统	E₁	65	燕山运动(晚)	燕山阶段				
中生界 Mz	白垩系 K	上白垩统	K₂					γ₅³	鲜绿	霸王龙、翼龙
		下白垩统	K₁	137	燕山运动(中)					
	侏罗系 J	上侏罗统	J₃					γ₅²	鲜绿(天蓝)	马门溪龙、鱼龙、始祖鸟
		中侏罗统	J₂							
		下侏罗统	J₁	205	燕山运动(早)					
	三叠系 T	上三叠统	T₃		印支运动(晚)	印支海西阶段		γ₅¹	绛紫	蛇菊石
		中三叠统	T₂							
		下三叠统	T₁	250						
上古生界 Pz₂	二叠系 P	上二叠统	P₃		印支运动(早)		联合古陆形成阶段	γ₄³	淡棕	新希瓦格䗴
		中二叠统	P₂							
		下二叠统	P₁	295	伊宁运动			γ₄²	灰	小纺锤䗴、贵州珊瑚
	石炭系 C	上石炭统	C₂							
		下石炭统	C₁	354	天山运动			γ₄¹	咖啡	鱼类、沟鳞鱼
	泥盆系 D	上泥盆统	D₃							
		中泥盆统	D₂							
		下泥盆统	D₁	410	广西(祁连)运动	加里东阶段		γ₃³	果绿	正笔石类、王冠虫
下古生界 Pz₁	志留系 S	顶志留统	S₄							
		上志留统	S₃							
		中志留统	S₂							
		下志留统	S₁	438	古浪运动			γ₃²	蓝绿	网格笔石、中华震旦角石
	奥陶系 O	上奥陶统	O₃							
		中奥陶统	O₂							
		下奥陶统	O₁	490	兴凯运动			γ₃¹	暗绿	三叶虫
	寒武系 Є	上寒武统	Є₃							
		中寒武统	Є₂							
		下寒武统	Є₁	543	晋宁运动(晚)	吕梁晋宁阶段	板块形成阶段	γ₂³	绛棕	硬壳动物、叠层石、藻类
新元古界 Pt₃	震旦系 Z	上震旦统	Z₂							
		下震旦统	Z₁	680					绛棕	
	南华系 Nh	上南华统	Nh₂							
		下南华统	Nh₁	800					棕红(浅)	
	青白口系 Qb	上青白口统	Qb₂							
		下青白口统	Qb₁	1000	晋宁运动(早)					
中元古界 Pt₂	蓟县系 Jx	上蓟县统	Jx₂					γ₂²	棕红(深)	
		下蓟县统	Jx₁	1400						
	长城系 Ch	上长城统	Ch₂							
		下长城统	Ch₁	1800	吕梁(中条)运动			γ₂¹		原核生物、绿藻
古元古界 Pt₁	滹沱系		Ht	2500			陆核形成阶段			
新太古界 Ar₃				2800	五台运动	五台阜平阶段		γ₁	桃红(浅)	
中太古界 Ar₂				3200						
古太古界 Ar₁				3600	阜平运动					
始太古界 Ar₀										

附表 1 – 2　第四纪地层的成因类型符号

地层名称	符号	地层名称	符号	地层名称	符号	地层名称	符号
人工填土	Q^{ml}	残积层	Q^{el}	海陆交互相沉积层	Q^{mc}	滑坡堆积层	Q^{del}
植物层	Q^{pd}	风积层	Q^{eol}	冰积层	Q^{gl}	泥石流堆积层	Q^{set}
冲积层	Q^{al}	湖积层	Q^{l}	冰水沉积层	Q^{fgl}	生物堆积层	Q^{o}
洪积层	Q^{pl}	沼泽沉积层	Q^{h}	火山堆积层	Q^{b}	化学堆积层	Q^{ch}
坡积层	Q^{dl}	海相沉积层	Q^{m}	崩积层	Q^{col}	成因不明的沉积层	Q^{pr}

注：①两种成因混合而成的沉(堆)积层，可采用混合符号，例如：冲积和洪积混合层，可用 Q^{al+pl} 表示。

　　②地层与成因的符号可以合起来使用，例如：由冲积形成的第四系上列更新系统，可用 Q_3^{al} 表示。

附录Ⅱ　常用图例及符号

（选自：中华人民共和国国家标准 GB12328—90 综合工程地质图图例及色标［S］.
北京：中国标准出版社，1991）

1. 地质构造

(1) 地层产状	(2) 水平地层产状	(3) 直立地层产状
(4) 倒转地层产状	(5) 片理产状	(6) 片麻理产状
(7) 劈理产状	(8) 流层产状	(9) 水平裂隙
(10) 倾斜裂隙	(11) 直立裂隙	(12) 背斜轴线
(13) 倒转背斜轴线	(14) 隐伏背斜轴线	(15) 倒转向斜轴线
(16) 倒转向斜轴线	(17) 隐伏向斜轴线	(18) 穹隆
(19) 正断层	(20) 逆断层	(21) 逆掩断层
(22) 平推断层	(23) 性质不明断层	(24) 区域性大断裂
(25) 区域性深断裂	(26) ?近活动断裂	(27) 现今活动断裂
(28) 隐伏活动断裂	(29) 新构造隆起区	(30) 新构造沉降区
(31) 新构造升降速率 上升/下降（mm/年）	(32) 地形变等值线(m)	(33) 地应力测点（长轴示主应力方向）地应力(Pa) 测点深度(m)
(34) 活火山口	(35) 死火山口	

（36）　构造体系图例

主要结构面 ＼ 构造带	东西构造带	南北构造带	新华夏构造带	河西构造带	华夏系或华夏式	北西向构造带	山字形构造
背斜轴							
向斜轴							
压性断层或冲断层							
张性断层							
扭性断层							
压扭性断层							
张扭性断层							
挤压破碎带							

2. 地貌与外动力地质现象

（1）　风化壳（强风化带＞3 m）

（2）　滑坡（箭头示滑坡方向）　数字为体积：m³　a. 依比例尺　b. 不依比例尺

（3）　崩塌（箭头示崩塌运动方向）　数字为体积：m³　a. 依比例尺　b. 不依比例尺

（4）　泥流（开口示移动方向）　a. 依比例尺　b. 不依比例尺

（5）　泥石流（开口示移动方向）　a. 依比例尺　b. 不依比例尺

（6）　水石流（开口示移动方向）　a. 依比例尺　b. 不依比例尺

（7）　活动滑坡界线

（8）　不活动滑坡界线

（9）　潜在滑坡带

（10）　潜在崩塌带

（11）　滑坡（H）集中分布带　数字为滑坡数量：个/km²

（12）　崩塌（B）集中分布带　数字为崩塌数量：个/km²

（13）　泥石流（N）集中分布带　数字为泥石流数量：个/km²

（14）　严重水土流失区

（15）　中等水土流失区

（16）　弱水土流失区

(17)	水土流失区界线		(18)	雪被	
(19)	雪崩		(20)	现代冰川	
(21)	冰蚀悬谷		(22)	冰川 U 形谷	
(23)	古冰斗		(24)	冰锥	
(25)	冻胀丘		(26)	石河	
(27)	整体多年冻土界线		(28)	断续多年冻土界线	
(29)	岛状多年冻土界线		(30)	多年冻土融陷区界线	
(31)	热融湖塘、热融洼地		(32)	热融塌陷	
(33)	岩溶强烈发育区		(34)	岩溶中等发育区	
(35)	岩溶弱发育区		(36)	岩溶盆地(坡立谷)	
(37)	溶蚀洼地		(38)	岩溶谷地	
(39)	岩溶盲谷		(40)	地下暗河及出口	
(41)	伏流及入口、出口		(42)	溶洞	
(43)	有水溶洞		(44)	落水洞	
(45)	岩溶潭		(46)	溶蚀穿洞	
(47)	岩溶塌陷 a.依比例尺 b.不依比例尺		(48)	天生桥	
(49)	岩溶孤峰		(50)	峰林、残丘	
(51)	固定沙漠		(52)	半固定沙漠	

(53)	移动沙漠 （箭头示移动方向）	(54)	戈壁
(55)	新月形沙丘、沙丘链	(56)	复合新月形沙垄、沙丘链
(57)	新月形沙垄	(58)	梁窝状沙丘
(59)	缓起状沙丘	(60)	塬坎
(61)	梁顶	(62)	峁顶
(63)	缓坡（<15°）	(64)	陡坡（15°~30°）
(65)	峻坡（>30°）	(66)	断层三角面
(67)	悬谷	(68)	活动陡崖
(69)	危岩	(70)	倒石堆
(71)	岩屑锥裙	(72)	裂点
(73)	峡谷	(74)	冲沟
(75)	河岸冲刷	(76)	古河漫滩
(77)	古河道	(78)	牛轭湖
(79)	侵蚀阶地及梯级	(80)	堆积阶地及梯级
(81)	基座阶地及梯级	(82)	冲积扇
(83)	洪积扇	(84)	泥石流扇
(85)	冰水扇	(86)	溃口扇
(87)	淤进岸	(88)	后退岸

(89) 　海蚀陡岸　　　　　　　　　(90) 　贝壳堤

(91) 　泥滩　　　　　　　　　　　(92) 　沙滩

(93) 　砾滩　　　　　　　　　　　(94) 　珊瑚礁、珊瑚礁滩岸

(95) 　受降水补给的沼泽　　　　　(96) 　受地下水补给的沼泽

3. 勘探点、试验点及剖面图例

3.1　平面图例

(1) 　地质点　　　　　　　　　　(2) 　物探点

(3) $6 \bigcirc \frac{30.21}{25.3}$　钻孔　左编号，右 $\frac{\text{地面标高(m)}}{\text{孔深(m)}}$　　(4) $1 \square \frac{20.14}{7.8}$　探井　左编号，右 $\frac{\text{地面标高(m)}}{\text{井深(m)}}$

(5) 　取岩、土样钻孔和探井　　　(6) 　取水样钻孔和探井

(7) 　静力触探试验孔　　　　　　(8) 　动力触探试验孔

(9) 　钎杆轻便触探试验孔　　　　(10) 　十字板剪力试验孔

(11) 　旁压试验孔　　　　　　　　(12) 　标准贯入试验孔

(13) 　大型直剪试验点　　　　　　(14) 　震动试验点

(15) 　载荷试验点　　　　　　　　(16) 　长期观测孔、井

(17) 　抽水试验孔、井　　　　　　(18) 　注水(渗水)试验孔、井

(19) 　压水试验孔

3.2　剖面图例

(1) $6 \frac{30.21}{25.3}$　钻孔　编号 $\frac{\text{地面标高(m)}}{\text{孔深(m)}}$　　(2) $1 \frac{20.14}{7.8}$　探井　编号 $\frac{\text{地面标高(m)}}{\text{井深(m)}}$

(3) 　静力触探孔　　　　　　　　(4) 　动力触探孔

(5) 　物探点　　　　　　　　　　(6) 　取土样位置

(7) 取岩样位置 　　(8) 十字板剪力试验位置

(9) 旁压试验位置 　　(10) 标准贯入试验位置

(11) 静力触探试验成果 　　(12) 动力触探试验成果曲线

(13) 抽水试验位置 　　(14) 注水试验位置

(15) 压水试验位置 　　(16) 地下水位线　稳定水位(m)／初见水位(m)

3.3　剖面岩性符号

(1) 漂石 　　(2) 块石

(3) 卵石 　　(4) 碎石

(5) 砾石 　　(6) 砂砾石

(7) 粗砂 　　(8) 中砂

(9) 细砂 　　(10) 粉砂

(11) 粉土 　　(12) 粉质亚砂土

(13) 亚砂土 　　(14) 粉质亚黏土

(15) 亚黏土 　　(16) 黏土

(17) 黄土状亚砂土 　　(18) 黄土状亚黏土

(19) 黄土 　　(20) 红黏土

(21) 软黏土 　　(22) 淤泥质亚黏土

(23) 淤泥质黏土 　　(24) 淤泥

(25) 泥炭 　　(26) 素填土

(27) 杂填土

(28) 冲填土

(29) 腐殖土层

(30) 砂姜

(31) 化学沉积

(32) 冰水泥砾

(33) 贝壳层

(34) 角砾岩

(35) 砾岩

(36) 钙质砾岩

(37) 砂砾岩

(38) 砂岩

(39) 泥质砂岩

(40) 钙质砂岩

(41) 粉砂岩

(42) 页岩

(43) 砂质页岩

(44) 钙质页岩

(45) 泥岩(黏土岩)

(46) 石灰岩

(47) 泥质灰岩

(48) 泥灰岩

(49) 白云质灰岩

(50) 白云岩

(51) 硅质岩

(52) 盐岩

(53) 石膏

(54) 橄榄岩

(55) 辉岩

(56) 角闪岩

(57) 辉长岩

(58) 闪长岩

(59) 花岗岩

(60) 玄武岩

(61) 安山岩

(62) 流纹岩

(63)　黑曜岩　　　　　　　　(64)　粗面岩

(65)　凝灰岩　　　　　　　　(66)　集块岩

(67)　火山角砾岩　　　　　　(68)　煌斑岩

(69)　玢岩　　　　　　　　　(70)　混合岩

(71)　混合花岗岩　　　　　　(72)　角页岩

(73)　板岩　　　　　　　　　(74)　千枚岩

(75)　绿泥千枚岩　　　　　　(76)　片岩

(77)　石英片岩　　　　　　　(78)　片麻岩

(79)　变粒岩　　　　　　　　(80)　闪岩

(81)　石英岩　　　　　　　　(82)　变质砂岩

(83)　大理岩　　　　　　　　(84)　白云质大理岩

(85)　碎裂岩　　　　　　　　(86)　糜棱岩

4. 其他

(1)　工程地质区界线　　　　　(2)　工程地质分区界线

(3)　工程地质地段界线　　　　(4)　工程地质区、亚区、地段代号

(5)　岩、土体工程地质分类界线　(6)　地层界线

(7)　特殊土厚度等值线(m)　　(8)　剖面线及编号

附录Ⅲ　工程地质题解参考答案

（填空题、单项选择题、多项选择题、判断题）

第3章　工程地质题解

3.1　绪论与岩石

2.填空题

(1)地壳运动　岩浆活动　变质作用　地震

(2)风化作用　剥蚀作用　搬运作用　沉积作用　成岩作用

(3)硬度　摩氏硬度计

(4)矿物粉末的颜色　瓷板

(5)极完全解理　完全解理　中等解理　不完全解理

(6)指甲　铁刀刃　玻璃　钢刀刃

(7)岩浆岩　沉积岩　变质岩

(8)块状构造　流纹构造　流动构造　气孔构造　杏仁构造

(9)酸性岩类　中性岩类　基性岩类　超基性岩类

(10)层理构造　层面构造　化石

(11)碎屑物质　黏土矿物　化学沉积矿物　有机质及生物残骸

(12)变余结构　变晶结构

(13)抗压强度　抗剪强度　抗拉强度

(14)沉积岩　岩浆岩　变质岩

(15)应力　总应变

(16)岩石的地质特征　岩石形成后所受外部因素的影响

(17)硅质　铁质　钙质　泥质

(18)抗压　抗剪　抗拉

(19)高　好　低　差

3.单项选择题

(1)A　(2)C　(3)B　(4)D　(5)A　(6)A　(7)A　(8)A　(9)B　(10)B　(11)C　(12)C　(13)D　(14)A　(15)B　(16)D　(17)D　(18)A　(19)C　(20)D　(21)B

4.多项选择题

(1)ABD　(2)ABCD　(3)ACD　(4)BD　(5)ABC　(6)BD　(7)BC

5.判断题

(1)T　(2)F　(3)F　(4)F　(5)F　(6)T　(7)F　(8)T　(9)T

3.2　地质构造

2.填空题

(1)绝对地质年代、相对地质年代

(2)白垩纪 K、侏罗纪 J

(3)二叠纪 P、石炭纪 C、泥盆纪 D、志留纪 S、奥陶纪 O、寒武纪 Є

(4)平行不整合、角度不整合

(5)倾向、倾角

(6)25°、N65°W、25°

(7)褶皱、褶曲

(8)直立褶皱、倾斜褶皱、倒转褶皱、平卧褶皱

(9)枢纽、轴、翼、轴面、核部

(10)向斜、背斜

(11)老、年轻

(12)向斜、背斜，正断层、逆断层、平推(移)断层

(13)新、变老，老、变年轻

(14)冲断层、逆掩断层

(15)断层面、地面

(16)正断层、逆断层、平推(移)断层

(17)正断层、逆断层、平推(移)断层

(18)下降、上升

(19)阶状断层、地垒、地堑

(20)震源、震中

(21)层序、岩性、接触关系、古生物化石

(22)构造地震、火山地震、陷落地震、激发地震

(23)水平褶皱、倾伏褶皱

3.单项选择题

(1)D　(2)B　(3)C　(4)B　(5)B　(6)B　(7)B　(8)D　(9)B　(10)D　(11)
D　(12)D　(13)D　(14)B　(15)A　(16)C　(17)D　(18)A　(19)D　(20)A
(21)A　(22)C　(23)A　(24)C　(25)B　(26)B

4.多项选择题

(1)ABC　(2)ABC　(3)AC　(4)AB

5.判断题

(1)T　(2)F　(3)T　(4)F　(5)T　(6)F　(7)F　(8)T　(9)F　(10)T　(11)T
(12)T　(13)F　(14)T　(15)T　(16)T　(17)T　(18)T　(19)T　(20)F　(21)T
(22)F　(23)F

3.3　风化及地表流水的地质作用

2.填空题

(1)粉碎带、碎石带、块石带、整石带

(2)物理风化、化学风化、生物风化

(3)全风化、强风化、中风化、微风化、未风化

(4)浮运、溶运、推移

(5)加深、拓宽

(6)侵蚀、搬运、沉积

3.单项选择题

(1)C　(2)B　(3)C　(4)A　(5)D　(6)D　(7)D

4.多项选择题

(1)ABCD　(2)ABCD　(3)AB　(4)BC　(5)CD　(6)BCD

5.判断题

(1)T　(2)F　(3)F　(4)T　(5)T　(6)T　(7)T　(8)F

3.4　地貌与第四纪松散沉积物

2.填空题

(1)构造地貌、火山地貌

(2)15°、16°~30°、31°~70°、70°

(3)未成形河谷、河漫滩河谷、成形河谷

(4)山顶、山坡、山脚

(5)构造平原、剥蚀平原、堆积平原

(6)风化、剥蚀

3.单项选择题

(1)A　(2)C　(3)B　(4)C　(5)A　(6)A

4.判断题

(1)T　(2)F　(3)F　(4)F　(5)F　(6)T　(7)F　(8)F

3.5　地下水的地质作用

2.填空题

(1)潜水、承压水、上层滞水

(2)层流、紊流、混合流

(3)高潜水位、低潜水位,高承压水位、低承压水位

(4)承压水位、潜水位

(5)面状裂隙水、层状裂隙水、脉状裂隙水

(6)侵蚀泉、接触泉、上升泉

(7)下降、上升

3.单项选择题

(1)B　(2)A　(3)A　(4)B　(5)C　(6)C　(7)B　(8)D

4.判断题

(1)T　(2)T　(3)F　(4)F　(5)F　(6)F　(7)F

3.6　岩体结构与稳定性分析

2.填空题

(1)构造、沉积

(2)圆周、直径、反

(3)原生结构面、构造结构面、次生结构面

3.单项选择题

(1)D　(2)A

4.判断题

(1)T　(2)T　(3)T　(4)T　(5)F　(6)F　(7)F

3.7　常见不良地质现象

2.填空题

(1)正在发展的岩堆、趋于稳定的岩堆、稳定的岩堆

(2)堆积层滑坡、黄土滑坡、黏土滑坡、岩层滑坡

(3)牵引式、推动式

(4)沙埋、风蚀，沙埋

(5)形成区、流通区、堆积区

(6)岩石的可溶性、透水性、水的溶蚀性、流动性

(7)垂直循环、水平循环

3.单项选择题

(1)C　(2)D　(3)D　(4)B　(5)C　(6)C　(7)C　(8)B　(9)C　(10)C

4.多项选择题

(1)BC　(2)ABCD　(3)ABC　(4)ABCD　(5)BD　(6)BD　(7)AB

5.判断题

(1)F　(2)T　(3)T　(4)T　(5)T　(6)F　(7)F　(8)T

3.8　工程地质勘察

1.填空题

(1)标准贯入器、触探锤、探杆

(2)坑探、槽探

(3)核部、翼部

(4)渗漏

(5)动弹模、静弹模

(6)沉积、变质

(7)浅层、深层

(8)应力、应变

2.判断题

(1)T　(2)T

参考文献

[1] 周德泉，彭柏兴，陈永贵，刘宏利. 岩土工程勘察技术与应用[M]. 北京：人民交通出版社，2008

[2] 彭柏兴，汤淼文. 长沙地铁1号线对白沙井的影响及预防措施探讨[J]. 地下空间与工程学报，2012，8(4)

[3] 长沙市福元路湘江大桥岩土工程详细勘察报告[R]. 长沙市勘测设计研究院，2010

[4] 长沙市南湖路湘江隧道工程地质详细勘察报告[R]. 长沙市勘测设计研究院，2010

[5] 彭柏兴，周德泉，王星华. 南湖路湘江隧道水文地质条件分析与涌水量预测[J]. 中外公路，2014

[6] 陈源仁. 关于长沙岳麓山"岳麓砂岩"的地质时代和命名的商榷[J]. 成都地质学院学报，1964，(1)

[7] 窦明健. 公路工程地质(第3版)[M]. 北京：人民交通出版社，2006

[8] 崔冠英，朱济祥. 水利工程地质(第4版)[M]. 北京：中国水利水电出版社，2008

[9] 孙家齐，陈新民. 工程地质(第4版)[M]. 武汉：武汉理工大学出版社，2011

[10] GB 50007—2011. 建筑地基与基础设计规范[S]. 北京：中国建筑工业出版社，2011.

[11] JTG D63—2007. 公路桥涵地基与基础设计规范[S]. 北京：人民交通出版社，2007.

[12] GB 50021—2001. 岩土工程勘察规范[S]. 北京：中国建筑工业出版社，2002.

图书在版编目(CIP)数据

工程地质实践教程/周德泉主编. —长沙:中南大学出版社,
2014.8

ISBN 978 - 7 - 5487 - 1134 - 6

Ⅰ.工... Ⅱ.周... Ⅲ.工程地质 - 高等学校 - 教材
Ⅳ.P642

中国版本图书馆 CIP 数据核字(2014)第 160365 号

工程地质实践教程

周德泉 主编

□责任编辑	刘 辉	
□责任印制	易红卫	
□出版发行	中南大学出版社	
	社址:长沙市麓山南路	邮编:410083
	发行科电话:0731-88876770	传真:0731-88710482
□印 装	长沙理工大印刷厂	

□开 本	787×1092 1/16	□印张 16	□字数 402 千字	□插页
□版 次	2014 年 8 月第 1 版	□2016 年 8 月第 2 次印刷		
□书 号	ISBN 978 - 7 - 5487 - 1134 - 6			
□定 价	35.00 元			